成功的敏捷產品管理

打造暢銷產品的祕訣

最新增訂版

周龍鴻 博士 —— 著

參考書籍 產品負責人認證 CSPO

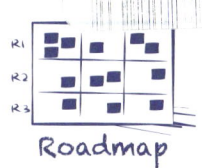

Roadmap

Backlog

VISION

PO

Increment

AGILE Product Development

Retrospective

Sprint Review

Daily Scrum

產官學界/實務菁英 重磅推薦：

Lucy Liu、王星威、李宗翰、沈柏延、林俊男、林昭陽、林祺斌、洪偉淦、胡瑞柔、許哲豪、許博惇、陳威良、陳政華、陳麗琇、葉素秋、葉維銓、黎振宜 (依姓名筆劃排序)

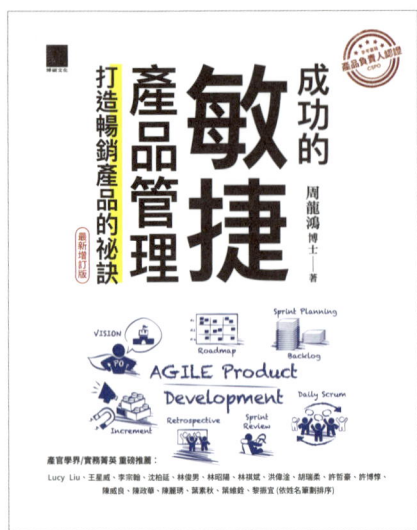

作　　者：周龍鴻 博士
責任編輯：Cathy

董 事 長：曾梓翔
總 編 輯：陳錦輝

出　　版：博碩文化股份有限公司
地　　址：221 新北市汐止區新台五路一段 112 號 10 樓 A 棟
　　　　　電話 (02) 2696-2869　傳真 (02) 2696-2867

郵撥帳號：17484299　戶名：博碩文化股份有限公司
博碩網站：http://www.drmaster.com.tw
讀者服務信箱：dr26962869@gmail.com
讀者服務專線：(02) 2696-2869 分機 238、519
（週一至週五 09:30 ～ 12:00；13:30 ～ 17:00）

版　　次：2025 年 5 月增訂一版

博碩書號：MP22517
建議零售價：新台幣 720 元
Ｉ Ｓ Ｂ Ｎ：978-626-414-226-7
律師顧問：鳴權法律事務所 陳曉鳴 律師

本書如有破損或裝訂錯誤，請寄回本公司更換

國家圖書館出版品預行編目資料

成功的敏捷產品管理：打造暢銷產品的祕訣 / 周龍鴻
作 . -- 增訂一版 . -- 新北市：博碩文化股份有限公司，
2025.05
　　面；　公分

ISBN 978-626-414-226-7(平裝)

1.CST: 商品管理 2.CST: 專案管理

496.1　　　　　　　　　　　　　　114006325

Printed in Taiwan

歡迎團體訂購，另有優惠，請洽服務專線
博 碩 粉 絲 團　(02) 2696-2869 分機 238、519

商標聲明

本書中所引用之商標、產品名稱分屬各公司所有，本書引用
純屬介紹之用，並無任何侵害之意。

有限擔保責任聲明

雖然作者與出版社已全力編輯與製作本書，唯不擔保本書及
其附媒體無任何瑕疵；亦不為使用本書而引起之衍生利益
損失或意外損毀之損失擔保責任。即使本公司先前已被告知
前述損毀之發生。本公司依本書所負之責任，僅限於台端對
本書所付之實際價款。

著作權聲明

本書著作權為作者所有，並受國際著作權法保護，未經授權
任意拷貝、引用、翻印，均屬違法。

產官學界人士一致強力推薦

（依姓氏筆劃排序）

Lucy Liu	Scrum 聯盟中國首位女性導師（CTC）
王星威（Ben Wang）	台灣 OKR 大師 / 敏健人資整合服務 執行長 / 多益測驗 前總經理
李宗翰（Chris Lee）	旭瑞文化傳媒（浪 LIVE）技術副總
沈柏延（Brian Shen）	中華民國資訊軟體協會 理事長
林俊男（Eric Lin）	輝創電子 執行董事
林昭陽（Ivan Lin）	中華電信資訊技術分公司 總經理 / 資拓宏宇國際 董事長
林祺斌（Benjamin Lin）	荷蘭商聯想台灣分公司 總經理
洪偉淦（Bob Hung）	趨勢科技 台灣暨香港區 總經理
胡瑞柔（Flora Hu）	叡揚資訊 雲端及巨資事業群 總經理
許哲豪（Aaron Hsu）	瀚將教育科技 董事長兼執行長
許博惇（Bruce Hsu）	台灣理光 常務董事
陳威良（William Chen）	孟華科技 總經理
陳政華（Morris Chen）	瑞嘉軟體科技 總經理
陳麗琇（Elly Chen）	台灣最大敏捷線上讀書會 台灣敏捷部落（TAT）社長
葉素秋（Cellina Yeh）	台灣輝瑞大藥廠 總裁
葉維銓（Jim Yeh）	考試院公務人員保障暨培訓委員會 常務副主委（退休）
黎振宜（Chyi Li）	中國百事可樂 董事長

成功的敏捷產品管理：打造暢銷產品的祕訣

作者序

　　在我一生當中，推動過無數的產品與制度，每一項都是「從無到有、從有到 A+」。儘管我 2014 年才正式踏入敏捷殿堂，但產品負責人（Product Owner，PO）的特質早從年輕時便流淌在我的血液中，也是我與生俱來的人格特質。認識我的人都知道，「樂於分享」是我的人生使命。我曾經開發出 5 款成功的產品，也因此萌生了動筆寫下這本書的念頭。

　　25 歲那年，我進入日月光集團擔任技術工程師，隨著資歷漸長，我發現自己對於知識管理相當熱衷。28 歲那年考取成功大學高階經營管理碩士班（EMBA）專攻知識管理，在日月光也成立知識管理中心，推動許許多多制度，並當上研發總經理的知識管理處部門經理，這可以算是我的第一個成功產品。

　　離開日月光後，我創立公司，專門培訓專案管理師（PMP）。當時，PMP 在業界可是相當難考的高階證照，全台 PMP 寥寥無幾，但我視之為人生志業，全力推廣。如今，全台 2.5 萬名 PMP 中，就有 1.8 萬人是我的學生，也讓 PMP 成為職場必備的專案管理證照。

　　直到 2014 年，在 Bill 李國彰老師的啟蒙下，我開始學習敏捷。它不僅著重於 Y 理論，更強調授權自管理和跨職能的工作方式，我才驚訝地發現敏捷和我的人格特質不謀而合。於是我轉而推動敏捷，鼓勵 PMP 學生學習敏捷與 PO 精神，更能將手中專案視為產品，用生命灌溉它。如今，敏捷在業界已成主流，氣勢毫不遜於 PMP。

　　這些年來，我也致力推動 2 次立法及 5 項國家標準，並創辦多項具有指標意義的敏捷與專案管理獎項，包括被收錄於維基百科的「十大傑出專案經理人獎」與「標竿企業獎」。

作者序

2022 年 10 月，本書出版後短短五個月就創下 9 刷佳績。期間，我更致力於發展「企業敏捷導入的三部曲」，成功協助包括輝瑞大藥廠、宏昇營造、宏華國際、叡揚資訊、存在設計……等企業完成敏捷轉型，這些實戰案例已完整收錄在本書的第九章中。

2023 年 5 月 5 日，我成為台灣首位獲得 Scrum Alliance 認證的國際官方培訓師（Certified Scrum Trainer, CST），也被全球 Scrum 社群尊稱為「國際 Scrum 大使」，從此代表台灣參與國際敏捷教育改革。至今，我已親手培育出 235 位 CEO 取得 CSM（Certified ScrumMaster）證照，這些領導者回到企業後，紛紛成為轉型的推手。

我也主辦了全球規模最大的 Scrum 聚會活動 RSG（Regional Scrum Gathering），連續兩屆創下世界紀錄；2022 年吸引 888 人參加，2024 年更突破至 1,111 人參與。同時，我推動的「全球頂尖敏捷 CEO 大獎」也已舉辦兩屆，共選出 29 位以敏捷實踐創造卓越績效的 CEO 典範。

如果用一句話來形容，我算是「天生我才型」的 PO。但傑出的 PO 不只靠天分，也可靠後天訓練養成。師父領進門，修行在個人；徒弟若用心，自能青出於藍。許多學生的成就和天賦都遠勝於我，但我仍以能成為他們的啟蒙老師為榮。如今我已 54 歲，若不將這些經驗與能力傳承下去，我就不叫 Roger 了！

對我來說，敏捷是一種信仰。為什麼同樣考取敏捷證照，有些人能翻轉產業，而有些人卻難以推動變革？差異就在「信仰」二字。PO 的願景不只屬於自己，更能激勵他人共同實現。我用熱情感染學生，他們則用實踐改變組織，這正是我們所追求的敏捷價值傳遞鏈。

本書是我多年來累積的實戰經驗與教學智慧的集大成。志工夥伴在看完初稿後曾說：「這本書將成為 PO 界的經典。」因為它不只是講道理，而是結合了大量行銷與產品管理實務，真正落地。無論你是新手 PO 或資深 PO，本書都將是你極具參考價值的工具書與指南。

敏捷的原理、概念大家都懂，但在這本書中，我結合大量的行銷實務案例，畢竟 PO 不只是開發產品的產品經理（Product Manager），也不是主導專案的專案經理（Project Manager），而是要為產品成敗負起責任的「產品負責人」，既然 PO 要負責產品賣得好不好，行銷豈能不重要嗎？PO 要是不懂行銷、不懂社群經營、不會遠距或虛擬團隊管理，充其量只能把產品做好，卻無法為業績負責。

我雖然富有 PO 素養，但在其他產業涉獵卻不足，因此為了寫這本書，我每週固定和一位業界 PO 進行訪談，共訪談超過 20 位、遍及 10 大產業，並將他們的經驗彙整為通用、原則性的文章，深入解析痛點與解方，因此我相信這本書不僅能夠補足台灣敏捷書籍的行銷缺口，也有機會成為全世界敏捷行銷書籍中的一塊關鍵拼圖。

最後感謝協助本書產出的所有夥伴，尤其是張茗喧、張名榕、黃淑棻、郭唐伶，以及 5 位志工校對者：林家瑋、林志隆、薛宜蓁、林士智與高長瀚。謝謝麗琇一直在我身旁支持，也感謝博碩總編輯陳錦輝及楊雅雯給予我極大的信任與支持。

如果你是 PO，或想要成為一位具備敏捷思維的產品負責人，這本書會是你最佳的起點。而若你考慮進一步取得 CSPO（Certified Scrum Product Owner）國際證照，本書將是你學習之路上的絕佳輔助。願這本書帶給你清晰的方向與滿滿的靈感，在打造產品與創造價值的路上，一起前行。

周龍鴻 博士, CST

2025/05/11

感謝人員

愛妻：陳麗琇

Product Owner：周龍鴻 博士

Scrum Master：郭唐伶 PMP, CSM, CSPO

稿件整理（依姓氏筆劃排序）

黃淑棻	CSM
張茗喧	CSM
張名榕	PMP, CSM

校稿志工（依姓氏筆劃排序）

組長 林家瑋	CISSP, AWS-CSAP, PMI-ACP
林士智	PMP, PMI-ACP, PMI-PBA
林志隆	PMP, PMI-ACP, PMI-PBA
高長翰	Freelancer of lecturer, Consultant, Coach
薛宜蓁	PMP, PMI-ACP, CSM

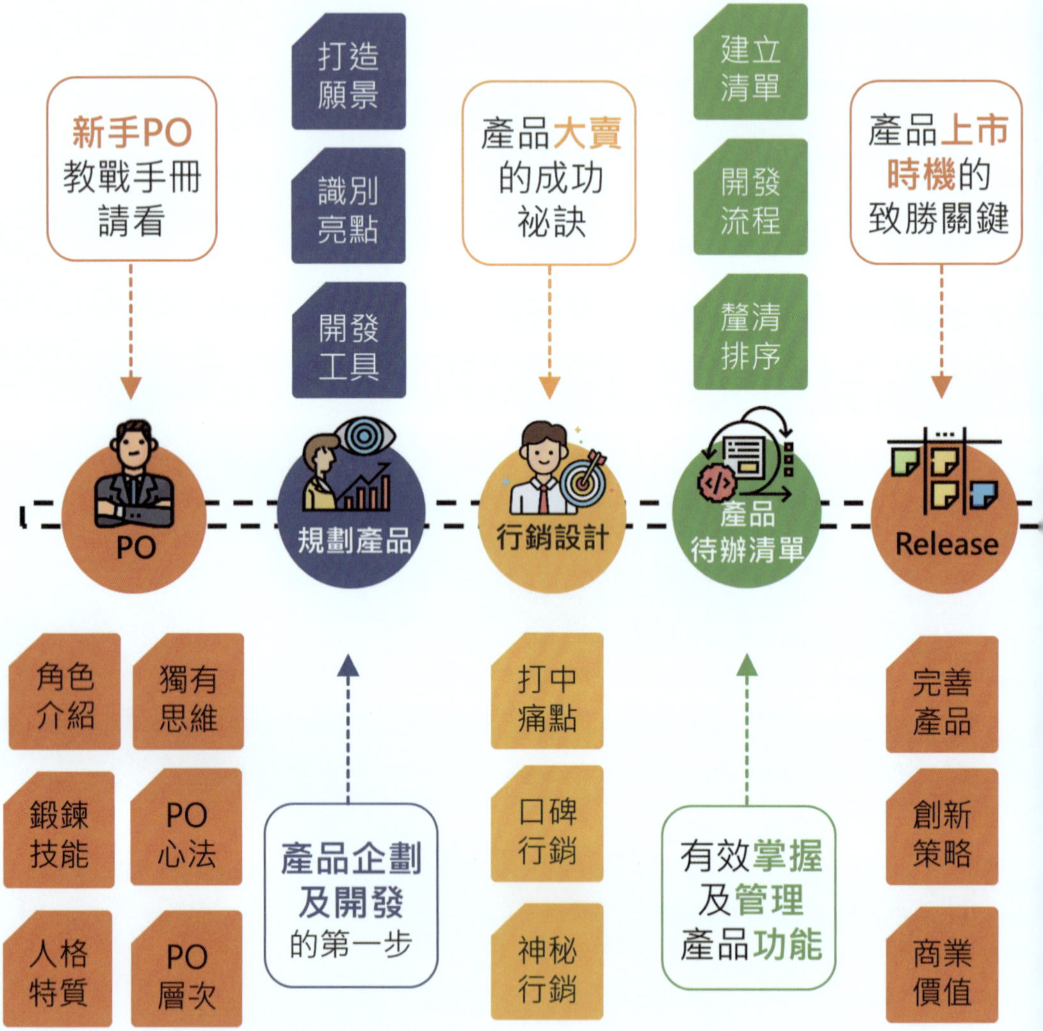

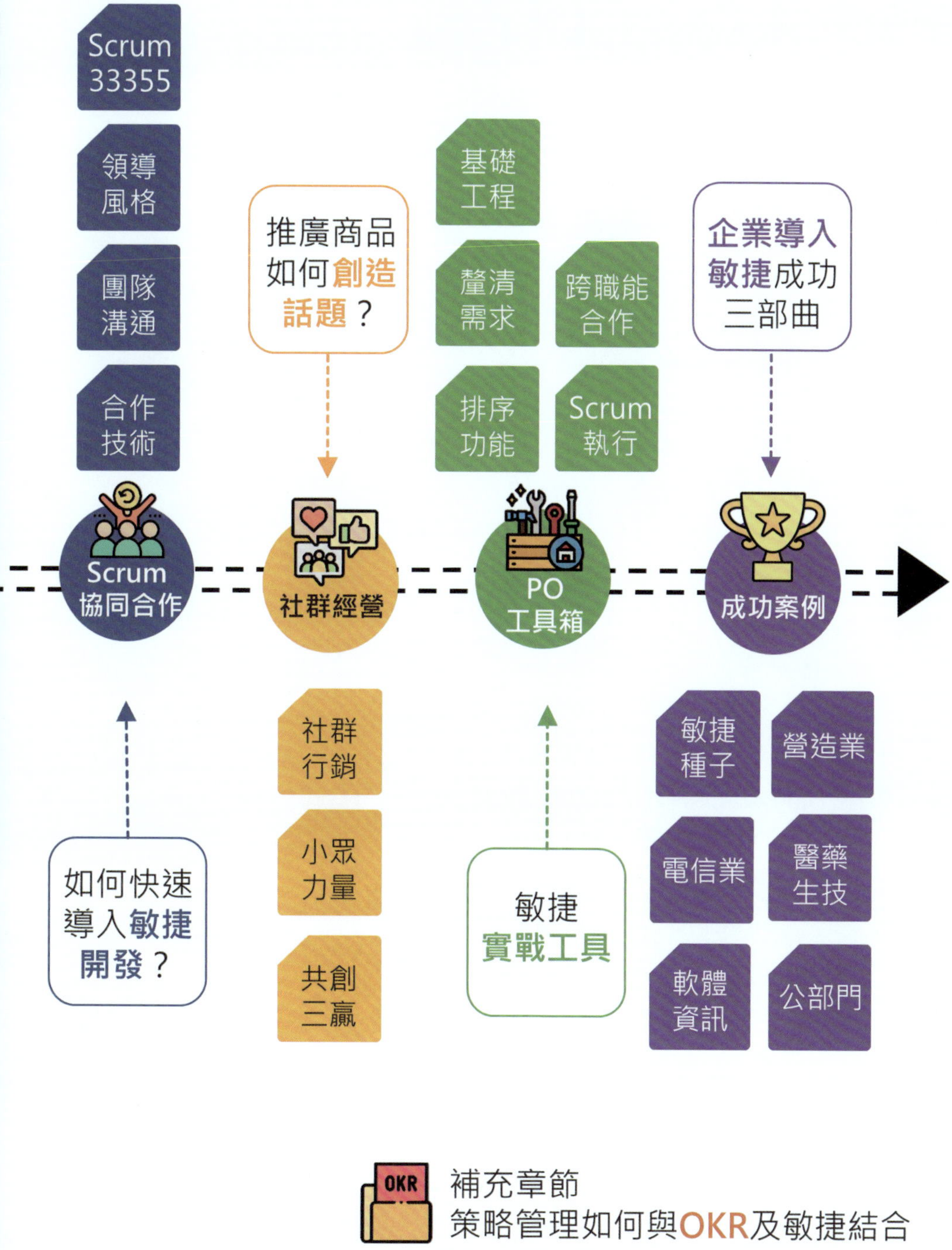

目錄

Chapter 1	如何成為一位成功的 PO	1
	PO 角色	1
	我如何組建一支高戰鬥力的虛擬敏捷團隊來完成翻譯專案	1
	PO 與 PM 角色的思維差異 專責分工讓成效加倍	6
	獨有思維	10
	解析 PO 的必備心態與專業	10
	化人格特質為能力	13
	揭開成功 PO 的人格特質 化為夢想產品的實踐	13
	如何鍛鍊 PO 技能	17
	將策略和願景化為能力 鍛鍊 PO 的專業技能	17
	PO 心法	23
	讓你脫胎換骨的「PO 心法」不藏私的江湖一點訣！	23
	PO 層次	29
	你可以不用三頭六臂 解析 PO 的層級結構	29

Chapter 2	如何規劃能夠形成一股風潮的產品	35
	用 PO 願景設計強勢產品	35
	產品靈魂＝願景！替產品裝上夢想的翅膀 PO 的首要任務	35
	好願景是怎麼「想」出來的？成為「鐵粉」是第一步	38
	從零開始勾勒藍圖 設計強勢產品就靠這 4 步驟	41
	識別產品亮點	45
	成為產品的伯樂 PO 這樣找出產品亮點	45
	永遠以客戶為導向 創造無可取代的產品價值	49
	需要工具技術	53
	打造強勢產品必學工具！用對方法讓你事半功倍	53

Chapter 3　從行銷觀點倒推產品設計　　59

　　無中生有卻能打中客戶痛點　　59
　　　　設計來自於人性 消費者買單的致勝祕訣　　59
　　　　從無到有的藝術 勾起深藏於顧客內心的需求　　63
　　　　瞄準顧客「看得見」的需要 消除痛點對症下藥　　66
　　低成本高效口碑行銷　　69
　　　　低成本創造高價值 口碑行銷立大功　　69
　　神祕行銷的魅力　　73
　　　　神祕行銷「賣關子」 深藏不露的迷人魅力　　73

Chapter 4　用產品待辦清單打造成功的產品　　77

　　如何開發好產品　　77
　　　　何謂產品待辦清單？打造強勢產品的關鍵步驟！　　77
　　　　運用產品待辦清單 攀上市場頂峰——正確認知 確實掌握 有效執行！　　81
　　　　鑑往知來的學問 讓產品待辦清單成為開發解藥　　87
　　　　創造有靈魂的熱銷商品 「釐清需求」的重中之重　　90
　　　　專注開發邁向成功 「排序優先級」的指導原則　　94
　　好產品開發流程　　101
　　　　推翻過去 挑戰未來 成為開創格局的 PO　　101
　　　　測試市場水溫 PO 該學會的清晰思維　　104
　　　　魔鬼藏在細節裡 過程帶領成效 商品暢銷的不二法門　　108
　　需要工具／技術　　112
　　　　用心看見需求 帶領組織前進 PO 如何見樹又見林　　112
　　　　綜論開發流程注意要點 讓產品正中紅心！　　115

Chapter 5　多重 Release 的策略目標　　119

　　為何要完善產品　　119
　　　　如何完善產品 創造商業價值？解析開發方式的箇中技巧　　119
　　　　越簡單 越有效！完善產品必知——「簡潔至上」　　125
　　　　因應環境變化 創造最高價值 敏捷讓產品與時俱進！　　130

	怎樣做到這些事	132
	掌握發布的策略目標 創建成功商業價值指南	132
	你不可不知的完善產品藥方──「不創新，即滅亡！」	138
	在工具中看見效率 掌握技巧與實踐的要領！	142
	創造價值與效益	146
	為產品創造競爭優勢 成為遙遙領先的翹楚！	146
	如何打造獨一無二的產品？推動產品價值的齒輪！	151

Chapter 6　在 Scrum 與多重利害關係人合作　157

	學會 Scrum 33355 與關係人合作	157
	想搞懂 Scrum 框架？先認識「33355」（上）	157
	想搞懂 Scrum 框架？先認識「33355」（下）	163
	好 PO 的領導風格應是什麼	169
	掌握溝通力＋領導力！與多重關係人共創產品價值	169
	想成為下一個賈伯斯、郭台銘？先認識權威型領導！	172
	改變時代巨輪 轉換型領導激發團隊無限潛力	174
	快速達標重重有賞！一探交易型領導的經典魅力	179
	PO 怎樣與利害關係人合作	183
	跨部門協調頻碰壁、產品賣不好誰該負責？線上遊戲 PO 的真實心聲	183
	跨國團隊溝通連資深 PO 都喊難 善用 4 撇步迎向挑戰	187
	利害關係人合作大不易？聰明溝通是成功敲門磚	190
	把「我」變成「我們」 Scrum 團隊的溝通藝術	195
	掌握關鍵字！3 大利害關係人溝通不 NG	200
	合作需具備怎樣的工具／技術	204
	專業 PO 這樣管理人脈 善用智慧工具幫合作加分！	204
	一秒鐘都不浪費！PO 都在用的時間規劃小幫手	207

Chapter 7	社群經營	215
	社群行銷力	215
	培養「超級粉絲」PO 必學關鍵心法	215
	為內容賦予價值 締造銳不可擋的強大社群力	219
	發揮小眾客戶的力量	225
	小眾社群深入互動「自管理」串聯粉絲緊密無間	225
	互助共榮培養長遠關係 善用粉絲回饋獲得雙贏	230
	PO、產品與客戶共創三贏	235
	巧妙距離取平衡 以智慧掌握社群相處之道	235
Chapter 8	PO 的敏捷工具箱	239
	基礎工程	239
	擁抱敏捷從選對合約開始 5 種敏捷合約一次看懂	239
	這樣描述願景更加分！PO 必學的 4 個基礎工具	243
	走進消費者內心深處！3 種工具帶你看見使用者需求	250
	釐清需求	257
	讓產品開發更具體 PO 與團隊的必備工具（上）	257
	讓產品開發更具體 PO 與團隊的必備工具（下）	265
	排序順序	272
	孰輕孰重？優先順序理清楚 產品一路領先至終點	272
	跨職能	280
	多元背景迸出新火花 跨職能團隊大放異彩	280
	Scrum 執行工具與技能	284
	看板、任務板差在哪？正確用法一次看懂	284
Chapter 9	企業導入敏捷成功三部曲	295
	企業導入敏捷成功三部曲｜敏捷造夢計畫	295
	台灣在敏捷的道路上前行，從高階人才培育起步！	295
	企業導入敏捷成功三部曲｜營造業	298
	宏昇營造的轉型里程碑：在營建業打造 Scrum 文化的先行者	298

企業導入敏捷成功三部曲｜電信通訊業	302
宏華國際的轉型關鍵時刻：大型組織走出舒適圈，促敏捷落地	302
企業導入敏捷成功三部曲｜製藥業	305
從種子到光速計畫：輝瑞用敏捷開出醫療創新的花朵	305
企業導入敏捷成功三部曲｜公家機關	308
從白紙到高塔：敏捷在公部門的深度試煉	308
企業導入敏捷成功三部曲｜資訊軟體業	310
15年老手再出發：叡揚資訊讓敏捷從工具走向文化	310

補充章節　策略管理如何與 OKR 及敏捷結合　315

專注即是力量　解析《部落衝突》的成功心法	315
不進步就淘汰　「VUCA 時代」市場說了算！	319
OKR ＋敏捷行不行？回答 3 問題少走冤枉路	323

Chapter 1 ▶

如何成為一位成功的 PO

在台灣敏捷開發的專案中，因組織文化及市場需要，PO 一般會被要求身兼兩種 PM（專案經理及產品經理）的角色，這意味著 PO 不單要有開發產品的能力，也要確保產品上市後能獲得消費者的青睞，而要達到這兩項成功關鍵指標將考驗著 PO 的能力。

本章會先簡介：以敏捷開發的角度來看，PO 的角色是什麼？需要具備怎樣的思維、人格特質和能力？同時也會教導讀者怎樣鍛鍊 PO 技能及心法？幫助讀者先建立正確的價值觀，之後再學習專業及技術工具才能事半功倍。最後會分析目前市場上常見的 PO 型態、層級，讓 PO 的職涯發展更具前瞻性，創造屬於自己的職場舞台。

PO 角色

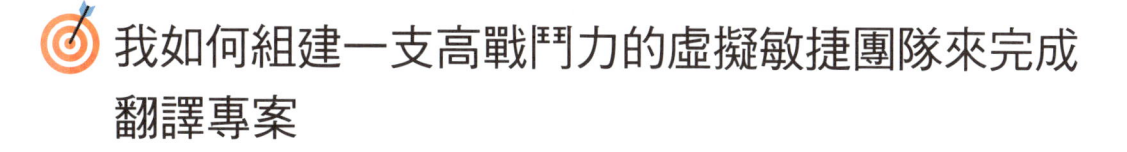

🎯 我如何組建一支高戰鬥力的虛擬敏捷團隊來完成翻譯專案

Scrum 創始者 Jeff Sutherland 在其所著的《SCRUM：用一半的時間做兩倍的事》一書中寫到：「不改變，就等死！21 世紀的白熱化競爭世界裡，沒有空間讓你虛度空轉或展現愚蠢。Scrum 工作新思維，一次解決組織與個人各種荒謬的浪費。」由此可見 Scrum 已經在 21 世紀蔓延開來，造成極大的影響力。但 Scrum 一詞聽起來抽象，摸不著也搆不到，更不可能平白無故地在一夕之間植入大家的腦海裡，這無非是背後有著一群熱愛敏捷的人士們一點一滴的付出、推動與促進，慢慢地讓 Scrum 思維深入人心。

從 2014 年開始，我與中國的敏捷先行者李國彪（Bill Li, CST）合作，推廣亞洲地區 Scrum 人才的培育，目前已為台灣培育過半數的 CSM；在 2015 年獲得英國倫敦國際敏捷大獎——「敏捷最佳推手獎」，是首位獲獎的台灣人；2019 年時創建 Taiwan Agile Tribe（TAT）以外，更在工作之餘主編許多敏捷經典著作的繁中版翻譯；2021 年也率領了一支虛擬敏捷團隊翻譯了《Scrum 敏捷產品管理：打造用戶喜愛的產品》一書，我稱它為 PO 聖經。很榮幸替敏捷界再添一本經典繁中著作，接著將帶大家了解我是如何帶領翻譯團隊完成這項敏捷產品開發。

翻譯動機與緣起

這股延燒全球的敏捷趨勢，我藉由網路的力量認識了全世界極少數的 PO 大師——Roman Pichler，也就是《Scrum 敏捷產品管理：打造用戶喜愛的產品》的作者，他是領先的敏捷產品管理專家和認證 Scrum 培訓師。他在教導 Product Owner 及幫助公司應用 Scrum 方面擁有超過 15 年的經驗。Roman Pichler 在網路上有許多講解 Product Owner 的影片，加上我的學習習慣是透過翻譯外國的敏捷影片，剛好這次藉由翻譯授權的過程，結識這位大師，種下翻譯這本鉅作的緣分。

Product Owner 這個角色是與生俱來

Scrum 團隊有 3 個當責，每個當責在團隊中都賦予不同的使命，以下就著重介紹我在這次團隊所擔任的角色——Product Owner（PO）。PO 是一項產品成功與否的靈魂人物，以及產品是否能夠成功或是大賣的關鍵。PO 聖經一書提及：「若 Product Owner 權力不足，就宛如一輛車的引擎馬力不夠，車子還是能跑，但若是路況不佳，跑起來就十分吃力。」這句話足以顯示 PO 對於團隊的重要性，好的 PO 要有能力帶領團隊在跑道上順利奔馳，即便遇到坑坑洞洞也能挺過。觀察成功的 PO，可以留意到這些角色都擁有共同的特質，而這些特質則轉變成他們的能力。

現在請你思考目前市面上成功 PO，你會想到誰呢？多數人可能會聯想到把 Apple 帶向頂尖的賈伯斯（Steve Jobs）。他打造的每項產品幾乎都風靡全球，至今他的精神仍影響 Apple 公司及全世界的使用者，其中最經典的產品就屬 iPhone。

但若問 iPhone 是怎樣誕生的？多數人其實不知道，當時的開發團隊有一段辛苦的時期。1996 年賈伯斯回鍋 Apple 公司，解散了商業分析部門，本來想做其他科技商品，但因全球手機市場正爆發性成長，賈伯斯不願放棄商機，因此轉而開發 iPhone。

當時，他對開發團隊描述自己對手機的想像：「我要一個既小且能觸控屏幕的螢幕，上面沒有任何按鍵。」、「如果我們能用軟體把鍵盤放在屏幕上，如果你想撥號，屏幕會顯示數字鍵盤；想寫東西時，跳出打字鍵盤。那你想想，我們能在這個基礎上作多少創新。賭一把吧！我們會找到可行的方法。」最後，產品出來了，就像現在您手上的 iPhone 那樣，每種指令都有對應的按鈕可以滿足需求，當你觀賞影片時，鍵盤也會自己不見。因為賈伯斯直覺的想法，打破當時的設計，同時也幫助開發團隊把高端觸控屏幕技術成功應用到手機產品上，打造了一項至今仍熱賣全球的產品。（YouTube：Steve Jobs introduces iPhone in 2007）

另一位是因《海角七號》一炮而紅的魏德聖導演，他所拍攝、編導的電影《海角七號》、《賽德克巴萊》上下兩部曲，包辦了台灣國產電影票房之首。過去曾有機會採訪他，記得當時他曾分享：「自己只是按照自己的想法把電影元素組合在一起。」成果就是這三部電影囊括了台灣國產電影最賣座前三名，但當時大家都想不到一部以少數民族（原住民）為主題的電影竟然可以包辦台灣第二、三名票房。

賈伯斯與魏德聖導演都有著天生的 PO 特質，他們過去都曾面對失敗，但卻沒有放棄，並努力觀察市場需要及不斷創新，他們願意將自己「獨特的想法」測試及實現，因為這樣的堅持，造就成功的產品，可以說，沒有賈伯斯就沒有 iPhone；沒有魏德聖就沒有《海角七號》。

運用 Scrum 框架率領團隊完成翻譯著作

這次的翻譯著作很特別，團隊成員是無償性質且採遠距合作的模式。PO 聖經一書提及：「遠距的 PO 會造成團隊的互相猜疑、溝通不良、不一致，以及進度緩慢。」更何況我們整個團隊都是遠距，沒有人是同地辦公，這讓整個翻譯難度又更上一層樓。在專案開始前，我一直想要避免這些狀況發生，因此我想了一些解決辦法，最後整個翻譯專案執行了 3 個月，也比當初所預期的提早了半個月，其實到頭來還是歸功於 Scrum 的機制。為什麼會說是歸功於 Scrum 的機制呢？

因為 Scrum 最基本的概念——三個支柱（The 3 Pillars）：

1. 透明性（Transparency）

2. 檢視性（Inspection）

3. 調適性（Adaptation）

也是這次翻譯專案的關鍵成功因素。

首先第一項談到透明性。雖然我們沒辦法像實體團隊一樣面對面使用海報紙或者便利貼開會，但為了讓開發成員在每個會議時可以有共同的理解，我使用 Miro 軟體來取代實體海報與便利貼。這使我可以輕鬆地把我拆好的產品待辦清單展示給大家，或是讓大家把 Sprint 待辦清單寫上 Miro，如此一來便能一目了然大家的進度及瓶頸，這種做法充分展現透明化的精神。

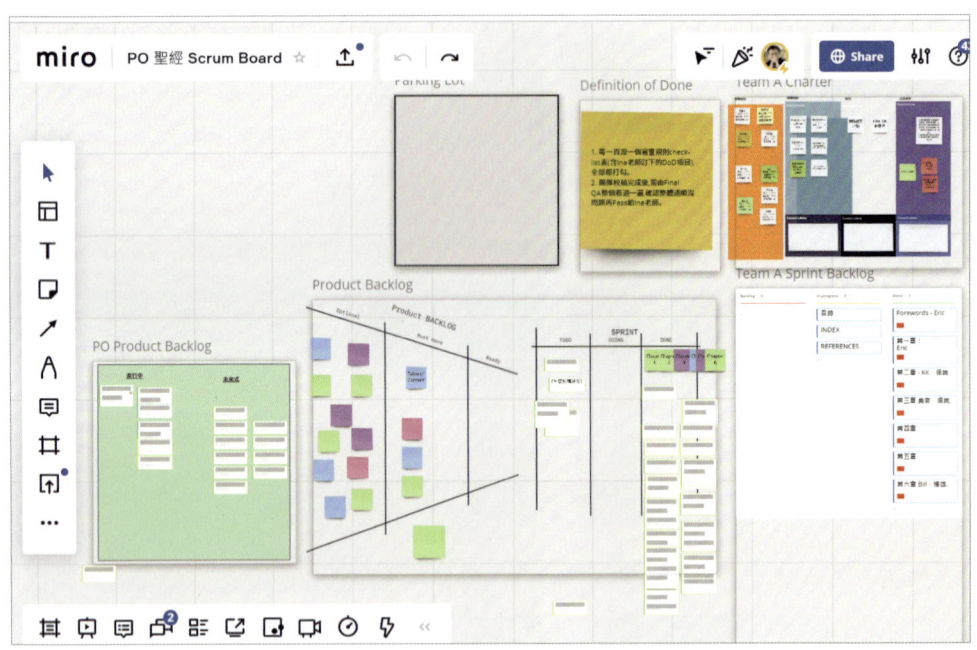

圖 1-1-1：PO 聖經翻譯的 Miro 版產品待辦清單

其次，我們秉持著每日 Scrum 的精神，每天使用 Zoom 線上會議軟體召開虛擬的 15 分鐘每日 Scrum，確保大家都有在軌道上或是發現障礙，身為 PO 的我也盡可能地參加每一場會

議，若有需要我出面的協助時，我才會發言；反之，我會盡可能地不干擾團隊自管理的運作。我們也會落實地舉辦 Sprint 審查會議，僅驗收那些已符合完成定義的待辦清單項目。

最後一個成功關鍵是不斷調整。每一個新的 Sprint 都會依照上一個 Sprint 的缺失去做調整，例如：某些名詞上的統一或是翻譯的精準度，這樣的做法可讓翻譯成果一次比一次更好。雖然上述三個要點聽起來很容易，但實際在運作上往往比理論難上好幾倍，但也因為我們非常落實這樣的精神，才能讓此專案按照原定計畫完成。

圖 1-1-2：PO 聖經翻譯的 Miro 版 Sprint 內容

幫助產品大賣 也是 PO 的職責之一

身為一個好的 PO，不只是負責把書本翻譯完就任務結束了，還必須為這本書的銷量負起責任。為此，我想到可以安排一場與 Roman Pichler 對談的線上 Zoom 專訪，做為這本書的發表會。當時參加專訪的觀眾高達 500 位，也成功地將這本書曝光到華人世界，期望此書在台灣的銷量能夠創造佳績。能和 Roman Pichler 一起見證台灣的敏捷新里程碑，著實與有榮焉。

圖 1-1-3：發表會上專訪原著作者 Roman Pichler

🎯 PO 與 PM 角色的思維差異 專責分工讓成效加倍

瀑布式管理是什麼？為何會墜入萬丈深淵？

　　傳統的瀑布式（Waterfall）管理法是採線性順序的工作流程，就像是瀑布一樣，由上而下的帶著專案往下沖。瀑布式工作流程習慣以文件溝通為主，而非面對面互動，大量詳細的需求文件，像瀑布一樣一層一層傳遞下來，每一層都是一個部門，加上部門分工是以功能式區分，好比細分需求部門、設計部門、開發部門……等，造成所有專業人士都在各部門內閱讀文件，卻沒有緊密溝通，引起「穀倉效應」——各部門各自為政，失去溝通與互動，最終無法達成整體目標。傳統瀑布式也衍生了許多開發困境：一開始對於需求定義的困難，導致團隊沒有共識、對於變遷的環境缺乏隨時改變的機動性，功能式的部門分工導致工作效率低落……等，各種衝擊讓許多企業單位抉擇轉換工作管理方法。

　　其中一個最著名的案例即是美國聯邦調查局（FBI），美國斥資 4.5 億美元讓 FBI 展開新的數位計畫——「哨兵」，預計四年後上線，結果五年後預算已消耗九成，進度卻只完成

一半,承包商不僅表示需要至少 6 至 8 年的時間才有機會完成,還得追加大量預算,因為採用瀑布模型最後卻落入如瀑布般的萬丈深淵,經費大量耗損、開發時程也無限期延長,最終 FBI 請來敏捷專家 Jeff Johnson 來收拾殘局,他利用 80／20 法則及敏捷工作方法,迅速完成最有價值的 20% 專案,讓「最小可行性」產品產出,達成順利測試及運轉。最後,這群敏捷團隊只用了一年,且僅花費 2,200 萬美元就讓「哨兵」上線,成功讓專案起死回生,讓敏捷一詞遍布全球。

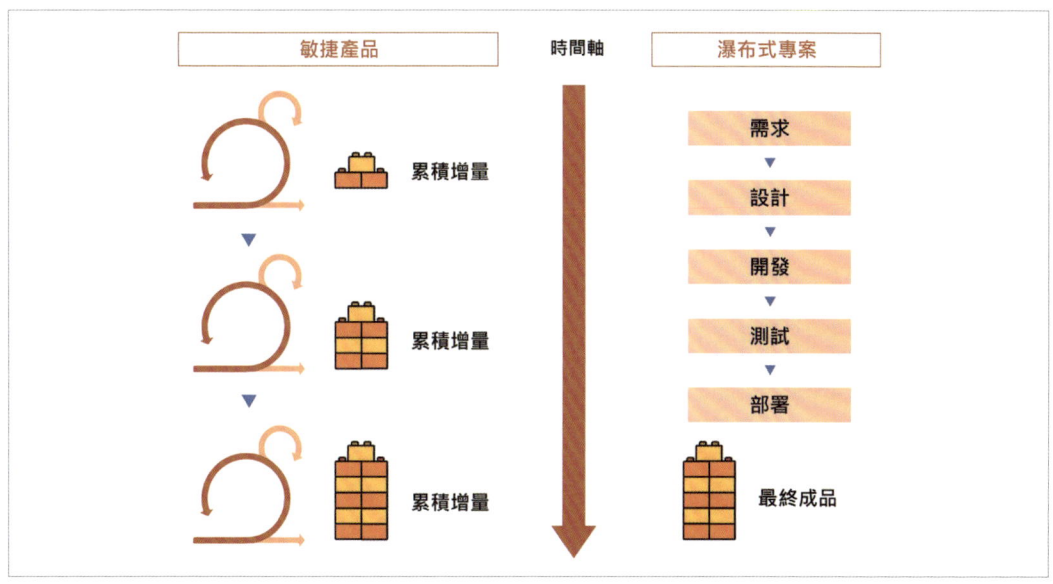

圖 1-1-4:瀑布式與敏捷的對照表

圖片參考來源:Visual Paradigm

正視轉型不可不做 卻又不斷碰壁

根據敏捷服務供應商 Digital.ai「企業敏捷狀態年度報告(Annual State of Agile Report)」的統計,企業採用敏捷開發後,88% 的受訪者認為他們更有能力因應不斷變化的事項,83% 的人提高了團隊生產力,81% 的人認為團隊士氣和工作動力提高,更有 81% 的人加快了產品完成的時間。

因此近年來,當企業在開發過程遇到瓶頸,並發現敏捷框架比瀑布式手法更適合市場,就此掀起了敏捷轉型浪潮。然而,在瀑布式管理中,多半是由產品經理、產品行銷人員及

成功的敏捷產品管理：打造暢銷產品的祕訣

專案經理共同承擔產品上市的責任，但敏捷則由 PO 一人負產品成敗之責，因此，在角色責任不同的情況下，一般企業想要轉型成敏捷開發時，會遇到哪些問題呢？讓我們來好好探究。

- **團隊缺乏敏捷知識，對未來沒有共識**：當企業想要以敏捷落實工作流程時，很大的挑戰之一即是公司文化上的轉型，我們都太常習慣依照指令做事，而不去探究原因，抑或是想知道為什麼，卻不願意說出來。這樣的文化根深蒂固在許多企業中，因此當要轉型時便會發現，除了缺乏敏捷知識之外，團隊對於組織的願景沒有共識，也不願意開口討論，於是就少了敏捷理念中很重要的「資訊透明、緊密溝通」，在開發上便會處處碰壁，最後徒勞無功。

- **高層不懂敏捷，團隊無法好好組織**：組織敏捷團隊過程中，要如何讓高階主管支持是一件很難的事，大部分企業高層不懂敏捷，也不願意先做學習，只會交給下屬主導。而一般組織環境，主管授權度低，只是告訴下屬該做什麼和不該做什麼，但在敏捷中，主管是反過來的，他是協助推進的角色，提供任何支援與授權，團隊在主管的支持下前進，才能發揮能力和激發潛能。因此，高層不懂敏捷，便少了授權，使團隊綁手綁腳，長久下來定會消耗成員的能量，使得開發受阻，成員失去信心。

- **表裡不一，表面敏捷實則瀑布**：在表面上落實敏捷中的四個會議——Sprint 規劃會議、每日 Scrum、Sprint 審查會議、Sprint 回顧會議，但實際還是存在很多會議、層層報告及各項達成指標，某些原因是因為主管還是擺脫不了傳統監控的工作方式，表面上採用敏捷但實際上卻仍依循傳統瀑布式流程，讓團隊對於工作方法混亂，並且耗盡力氣面對多餘的會議，使得開發效率低落，成員也可能因為增加的工作而加班超時，不僅完全無法實現敏捷，更是本末倒置。

- **校長兼撞鐘，影響團隊無法專注**：傳統企業轉型還有身兼數職的問題，因為人力不足抑或是不清楚敏捷思維，便讓負責人彷彿長出三頭六臂般忙碌。在敏捷裡，組織中團隊都有專注的目標，例如：Sprint 目標，且強調能夠快速靈活的因應變化、積極且提早回應產品及客戶問題，但若一人分飾多角便容易疲於奔命又無法專注。以籃球比賽比喻，教練就是 SM，而 PM 則是場上的大前鋒，試想，如果讓 PM 兼任 SM，如同球員兼教練，這個團隊又怎麼能夠拿下勝利呢？而讓主管兼任 SM 的情況也很多，但主管擁有考核權，兼任 SM 的狀況下，會使得團隊成員怕影響考績而「不

敢說真話」，無法實現敏捷資訊透明與良好溝通的自管理文化。甚至有些企業因為成本考量讓 PO 或是開發人員兼任多個專案，都會使團隊無法專注，開發過程中必然會遇到層層困難。

表 1-1-1：PO 與 SM 的比較表

角色名稱	PO（Product Owner）產品負責人	SM（Scrum Master）敏捷教練
解釋	產品客戶的代言人	激發團隊潛能，提升士氣
主要職責	負責產品目標與價值最大化，並管理產品待辦清單	確認團隊實踐 Scrum Framework 的價值與原則
組織中的角色	對產品成敗負責	風紀、總務兼康樂股長

PO 該以身作則 在轉型路上首重心態

　　組織轉型敏捷有可能會遇到這麼多的狀況，身為產品負責人的 PO 又該如何找到痛點並解決問題呢？創立於新加坡的 B2B 軟體科技公司，提供線上遊戲以及相關產品服務，在競爭又動盪的市場下，又面臨了產品跟人才的困難，於是決心導入敏捷。當公司導入一種新方法時，會進入「守、破、離」的階段，這比喻是來自於日本劍道對於劍術的掌握，而延伸於敏捷的理解也很適合——第一階段是「守」，大量地吸收新知且專注於如何做，依循所學到的原則。第二階段「破」，嘗試突破框架，進入更多元的學習與融會貫通。第三階段是「離」，跳脫所學的準則，創造出自身領悟的方法。當該企業導入敏捷時，並不急於看見成果，而是總經理與所有人一起歸零學習，從心態根本做起，花了五年的時間真正落實敏捷組織，突破內外夾擊的困境，搖身一變成為亞太區十大敏捷企業之一，並在業績上有驚人的成長。

　　因此，PO 的核心價值很重要，與時俱進、堅守讓組織前進的目標，並與團隊共同學習，打造扁平化組織，才能在導入敏捷時不至於又落入傳統瀑布式的窠臼中。該企業奉行經營之神松下幸之助所說的：「在產品開發前，應先培育人才。」（Develop people before making products.）這無非是 PO 們在轉型與執行開發時，應重視且加以鞏固的心法！

獨有思維

解析 PO 的必備心態與專業

未必要披荊斬棘 但也要心態健康 溝通順暢

身為產品負責人的 PO，為產品的成敗負責，古語說：「天將降大任於斯人也，必先苦其心志、勞其筋骨、餓其體膚⋯⋯。」雖然 PO 不用真的披荊斬棘將吃苦當吃補，但他就像是 Scrum Team 的將軍，團隊由其意志產出產品，所以，PO 的確得擁有強大的心志與健康的心態，才能與 SM 及團隊共同開發出讓市場喜愛的產品。

PO 負責管理產品待辦清單、確保團隊執行有價值的工作。他維護產品待辦清單，並確保每一個人都能清楚。因此，PO 必須引領團隊進行開發工作，並且打造能達到效益的商品。他的工作至關重要，但並不代表得一人獨挑大樑，他是 Scrum 團隊的一份子，必須與團隊的每個成員緊密合作，也要與利害關係人協同合作，如同敏捷準則第四項：「客戶代表與開發人員應每日持續互動。」透過不斷地合作與溝通，同步雙方的方向與願景，更有效率地產出好產品；以及第六條：「團隊不論對內或對外，最有效率的資訊傳遞方式就是面對面對話。」以面對面且頻繁的溝通，讓團隊之間更加緊密，彼此傳達正確且透明的資訊，協助產品開發順暢沒有阻礙。

從企業的角度來看，開發人員是一大筆投資，要發放薪水、要承租辦公室、維護設備⋯⋯等，還要各種不同的開銷，企業把金錢與時間投資在團隊上，無非是希望有好的回報。所以，PO 的責任就是幫助企業得到高報酬，引導團隊做出最有價值的工作。

PO 是一個多面向的角色，但就如上述所說，PO 不是一個人唱獨腳戲，他是客戶代表或是產品經理，而開發人員與 SM 是為其服務的團隊，PO 跟開發人員與 SM 有時候可能是兩個不同的公司或是部門，好比中華電信委託凌群電腦開發一個系統，中華電信的 PM 就是 PO，而凌群的團隊就是開發人員與 SM。因此中華電信的 PO 就必須描繪清楚藍圖、掌握願景，帶領團隊達成目標。PO 在組織中的角色與團隊、利害關係人都相互連結，所以更該重視──開發人員必須扁平化地面對 PO，而不是透過特定的窗口或是 SM 來傳達資訊。

當組織越扁平，少了層層傳遞的過程，訊息可以更快傳達、資訊更加透明，所以才說敏捷理念中面對面且緊密的溝通十分重要。

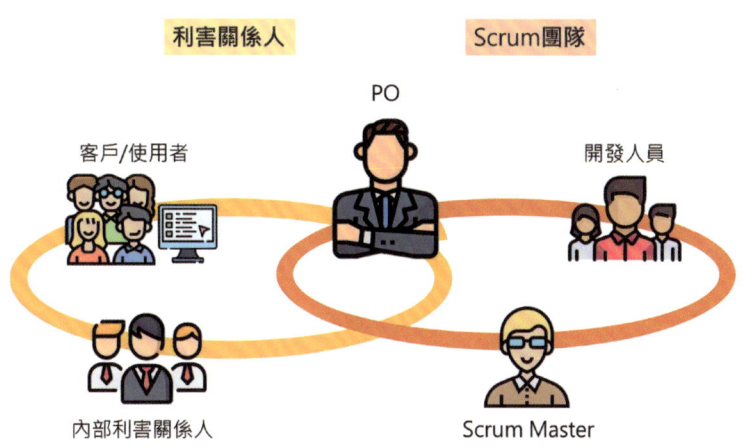

圖 1-2-1：Product Owner 貫穿團隊、利害關係人的相互連結

為組織好好抉擇 讓團隊好好做事

　　以影印機與印表機銷售著稱的全錄公司（Xerox），可堪稱影印機業的鼻祖，曾在全美創下極大營收，甚至美式英語中有將其名牌名稱 Xerox 做為影印的代名詞，就連現在電腦中隨處可見的圖型化介面，也都是由全錄旗下的研發中心開發。但沒想到這樣風光的大企業，後來經歷一連串經營困難，導致營收慘跌，甚至瀕臨破產。這時 2001 年上任董事長兼執行長安・慕凱（Anne Mulcahy），她的領導作為讓全錄公司不僅挺過破產邊緣，克服財務災難，還在短短幾年內轉虧為盈。慕凱上任執行長之後，面對公司龐大的財務危機，沒有急著裁員、剷除不同意見的人，更沒有只顧著打造自己的形象，而是挽起袖來為組織做好該做的事情，這便是身為 PO 必須先擁有的意志──「守護願景、帶領團隊，為組織做好事情。」她為了深入了解公司，不僅自己努力研讀資料，更請專家指導她看懂資產負債表，這無法展示她是一個最有能力與資格的執行長，但絕對能證明她重視組織的發展勝過自己個人。優秀的企業家或領導者也必須擁有一個團隊才能讓產品成功上市，只單靠個人的聰明才智，成功實在寥寥可數。而慕凱在全錄的領導作風，便是能給許多 PO 這樣的領悟：「集思廣益必定勝過一個人的聰明才智。」

除此之外，慕凱上任後不為任何錯誤找尋藉口，勇於承擔責任，並且妥善的與組織溝通，以開放的心胸看待所有意見，因為通暢的溝通管道，讓內部人員可以表達自己想法，對於組織的改革更快速、開發產品更透明，實現了敏捷準則第十一項：「最佳框架、需求和設計是來於自管理的團隊。」在團隊協同合作的狀態下，適度授權、放手讓成員自己組織自己要做的工作，成員便會更投入且更負責。幫助團隊自管理成功的重要因素之一即是溝通。因此，PO 必須是一個有力的溝通者與協調者，他必須與各方溝通協調，像是：客戶、開發人員、行銷人員、營運部門，以及管理階層……等，他代表客戶的心聲又是開發人員與管理階層間的溝通橋梁，身為 PO 要能夠堅定的守護願景與協助團隊實踐，也要時時環顧四周需求，有效溝通與處理！

團隊的領頭羊 優秀 PO 如何思考

前文有提到 PO 必須掌握產品願景，其包含：產品為了誰而開發、為何需要及如何使用……等，這些事情都必須做出決策，團隊才能把願景實踐成產品。因此，PO 就像是願景的守門人一樣，除了守護它，更要清楚描繪出願景藍圖，讓團隊有目標前進，進而共同完成產品。

PO 擔負的責任之重，當成員無法理解願景時，就會像無頭蒼蠅一般的胡亂執行，必然會產生許多問題。那麼，除了採用讓願景清晰的工具之外，PO 在開發產品前，必須先準備好哪些心態與想法呢？

台灣石化產業的代表之一奇美實業，創辦人許文龍創造了很多傳奇，即使當初敏捷沒有在台灣盛行，但他的經營理念套用在敏捷中也有不謀而合之處，更能展現出一個優秀的 PO 該如何換位思考，成為團隊的領頭羊，以下舉出幾點供 PO 們參考：

- **領導者是夢想的推銷者**：簡而言之，就是上述所說的「願景」，將產品願景說得越清楚，團隊才能更好做事，許文龍認為領導者是夢想的推銷者，就像 PO 是願景的守門人一樣。PO 有責任帶頭跟團隊一起把這塊產品藍圖繪製得完整，並且堅持它的實踐，才能讓願景不只是夢想，而是可實現的產品。

- **放下身段，成為幸福環境的塑造者**：PO 不是高高在上的管理者，應該要跟團隊沒有距離，創造一個好的環境，讓溝通順暢、資訊透明，成員能夠好好做事，產品自然順利開發。再者，許文龍很重視員工的工作狀態與環境，他是台灣最先實施週休二

日的企業家！因為深知若長時間超時工作，使得員工身體不堪負荷、精神渙散，反而會導致錯誤大幅增加，且血汗工廠式的環境只會讓成員對組織失去向心力，最終紛紛離開，導致團隊不僅損失人才，且花更多時間、精力來招募與培訓新血，這是非常耗時且耗成本的過程。如同敏捷準則第八項：「敏捷工作流程強調穩定發展，所有人都應互相合作並保持長時間的穩定步調。」團隊才能有積極正向的工作態度，創造和諧且高效能的工作環境！

- **懂得放手的管理，才是最好的管理**：PO 沒有三頭六臂，千萬別讓自己成為中毒的管理者，授權讓專業的人才發揮所長，激勵團隊成員有能力且更有動力完成自己的專業，也是敏捷很重要的一環。產品開發的執行授權給團隊，PO 則努力專注思考產品的策略與方向。

PO 的工作包山包海又至關重要，稍有不慎，很容易墜入傳統瀑布式管理的窠臼中，進而讓團隊開發產生困難與失敗。因此，具備健康的心態及確實執行敏捷，並且隨時以歸零的心學習，成為活用敏捷的當責者。

化人格特質為能力

揭開成功 PO 的人格特質 化為夢想產品的實踐

任何一個成功的開發，都需要一個能夠帶領組織的領導者，因此 PO 的角色至關重要。而一個優秀的 PO 通常具備一些特徵，從這些特殊的人格特質進而延伸成帶領團隊的技能，讓我們來一揭 PO 的人格魅力吧！

解析成功 PO 的人格特質 化作能力的養分

夢想家和行動派

哈佛商學院教授羅莎貝絲・肯特（Rosabeth Moss Kanter）曾說：「願景不僅僅是可能發生的景象，也是能讓我們自己變得更好的一種呼籲。」顯見願景對於個人、對於組織的重

要性,它能夠讓所有人看見未來的清楚樣貌,並且獲得目標、朝正確方向努力。然而,願景也像是一門能看見他人看不見的藝術,而 PO 就是一個「具有遠見的夢想家」,他能繪出產品的藍圖,替產品裝上夢想的翅膀;亦能預見產品的最終樣貌,並且知悉以何種方式最能傳達予團隊願景目標。

除了能夠勇敢做夢之外,PO 也必須擁有「超群的執行力、行動力」,能夠將產品從願景的開端到最終的實現,包含蒐集與描述需求、和所有人協同合作、按進度追蹤與檢閱專案方向、決策工作……等。身為 PO 要能適應變革並且鼓勵創新,全球著名管理學大師湯姆·彼得斯(Tom Peters)曾說過:「距離已經消失,要麼創新、要麼死亡。」因此,PO 必須保持靈活與彈性,但仍要考慮周全,為開發負責。

- **領導者和 Scrum Team 參與者**:領導學大師沃倫·本尼斯(Warren Gamaliel Bennis)認為:「The manager does things right; the leader does the right thing.」(管理者把事做對,領導者做對的事。)因此,優秀的 PO 會是創造願景,並且說明它、帶領團隊實踐它,尤其必須「做對的事」。PO 身為產品成敗的負責人與帶領團隊的領導者,並非獨斷獨行,但也不能優柔寡斷,他就像牧羊人一般,領著專案前進,並在決策過程中尋求團隊的共識,與團隊協同合作做出最佳判斷,以確保團隊的認可,並運用團隊的發想與知識制定出更好的決策。因為,單靠個人聰明才智而成就的創新寥寥可數,一個優秀的 PO,能夠與團隊互相切磋、檢驗想法,讓集思廣益勝過一個人的想法。

- **溝通者和協商者**:敏捷強調要能塑造扁平化組織,讓溝通更加透明,進而帶動整體工作成效。日本經營之神松下幸之助曾說:「企業管理過去是溝通,現在是溝通,未來仍是溝通。」顯見溝通何其重要,因此身為團隊領導者的 PO,對內能與團隊成員平行溝通;對外能與客戶協商,PO 代表客戶的心聲,傳達客戶的需求與需要,並且成為技術人員與管理階層的溝通橋梁,除此之外,他也是有能力的協商者,能夠懂得拒絕與妥協的藝術,才能替產品開發獲得最大的利益。

- **獲得授權與做出承諾**:PO 必須獲得足夠的「授權」,擁有足夠的職權與管理階層的支持,善用向上管理,以領導開發工作並協調利害關係人。而這樣一個獲得授權的 PO,必須有能力營造一個能促進創造力及革新的工作環境。PO 是充滿自信、熱忱且值得信賴的,重點是,他要對開發做出「承諾」,產品開發中的 Sprint 目標、

Product 目標都是 PO 明確承諾的目標，不僅對產品負責，亦對團隊負責，一個成功的 PO 必須有足夠授權決策並且足以被託付，進而帶領團隊有目標地實踐產品開發。

- **能被團隊找到並且有能力可勝任**：PO 是 Scrum 團隊的一份子，且仰賴與團隊的協同合作。這個團隊本身是一個自管理且跨職能的小型團隊，Scrum 團隊中的所有成員必須建立起緊密與相互信賴的關係──「彼此共生」，不分你我與同儕一起工作。傳統瀑布式工作流程中的領導者，總是高高在上，只在少數會議中出現，團隊成員無法平行溝通，更無法在需要的時候隨時找到，但敏捷中的 PO 不然，他是團隊的一份子，必須與團隊緊密合作，因此最好讓 Scrum 團隊的所有成員集中在同一個地點工作，但若現實狀態下，PO 與成員在同一個空間但不同辦公室工作時，我們也希望 PO 一天至少有三小時與成員在同一地點一起工作，與團隊共處，除了讓 PO 能夠被找到，並且解決成員問題外，更能提高生產力與團隊士氣。

- **專注及全力以赴**：賈伯斯曾說：「專注和簡單一直是我的祕訣之一。簡單可能比複雜更難做到：你必須努力釐清思路，從而使其變得簡單。最終這是值得的，因為一旦你做到了，便可以創造奇蹟。」這很清楚說明了專注與全力以赴的重要性，若 PO 身兼多職無法專注於專案上，則會使得開發過程無法依照進度準確追蹤跟進，不論是待辦清單的精煉或是刪減修改，以及其他過程回饋，最終都需要 PO 與團隊一起討論決策。所以若 PO 無法專注專職，此項開發必然會遇到重重困難；而朝三暮四的 PO 必然無法全力以赴，所有偉大的成功產品都是用盡全力努力得來，既然做出承諾，好的 PO 也更要集中火力、創造奇蹟。

因此我們說 PO 的特徵之一是：「Full-time with focus and long-lived.」（全職專注及保持長期穩定）專注於當下開發，維持組織內的自管理文化與透明化溝通，進而讓成員穩定工作，才能無所掛礙的一同全力以赴，開發出成功產品。

PO 的敏銳眼光 全力以赴做正確的事

PO 在整個 Scrum Team 中至關重要，更是產品的成敗負責人，因此好的 PO 就像裝上雷達一般，必須擁有敏銳的眼光並包辦：專業、溝通、願景、決策力，以正確的方法做正確的事。

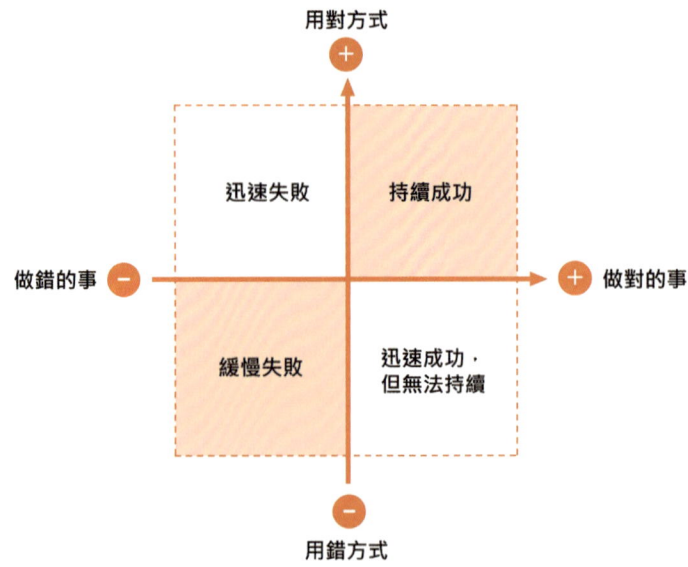

圖 1-3-1：用正確的方法做正確的事

圖片參考來源：Roman Pichler，2013

　　台灣第一家連鎖餐飲集團──王品集團，在台灣以多種不同品牌占領不同客群市場，創下極高營收，其創辦人戴勝益幾乎占據了台灣的餐飲版圖，他的領導作風也極具 PO 特徵，其企業願景是「以卓越的經營團隊，提供顧客優質的餐飲文化體驗，善盡企業公民責任，成為全球最優質的連鎖餐飲集團。」而戴勝益不僅是畫出夢想藍圖，也實際有效力地執行，讓王品集團成為台灣數一數二的餐飲事業。

　　他認為管理者必須「以身作則，讓服務 DNA 滲透組織」，塑造「一家人」的企業文化，讓團隊所有人一起努力，共同合作往目標前進。除此之外，他對大原則執行嚴厲澈底，卻在執行細節上完全授權，讓團隊彼此信任，能適時跳出來解決問題，促使所有人一起全力以赴。

　　戴勝益曾分享何謂管理，他認為：「好比溫泉最好的溫度在四十二度，不能太冷或太熱，因此，好的管理者，應具備有四十二度的領導態度，管理軟硬適中，才能做好領導，得到部屬的認同。」而 PO 的角色也相同，能夠專注且讓團隊清楚目標，並且在開發過程中，內外溝通協商兼具，才能讓產品真正實現夢想，翱翔天際！

如何鍛鍊 PO 技能

將策略和願景化為能力 鍛鍊 PO 的專業技能

　　PO 是 Scrum 敏捷產品開發的核心人物，前面文章我們談到一個好的 PO 通常會出現的特質與特徵，那麼一個良好的 PO 在帶領團隊時，應該具備的技能有哪些？這些技能我們可分三個層面評估，分別為：「知識技能」、「過程技能」及「個體技能」，接著就以上做詳細討論，提供更多訊息作為成功 PO 的有力提示，使你成為更好的 PO！

專精「知識技能」 解決客戶痛點

使用者／知識

　　「了解你的客戶是誰」，是使用者／客戶知識的重點，PO 應該是公司公認的目標使用者與客戶專家，畢竟 PO 身為替客戶發聲的代表人物，在使用者與客戶的知識之間理所當然必須是最清楚的角色，包含他們的願望和需要、行為方式與動機、好惡、甚至如何購物。能明白目標客群在哪，並且知悉客戶所需，才能解決客戶痛點，開發有價值產品。

　　2018 年 Gogoro 推出 Gogoro 2 Delight 智慧電動機車主打女性的專屬車款，2022 年 Gogoro 將這車款升級，直接獨立成為 Gogoro Delight 車系，並且明確定義這就是女性用車，透過直接讓女性團隊操刀，更深化要把這款車推向女性客戶的決心，從給予女性夜間安全感的「安心護送燈」，到車體的結構設計與騎乘幾何進行大幅調整以符合女性騎乘條件，許多細節都展現了鎖定女性客群的創舉，因此「了解你的客戶是誰」就是 Gogoro 在推出此車系時，PO 必須擁有的技能。

行業／領域知識

　　PO 對於行業和領域的了解為何也是知識技能很大一部分重點，若 PO 本身非相關行業、對於即將開發的產品領域一竅不通，不僅會使得產品願景模糊不清，沒有具體目標，也難以令團隊成員信服，對於日後開發過程必然重重阻礙。相反的，具有特定領域的知識，能夠幫助 PO 深入了解與建構專業完整的專案，因此 PO 平時也可以透過「研究不同的主題」、

「諮詢各領域專家」、「參加課程與行業活動」、「紀錄與組織相關研究」……等方式來增進行業／領域知識技能。

速比濤（Speedo）泳衣製造公司，其「鯊魚皮」系列泳裝可幫助游泳運動員大幅提高成績，而這系列泳衣就是與美國國家航空暨太空總署（NASA）合作，因競技游泳運動員提高速度的最好辦法就是減小阻力，NASA 的研究人員過往就是致力於降低飛船阻力，以提升效率。他們利用這方面的知識，協助製造了 LZR RACER 游泳衣，雙方合作製造的這種新型游泳衣與之前相比，可減少 24% 的阻力，僅在 2008 年，穿著 LZR RACER 泳衣的運動員就打破了 13 項世界紀錄，證明了在行業／領域知識擁有專業技能的重要性。

產品知識

產品知識是其他一切的基礎，沒有產品知識的能力，其餘都助益不大。因此，PO 的產品知識水平是開發成功與否的關鍵，身為 PO 在開發產品前，必須積極投入學習產品相關知識，才能幫助團隊協同開發並解決成員問題，除此之外，產品知識更有助於回應任何內外部意見，也會強化企業與產品的使命與願景、進而建立品牌價值。

技術知識

在日新月異的大環境下，技術變遷如浪潮般時時都在變化，因此，PO 是否具有完整的技術技能？以及是否跟得上時代，在技術知識上與時俱進，是很重要的技能。好比近幾年不斷更新與運用於日常生活的 AR 擴增實境（Augmented Reality）、VR 虛擬實境（Virtual Reality），從寶可夢（Pokemon Go）將 AR 結合遊戲與實際生活中、臉書（Facebook）利用 AR 技術推出臉部濾鏡體驗、Samsung 虛擬實境健身器材……等，這些技術與發展都帶領大眾跨越既有的思考模式，看見不同的想像，也表示 PO 必須隨時精進技術知識的重要性。

使用者體驗設計知識

上述提到，PO 是客戶的發言人，因此，PO 除了了解使用者在想什麼之外，也必須清楚如何良好適切地打造使用者體驗設計，了解使用者在體驗中傳達的資訊，透過提高與產品交互時提供的可用性、可訪問性及樂趣來提高使用者對產品滿意度，因此對於相關主題的清楚了解，能進一步給予團隊充分利用於開發上。

商業和財務知識

　　產品開發的最終目標本來就是創造最大的商業價值，產品成功與否也是透過利潤來衡量的，因此 PO 應當了解產品的經濟和金融動態，才能降低風險、減少不必要的成本，以及在各項評估與待辦清單上的精煉與刪減修改，做出最明智的決策。

發展「過程技能」 發現產品無限可能

探索客戶

　　蒐集需求是開發產品前的重要步驟，因此 PO 必須擁有探索客戶需求的能力，包含客戶訪談技巧、機會評估及對客戶發展計畫的理解，一個好的 PO 更需要熟練使用技巧，探索出客戶的深層需求。除此之外，發展計畫有時候客戶也會沒有方向，因此 PO 必須具備此能力，引導客戶描繪出需求。

產品發現

　　產品發現過程有兩個不同的部分，它包括深入了解客戶，然後利用這些知識為客戶打造重要產品，產品發現在幫助產品團隊決定優先考慮和構建哪些功能或產品方面發揮著關鍵作用，同時為實現產品卓越奠定了基礎。產品發現為產品團隊與公司提供價值（好比不浪費資源追求錯誤的想法與開發滯銷的產品），並透過交付為客戶提供價值。

　　因為關係於探索產品所要發展的功能，因此這一切都與產品／市場契合有關。包括用戶原型和用戶測試在內的定性技術，以及即時數據原型和 A ／ B 測試在內的定量技術。PO 擁有產品發現技能，能加深對客戶的了解，有助於團隊創建客戶想要和需要的產品。該過程使團隊能夠超越單純「只擁有功能和產品」，轉向構建能夠「解決問題並成為客戶真正必需品的產品」。

產品優化

　　產品優化是改進和改革產品的過程，使其對現有用戶更有價值，對新用戶更具吸引力，目標是讓產品更受歡迎，並增加行銷指標，如購買意圖、可信度及購買頻率等。

作為 PO，應該具備快速改進與改革現有產品的技能，並且在初始開發期間優化產品與發布，好比 1886 年創始至今的可口可樂（Coca-Cola）雖然已毫無疑問的占領汽水市場，但仍不斷地更新與優化產品，不論是外包裝、抑或是 Light、Zero、纖維＋……等不同品種與風味，以期吸引新客群並讓老客戶更忠誠。

產品開發

雖然敏捷強調「擁抱變更」，但產品開發過程（例如 Scrum）是讓整個專案中能有清楚依循的步驟，透過這些，PO 與團隊才能在每個 Sprint 檢閱與修正；適當地遵循產品開發過程能夠提高開發效率、讓 PO 有效追蹤，協助解決問題，並且保證最終開發的產品品質。因此 PO 對於 Scrum 的理解，以及創建和管理產品待辦清單的技能十分重要。

增進「個人技能」與團隊合作無間

團隊協作技巧

團隊協作技巧良好能幫助 PO 與他人順利合作。大多數工作環境都需要協作，因此這些技能至關重要。這些技能包括理解各種觀點、管理團隊中每個人的優先事項以及作為可靠的團隊成員滿足期望。更細部來說，PO 與技術人員合作的效率如何？有無相互尊重、溝通暢通？是否能夠讓開發人員與客戶接觸，並成為溝通橋梁，藉此獲得回饋？PO 勢必得隨時檢視自己的團隊協作技巧，並改善增進，以利開發順利運行。

產品宣傳技巧

產品宣傳既是內部，也是外部的，利用持續不斷地溝通與各種方式來闡述產品的價值，它可以說是技術行銷、銷售、業務發展以及溝通的結合。因此 PO 如何有效地分享產品願景並激勵整個團隊，乃至所有客戶與利害關係人，都是產品宣傳技巧。

美國市場行銷專家蓋伊・川崎（Guy Takeo Kawasaki）是 Apple 公司的最早員工之一，當初負責麥金塔（Macintosh）電腦產品線，運用其強大宣傳技能，將麥金塔宣傳為「Apple 傳播者」，說服開發人員編寫 Macintosh 軟體和外圍設備，並且規劃願景、激勵所有團隊成員，讓成員與利害關係人相信能夠提高利潤與價值，這便是 PO 必須擁有的產品宣傳技巧。

時間管理技巧

提高時間管理技巧是 PO 最基本卻也十分關鍵的技能，畢竟身為產品成敗的負責人，若沒有高效運用時間、確保自己有足夠時間與團隊協同合作、處理至關重要的問題，擅長時間管理的人擅長做事，優秀的 PO 更擅長優先考慮，並找出真正需要做的事情。時間管理說起來容易，但實際操作困難得多，因此 PO 需要隨時檢視與調整自我管理時間的方法。

利害關係人管理

利害關係人管理是在整個產品開發過程中識別、優先排序及參與利害關係人的過程，它是產品管理的重要組成。利害關係人可以影響開發過程中的執行，與產品成功與否的關鍵，因此 PO 在管理整個公司的利害關係人做得如何？能否讓他們覺得自己擁有能邁向成功的開發夥伴……等，都是 PO 的重要技巧與課題。

領導技能

PO 實際上不管理任何人，但他們確實需要領導、影響和激勵團隊，因此領導技能很重要，美國著名管理學大師史蒂芬‧科維（Stephen Covey）說過：「管理決定了攀登成功梯子的效率，領導力則決定了這把梯子是否靠在正確的牆上。」

LinkedIn 聯合創始人里德‧霍夫曼（Reid Hoffman）認為：「企業家就是那種會跳下懸崖，並在墜落的過程中組裝好一架飛機的人。」擁有冒險且突破框架的精神，激勵團隊一同前進，並且有能力帶領組織成功飛翔，即是 PO 應擁有與增強的領導技能。

社群管理

社群管理是透過各種類型的互動，在企業的客戶、成員及合作夥伴之間建立一個真實社群的過程。這是一個品牌如何利用機會（線上或是面對面）與他們互動，以創建一個可以連繫、分享和成長的網絡。能發揮社群管理與部署技能的 PO，能將顧客變成忠實的粉絲、贏得影響力與潛在客戶、獲得具有價值的回饋，進而建立屹立不搖的品牌價值。

產品的整體路線圖

PO 必須保持產品的整體路線圖並確保端到端體驗的完整性，這樣的技能能夠讓產品與客戶體驗……等，藉此互相依賴與交互作用，使 PO 能有效評估整個產品的開發，如此將越能真正滿足客戶的需求並解決他們的問題，創造有價值產品。

掌握平衡的藝術 習得必要技能 成為強大的 PO

一名成功的 PO 必須有堅持的毅力與遠大的心志為願景努力，因為產品開發當下的需求與緊迫性，令 PO 必須時刻與團隊討論、做出決策，雖然 PO 不需要三頭六臂、十項全能，但培養這些必要技能必能幫助 PO 的羽翼更加豐厚茁壯，並且利於組織更加強大的團隊。美國著名領導力演講家喬恩・戈登（Jon O. Gordon）曾說：「偉大的領導者之所以成功，不只是因為他們很優秀，更是因為他們啟發了他人的優秀。」而 PO 正是明白這些平衡的藝術翹楚。

圖 1-4-1：PO 的平衡藝術

Uber 首席執行長達拉・科斯羅薩希（Dara Khosrowshahi）認為：「自身學習與團隊合作永遠不會結束，是一個持續不斷的練習。」即使是領導者 PO 也是，不斷學習精進，才是引領團隊成功的唯一正解。

PO 心法

🎯 讓你脫胎換骨的「PO 心法」不藏私的江湖一點訣！

美國跨國綜合企業奇異公司（General Electric, GE）前首席執行長與董事長傑克・威爾許（Jack Welch）曾說：「在你成為領導者之前，成功就是讓自己成長；當你成為領導者時，成功就是讓他人成長。」PO 就是這樣獨一無二的領導者角色，必須讓自己成長，也懂得帶領組織成長，才能讓成員具有向心力、使得專案順利完成，因此，成功的 PO 得靠著特質與不間斷地努力而成，絕非一蹴可幾。

靠著一點天分再加上不斷地學習，成功的 PO 如此難能可貴，前面闡述了關於 PO 的特質與必須提升及擁有的技能之後，我們來整理一下 PO 應該必備的共通準則，利用言簡意賅的內容與口訣，傳授心法給各位 PO，只要能從這五則心法中參透並且深入延伸，相信定能紮穩腳步、形塑出自己獨一無二的 PO 樣貌！

PO 心法請銘記：「重愛商溝願」

（易記口訣：重新愛 37（勾）歲的願望）

「重愛商溝願」：重

重度使用者／最愛用產品的人（Heavy User）

重度使用者指的是一個更頻繁地使用某些產品的人群的術語，也常會說是頻繁用戶、密集用戶或高用戶（相較於普通用戶稱為輕用戶）。另一方面，重度使用者的特點是使用模式超出了正常平均使用範圍，在這種情況下，重度使用者也被描述為重度消費者、重度購買者、豪賭客或大手筆。因此絕對是銷售重點關注的消費者，因為他們佔產品銷售額的主要比例。專門提供商業和管理教育內容的 MBA Skool 分析：「重度使用者通常佔商品或服

務消費者的不到三分之一，但佔銷售收入的三分之二以上。」他們是財力雄厚的客戶，佔其營業額的很大一部分，但因為消費力高，因此也有極高換其他品牌和服務的可能。

當然，PO 自己本身也要是自己產品的愛用者，因為自己夠喜愛，才會有熱忱推廣產品給所有人知道。而如何掌握這些重度使用者、銷售主要收入來源、並且讓這些容易善變的重度使用者轉而成為忠誠不移的粉絲，就是 PO 很重要的課題。說到創造「Heavy User」的品牌，絕對會先會想到 Apple，那 Apple 是如何成功打造一群品牌忠誠度極高的「果粉」呢？

- **掌握市場、專注經營**：過去 Ericsson／Nokia／Motorola 的手機品牌市場獨大時代，常用「機海戰術」占領市場，但如今在這個變幻莫測的市場環境下，毫無策略的亂槍打鳥或是盲目的機海戰術，反而會浪費資源，也使得開發人員疲於奔命，無法專注開發於「好的產品」上。

  做為 3C 終端消費性產品大廠 Apple 不如以往大廠推出海量機型，而是啟動精簡模式，將這些資源更集中去解決客戶的痛點，創造不同其他品牌的價值，好比 iPhone 電池是 1810mAh，而同級機 Samsung 是 2550mAh，儘管差了 30%，但 Apple 的電池比別人小，跑起來卻比別人順，運轉時間撐得比別人久。Apple 花功夫讓自己的裝置運算／耗能效率比高，散熱量比較低，一來使用者不會燙手，二來可以減少散熱機體所佔的空間，回頭來又可以把產品做得更輕薄。另外，在作業系統的維運與改善也是許多人稱讚的一環，Apple 專注開發於此，掌握自己的作業系統，能比一般機型更加順暢，即使出現異常使用情況，iPhone 自身處理器也會控制在安全標準下，轉換其他功能的使用率，讓手機維持良好運行。如此驚人的產品優勢就拉開與其他品牌的差距，讓使用者嘖嘖稱奇，如同敏捷準則第九項：「持續注重在專精的技術及良好的設計，可強化敏捷的優勢。」了解客戶喜好與解決痛點，專注將資源投入在對的地方，才能掌握並且鞏固市場。

- **重視消費者的感受與體驗**：從消費者觀點來看，信任度很重要，不論是一般使用者或是商務使用者，如果手機能夠相較之下更加耐久使用，就算是多了一兩年，就值得多花一兩萬把 Apple 的產品給帶回家。除此之外，消費者的體驗也是很重要的一環，Apple 在開發 iOS 時，深入考慮在使用細節上與測試，同時介面操作簡潔清晰，讓長輩和小孩都能輕易入手；另外，為了讓人們能輕易使用手機拍照，除了不斷改善影像系統之外，更不同以往地推出電影模式、攝影風格的新功能變化，當前各家手機大廠，都是以持續增大傳感器，以利於長曝光提升畫質，但 Apple 則以保持原

- **鞏固品牌價值與完整生態系**：Apple 投注大量資源在硬體、軟體及設計的整合，使用者體驗的提升，讓軟硬體設計完美結合，尤其重視 User experience（使用者經驗）與 Service design（服務設計），並透過這些回饋不斷地修正，因此，Apple 每一次的發表會，都是談對於使用經驗的改變與增強，與服務體系的建立與強化，踏實地進行使用者體驗與服務設計，並且透過使用者體驗與服務設計來獲取利潤，進一步鞏固品牌價值，創造數以萬計的忠實「果粉」。除此之外，創建完整生態系，將 Apple 產品深入每個「果粉」生活中，這也是靠著：「硬體 × 軟體 × 設計 × 服務」所形成的生態系，佈局在每項軟硬體項目中，並且延伸發展產品，這樣的價值建立在創新的精神、使用者體驗的設計、服務體系的建立、以及其利用 Apps 發展而成，完全客製化的使用方式，透過客戶的角度出發，創造獨一無二的產品生態系，讓「果粉」毫無疑問地擁 Apple 入懷。

「重愛商溝願」：愛

愛你的客戶、最了解客戶群組的人（Love Customer）

我們必需要認知，成功的產品就是要滿足客戶的需求與解決痛點，因此成為一個「愛你的客戶」、與「最了解客戶群組的人」至關重要，尤其是領導者 PO 更要帶頭愛客戶、了解客戶，讓其下的成員也同時將此奉為圭臬，做得越好的組織往往能將客戶留下來更多、更長久，因為滿足且愉悅的客戶願意與其他潛在客戶分享經驗，由此拓展更多客群，「滿意的客戶無疑是地球上最好的銷售方法」，這點絕對無庸置疑。那麼要如何成為「Love customer」，以下提供幾項要點參考。

- **用對的方式，以客戶為中心、以客戶滿意為目標**：在科技網路發達的現今，糟糕的評論容易導致客戶一哄而散，因此從組織的最高層開始，領導者 PO 必須塑造「以客戶為導向的文化」，所有人目標都是創造有意義且令人滿意的客戶體驗，PO 必須認知在每個回饋機制上都做好溝通與決策的角色，在每個 Sprint 審查檢閱，PO 與開發成員專注於調整產品與客戶期望，以提供客戶想要的積極體驗，同時使其對公司有益，產生最高商業價值。

- **預測與發現需求**：除了被動的接受回饋與即時修正之外，我們也必須主動地了解客戶，並且預測客戶所想所需，才能在激烈的競爭環境中搶得先機，尤其當能夠了解客戶「需求背後的需求」，追根究柢來說，顧客真正要買的其實不是你的產品或服務，而是他們需要透過使用你的產品或服務來完成他們的某件任務或解決某個問題，在客戶完全沒想到能幫他解決問題時，即丟出解決方案，「他沒想到的，你卻做到了」，如此定能讓客戶對產品產生強大依賴感，進而成為忠實的 Heavy user。

「重愛商溝願」：商

商業觀點（Business Point of View）

創造最大的商業價值產品，替公司帶來獲利絕對是開發最終的目標，因此 PO 不論如何，都必須用商業觀點的前提帶領團隊開發產品。當 PO 確立好產品願景、核心價值之後，就得思考如何落實這個價值，並且在執行同時達成收支平衡，滿足各方需求（客戶、利害關係人……等），乃至於將產品推出市場後，成為成功且帶來利潤的有價值商品。

PO 必須有能力建立成熟的商業觀點，除了最終須產生有價值產品之外，完整的商業觀點能夠成為有價值的內容策略，一個強有力的商業觀點賦予品牌的產品個性、真實性，讓產品進入消費者的腦海，並使客戶更容易接觸，更具親和力，吸引客戶擁有。

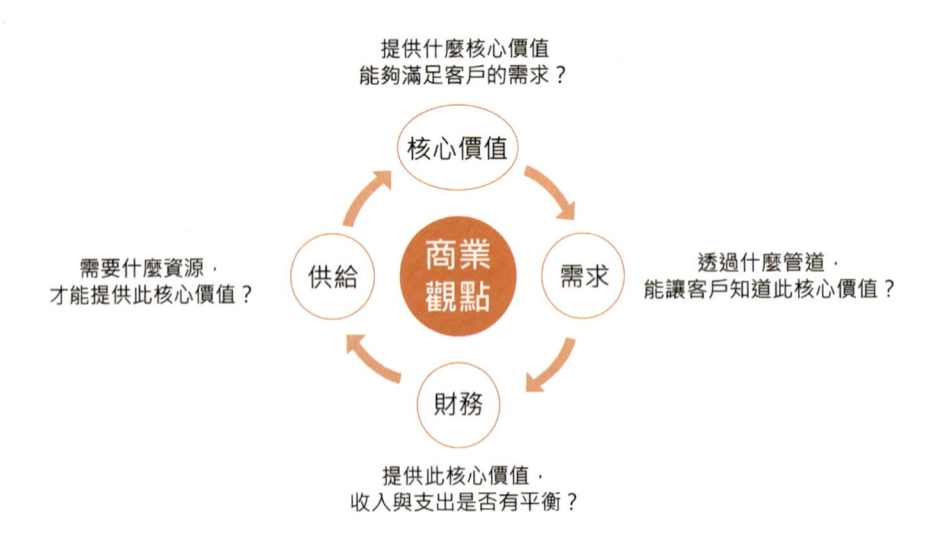

圖 1-5-1：PO 建立商業觀點的考量

另外，PO 的洞察力、反應力及彈性反映在商業觀點上也十分重要，尤其近幾年全球疫情影響，使得消費者的生活型態、消費習慣及行為常模均產生變化，對領導者 PO 們都是一大挑戰，若只守成於過往市場訊息（包含目標客群特性、價格需求及行銷溝通方式等），以及對於技術層面不做改善提升，必定會使產品慘遭市場淘汰。因此，在變幻莫測的市場環境下，新興消費習慣及生活型態不斷湧現，消費者的行為、支出及消費方式一直都在改變，如何透過了解消費者生活型態及新興消費行為，建構適合的商業觀點，即是 PO 的課題，最重要的一項技巧便是「彈性與調適性」，如同敏捷強調的「擁抱變更」，確立核心價值、形塑商業觀點，並有彈性地掌握、運用它，才能將產品開發推向成功。

「重愛商溝願」：溝

溝通（Communication）

敏捷準則第四項與第六項分別說：「客戶代表與開發人員在專案期間應每日持續互動」、「團隊不論對內或對外，最有效率及效能的資訊傳遞方式就是面對面對話」，證明了溝通的重要性，PO 應將「溝通」做為任何決策或計畫前的必備過程，不論是一起共事、面對面溝通，或是扁平化組織、透明化資訊，相較於傳統瀑布式的單純「下指令」與「制式需求會議」，都更加有效能與時效性。PO 很重要的特徵之一便是──「促進關係人與團隊間的溝通」（Facilitate stakeholders and team communication）與「和所有人協同合作」（Collaborates with everyone），因此，我們不斷強調 PO 必須成為技術人員與利害關係人、客戶之間的溝通橋梁，才能發揮團隊戰力並且「Do the right thing」。而如何發揮良好的溝通效力呢？以下提供幾點技巧參考。

- **以使用者為中心，並尊重信任團隊成員**：PO 是產品成敗的負責人，當然必須承擔最終決策的責任，但不論如何，只要先與團隊達成共識──「以使用者為中心」，事事從客戶的角度思考與溝通，必然更容易與團隊成員溝通。此外，「互相尊重與信任」絕對是團隊成功的一大要素，如同敏捷準則第十一項：「最佳框架、需求與設計是來於自管理的團隊。」PO 必須適當授權給團隊成員，並且相互尊重信任，如此才能建立一個良好的溝通環境。

- **順序清晰，資訊透明並主動溝通**：排序與管理產品待辦清單很重要，而 PO 自己也要清楚了解任何事務的順序，知道什麼事情重要、什麼事情不重要，如何協助團隊專注在重要的事情上，分配時間和資源給關鍵的問題……等。再者，清楚地與團隊分享現在開發的狀況，進度上的追蹤與跟進，主動與所有人溝通、協助讓資訊透明，除了可以讓成員便於溝通、好做事外，也可以減少資訊落後的不安全感，讓大家更有清楚的目標。

「願溝商愛重」：願

願景（Vision）

知名商業領導者及暢銷書作家羅莎貝絲．肯特曾說：「願景不僅僅是可能發生的景象，也是能讓我們自己變得更好的一種呼籲。」顯見願景的重要性，敏捷也一直強調在專案開發啟動前，PO 有責任描繪完整的願景藍圖，並且讓團隊成員清楚明白，它就像 PO 與團隊的指路明燈，透過願景也能在開發執行中反映客戶與利益相關者的需求，以及為滿足這些需求而提議的特性和功能。一個好的願景也具備以下特點：

- **有抱負，但實際且可實現**：它必須令人信服且具有一定的未來感，但又足夠實用，使其在範圍內可行。

- **激勵他人參與旅程**：願景必須與目標保持一致，PO 能利用願景充分鼓勵團隊成功開發，並且凝聚團隊向心力，使成員願意跟隨 PO，共同為目標努力。

前南非總統納爾遜．曼德拉（Nelson Mandela）說過：「有行動沒願景只是消磨時間，有願景沒行動只是做白日夢，但願景與行動俱在可以改變世界。」因此，願景就如同行動前的目標展望，PO 則是具有遠見與執行力的瞭望者，帶領組織展望並且實現夢想。

成為強大的牧羊人 引領組織探索實現成功

納爾遜．曼德拉：「領袖就像牧羊人，他留在羊群後面，讓最靈活的人走在前面，其他人緊隨其後，卻沒有意識到他們一直受到後面的指揮。」一個好的領導者 PO 知道什麼時候該領導決策，什麼時候該退步授權，讓團隊有目標地探索與實施他們的想法，才能真正組織一個具備強大技能、十足信心及互相信任的團隊。

PO 層次

🎯 你可以不用三頭六臂 解析 PO 的層級結構

PO 可能是 Scrum 開發中最具挑戰性的角色之一。因為在所有工作流程中，PO 都在內外部需求間左右為難，從內部的計畫會議、Sprint 檢閱審查、管理產品待辦清單……等；對外則是要時時與客戶、利害關係人討論需求，關注市場趨勢……等，在一般專案當中，這可能是還能負擔的工作量，但若在一個有多團隊的大型專案中，PO 的角色對於一個人來說太過沉重。因此，必須找到擴展的方法，讓 PO 不需要三頭六臂，也能與團隊成功開發。

PO 層級結構：何謂 CLP
──Chief Product Owner → Product Line Owners → Product Owners

大型專案理想情況下應為每個團隊找到一個新的 PO，但若因為現實無法實現，至少每個 PO 負責的團隊不能超過兩個，因為這通常是一個 PO 至多的負荷量。在某些時候，隨著專案整體規模的增長，引入共同協作的 PO 層級結構能幫助整個專案更加清楚，且提升效率。圖 1-6-1 顯示了這樣的層次結構，一個首席 PO（Chief Product Owner）與每個團隊合作，向下延伸至產品線負責人（Product Line Owners）、PO 及團隊叢集，每個 PO 與一個開發團隊協作，每位產品線負責人都與一群產品開發團隊和一位首席 PO 協作，也可以根據團隊規模的需要，增加或者減少中間層次。

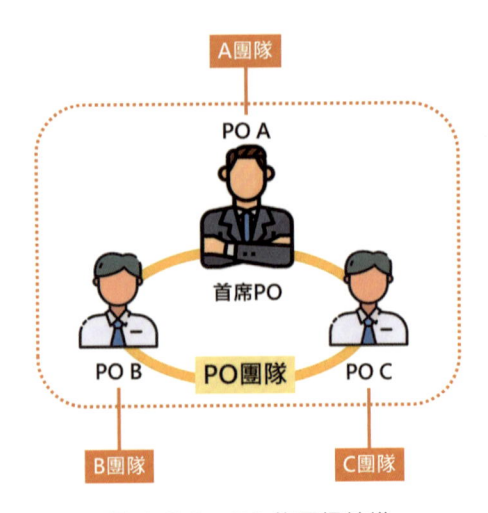

圖 1-6-1：PO 的層級結構
圖片參考來源：Mike Cohn

　　此層次結構能夠讓團隊的每個人清楚負責的任務與層級，首席 PO 的使命之一便是定義產品願景——「Creates the Product Vision」（建立產品願景），並透過會議及其他方式進行傳遞。

　　美國最大的電動汽車與太陽能板公司特斯拉科技（Tesla Inc.），其執行長伊隆·馬斯克（Elon Reeve Musk）將特斯拉的願景定義於「加速全球永續能源的轉變」，並透過各種方式向團隊成員與人們展示其願景的核心，如：收購 SolarCity、Maxwell……等能源公司，公開《特斯拉的祕密宏圖》，將特斯拉汽車正式更名為特斯拉科技（Tesla Inc.），並進一步把電動車業務拓展到住宅及商業太陽能蓄電系統領域，打造為清潔能源企業，向客戶提供端到端的清潔能源產品，讓特斯拉不再只是電動汽車，而是打造未來永續能源的帝國。

層次結構——讓大型專案分工合作

　　在大型的開發專案下，首席 PO 可能會因為太忙，而無法親自擔任一個開發團隊的 PO，因此，優秀的首席 PO 應要積極深入到團隊中——間歇性參加每日站立會議，出現在團隊的辦公區域，提供支持和回饋，但首席 PO 仍必須依賴層次結構上產品線負責人和 PO 處理細分產品領域中的複雜細節問題。

假設組織決定開發一個財稅軟體，包含：財稅數據、財務報表……等，這樣的大型開發專案不僅要考慮各種開發細節，也必須針對市場趨勢與競爭對手做評估，因此首席 PO 會聚焦於策略問題、競爭佈局……等，由產品線負責人們負責財稅軟體中的各個產品。再由各產品線負責人確定負責各特性領域的 PO，如：負責財務報表的產品線負責人，旗下分為負責表格的 PO，與負責樣板和列印的 PO 進行協作（如圖 1-6-2 所示）。

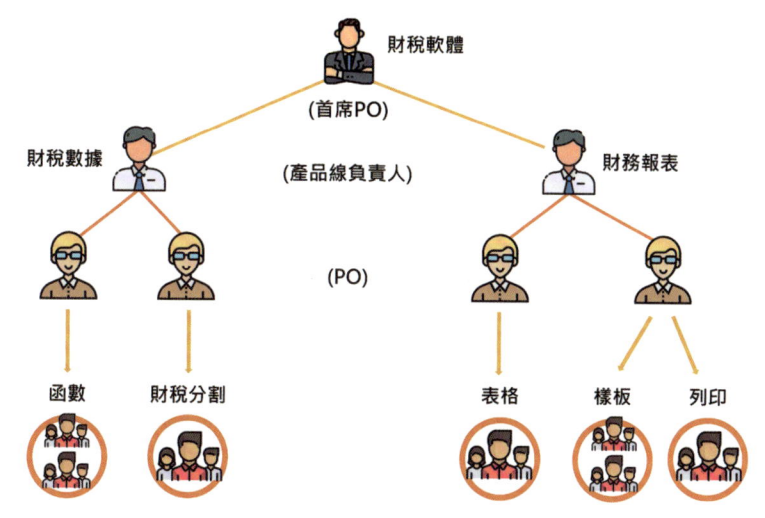

圖 1-6-2：PO 的層級結構─以製作財務報表為例

圖片參考來源：Roman Pichler，2013

儘管前面已提到，首席 PO 因為太忙不能兼任開發團隊的 PO，但可能可以兼任部分產品的產品線負責人，例如：首席 PO 因曾擔任過財務報表的產品線負責人，而繼續兼任這個角色；又或者產品線負責人想以更直接的方式介入團隊，因此兼任某一個 PO。但不論如何，即使職能可以細分，所有的 PO 都必須對整個產品共享責任，他們也必須向團隊所有人灌輸這種協作承擔的共識，如同敏捷原則第五項：「激勵專案團隊自動自發，提供給他們所需要的環境與支援，相信他們會使命必達。」並且和所有人協同合作，讓整個團隊有共識、目標前進，驅動產品走向成功。

PO 如何釐清角色？關於 PO 的平衡藝術

上述提到許多層次結構上的分級，在在顯示首席 PO 責任重大，那麼 PO 如何釐清角色，以及在團隊成員、利害關係人之間如何取得平衡呢？

PO 釐清角色與職責

- **制定三角色清楚的當責（Accountabilities）**：敏捷重視「協同合作」，所有人都在同一條船上，必須共同為前進努力、為錯誤負責，並不會像傳統瀑布式硬性界定角色，而後井水不犯河水地工作。Scrum 工作流程中，對於三角色會以大方向做定義，以利組織成員知道自己的工作目標，但不會因此失去彈性，落於傳統窠臼中。

表 1-6-1：敏捷大方向制定三角色的當責

敏捷大方向制定三角色的當責		
PO	SM	成員
為產品成敗負責	負責成員成效最大化	相互互補
		協同完成任務

- **具有原則但也在過程中修正**：敏捷重視彈性並於過程中隨時修正，因此團隊除了有清楚的當責之外，某些灰色地帶或是期間發生的改變，PO 要在原則下與團隊一同釐清、逐步修正，團隊應該是在開發過程中是對目標越是清晰，離成功開發將越近。

- **願景聲明、與利害關係人達成共識**：PO 在釐清自我角色時，最簡潔有力的便是「願景聲明」，願景聲明不僅能讓 PO 明白自己在專案中的任務，也能與利害關係人達成共識，說明理念及方向後，讓所有人與你一同前進，而不願意跟隨的人也可以順勢退出，才能集結真正具有向心力的強力團隊。

PO 在團隊成員間取得平衡

- **取得高階主管授權**：適當的授權與職級，讓 PO 有權責決策與解決成員問題。

- **制定獎勵與下車機制**：合宜的獎勵機制能夠激勵人心，成員達成目標除了對組織的向心力與成就感之外，更有現實上的獎勵；反之，若在過程中，發現有成員對目標不再具有專注與熱誠，那麼 PO 或 SM 也必須制定下車機制，讓不合適的人員離開，避免少數人拖累整個團隊。

- **共同制定團隊章程、共創 Story Map**：敏捷很強調「協同合作」，共同制定團隊章程與共創 Story Map，使成員因為內含自己的想法而更加認同，也能促進利害關係人與團隊間的溝通。

- **產品待辦清單的管理、定期召開產品待辦清單精煉會議（PBR）會議**：調整產品待辦清單或優先順序的最終決策者是 PO，當產品待辦清單有所精煉時，PO 必須與成員定期召開 PBR 會議，平衡出最佳解，並且進行最終決定。

- **進入 Sprint 開發週期**：參與 Sprint 事件也是 PO 的使命之一，在傳統瀑布式管理中，領導者總是高高在上看著所有開發完成，但敏捷則不然，PO 也須參與其中，與團隊成員一同執行並且獲得回饋與修正。

在利害關係人之間取得平衡

- **取得高階主管授權**：如上所述，PO 取得授權也同步有權力和利害關係人商討與溝通。

- **定期召開 PBR 會議、Demo 會議**：對於利害關係人而言，產品待辦清單精煉與產品 Demo 都十分重要，PO 必須將利害關係人納入會議之中，也能透過此與內外部人員搭起溝通橋梁，讓開發問題迎刃而解。

成為引路人：塑造共識、推動成員向前

　　馬丁‧路德‧金恩（Martin Luther King, Jr）：「真正的領導者不是尋求共識的人，而是塑造共識的人。」領導者是創新者，而不是追隨者，他們塑造觀點並建立共識，成為引路人。身為 PO，想當然必須從自身出發，與團隊建立共識，推動優秀的成員，使他們變得更好，PO 們務必善用以上技能，成為塑造共識與願景的夢想執行者！

Chapter 2 ▶
如何規劃能夠形成一股風潮的產品

在開發產品前，PO 需要思考為何而做，並描繪出產品被使用的畫面，這樣開發出來的產品才能真正滿足目標客戶的需要。

本章將會以新產品進入市場的角度出發，透過市場常見的行銷工具與成功經驗，來分析暢銷產品的成功祕訣，並幫助讀者：學會蒐集市場與客戶需求、釐清產品藍圖的重要性、找出產品的優勢並將其定位，做好打造暢銷產品的第一步，讓成功更近一步。

用 PO 願景設計強勢產品

◎ 產品靈魂＝願景！替產品裝上夢想的翅膀 PO 的首要任務

讓夢想實現 優秀 PO 從「Why」出發

賈伯斯曾對全世界說：「I want to put a ding in the universe.」（我想在宇宙間留下痕跡。）澎湃動人的言論就像在邀請人們：你要不要與我一起改變世界的法則？在宇宙中留下美好印記？擁有 Apple 的商品，等於和 Apple 一起創建歷史洪流中的重要一刻。這樣激勵人心的理念讓 Apple 不再只是單純的 3C 產品，而是如同信仰一般讓全球的果粉著迷，他又說：

「People don't want to just buy personal computers anymore. They want to know what they can do with them, and we're going to show people exactly that.」（大家不再只是想買個人電腦而已。他們想要知道的是可以用電腦做什麼，而我們要展示給他們的正是這個。）顯見賈伯斯知道他要給世人的不僅僅是一台電腦，而是你為何一定要擁有 Apple 的原因。

如同賽門‧西奈克（Simon Sinek）提出的黃金圈理論──世界上所有成功的領導者，他們思考、行動都遵循著「黃金圈」法則，從裡到外包含三個階層，分別是 Why-How-What。「Why 代表領導者的理念，How 是執行的過程，What 則是最終的產品。」一般人通常都只理解 What，單純的只知道要「做什麼」，將產品完成或是銷售結案。但好的領導者能夠從 Why 出發，反過來明白「為什麼」，塑造出推動組織前進的目的、原因和信念──「不是你做了什麼，而是你為何而做。」能夠激勵自己，打動人心，是傑出領導者的必備條件，換作敏捷理念，正也是 PO 必須建立願景的重要性。

產品願景是一個產品的靈魂，如果沒有好的願景，即便暢銷也只是一個商品而已。世界上最熱銷的電動汽車特斯拉（Tesla），市值破六兆美元以上，特斯拉至今幾乎成了電動汽車代名詞，但創辦人伊隆‧馬斯克一開始設立的產品願景可不只這麼簡單，他的願景是讓人類可以長久繁榮生存，「移居火星」是其方法與手段，而他自己能成為主導這一切的一份子，這看似遙不可及的夢想，馬斯克企圖讓夢看得見，他不只有熱情，更真正實踐，因此創立的三家公司都與此願景有關。

- **SolarCity**：全美最大的太陽能公司，因火星上的能源無法依靠石油，當然太陽就是主要來源，因此太陽能公司則是為了將能源轉換供應移居火星需求而設。

- **特斯拉（Tesla）**：世界上最早的自動駕駛汽車生產商，將太陽能能源轉換為電動車的能量，全球首屈一指的電動汽車，也正是為了日後火星上生活設想。

- **Boring Company**：美國基礎設施與隧道建設公司，從表面上不容易明白與火星的關聯，實則馬斯克是認真想實踐最終目標──移居火星，因為火星表面過熱不宜人居，未來勢必得在火星底層活動，若是如此，則隧道建設便是必然途徑，因此 Boring Company 也是他實現願景的要素。

黃金圈理論講者賽門‧西奈克說：「People don't buy WHAT you do, they buy WHY you do it.」（吸引人們的不是你做什麼，而是你為什麼做。）馬斯克與賈伯斯都相同地繪製出

宏偉的願景藍圖，真誠且堅定地告訴人們與團隊為何而做，替產品注入靈魂，讓產品具有信念、吸引人們擁有，他們除了是建立偉大願景的夢想家之外，更是真正實踐的建設家。

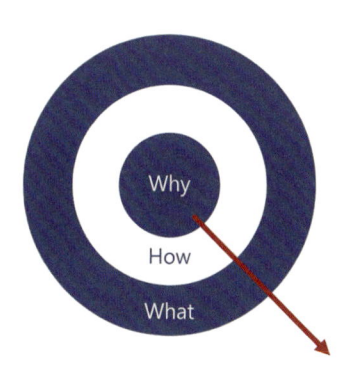

圖 2-1-1：黃金圈理論

圖片參考來源：賽門・西奈克（Simon Sinek）

與團隊共創願景 驅動成功開發

同上述所言，在敏捷工作流程中，PO 必然是建立願景的重要角色，然而並非每位 PO 都是獨樹一格的天才，也實在不需一人扛下所有，所以，若是 PO 與團隊一同共創出產品願景，更能讓大家更有 Ownership 與團隊意識，共同將產品成功開發。

美國跨國行銷公司奧美（Ogilvy）和台灣永光化學合作時，就以「Better Chemistry, Better Life」（好化學、好生活）做為品牌願景。而這項願景並非一人所建立，而是集結了五十多位中高階主管，舉辦品牌共識營並且共創願景所產生的。他們不僅從研發、行銷及員工教育⋯⋯等層面，討論如何以化學專業服務客群，也深入研討使用對的化學原料，不傷害環境且幫助人們生活更好。最後，再透過全員的品牌溝通和教育訓練，集結團體意識，令所有人都在同一條船上，同心協力往目標前進。

將敏捷帶入組織，使得工作效率與產品價值節節升高的 LINE，至今已成為每個人生活上不可或缺的軟體，其願景是拉近人與人之間的距離。它也是由 LINE 團隊一開始共創而生，並且認為要始終充滿熱忱，達到夢想前絕不放棄，以此願景下應運而生許多人們食衣住行都需要且黏著度極高的產品。然而，即使是跨國企業，LINE 仍期許團隊每個人都應該理

解願景，在討論 What 與 How 之前明白自己為何而做，創造最大價值。因為共創願景，且讓團隊具有共識，LINE 才能在日新月異的市場中蒸蒸日上。

有句俗諺說道：「有願景而沒有行動叫做白日夢，而有行動沒有願景只是一場噩夢。」PO 建立願景如同替產品裝上希望與夢想的翅膀，有靈魂的產品才能帶給團隊前進的動力，共同飛向目標，將願景實現！

圖 2-1-2：願景階層圖

好願景是怎麼「想」出來的？成為「鐵粉」是第一步

「民之所欲，長在我心。」是前總統李登輝生前對自我的期許，對他而言，總統必須了解民眾的想法與需求，才能為政策與民眾福祉負責，這理念套用到 PO 身上同樣適用，深入了解客戶、社群、產品使用者與狂熱者的想法並且成為他們的一員，是 PO 的重要職責之一。譬如：我擔任臉書的 PO，我得先讓自己成為臉書的狂熱者，我的願景自然而然就會是使用者的願景。

「願景」如同產品的靈魂，也是促使團隊跨出產品研發第一步的重要動力。在尋找願景前，PO 不妨先靜下心問問自己：「產品願景是 PO 的，還是大家的？」《西遊記》故事中，

唐三藏為了化度世人，決心到西方取經。「取經」是唐三藏的願景，還是徒弟們、世人們的願景？答案自然是唐三藏的願景，唐三藏就如 PO 的角色，他清楚世人的需求與內心渴望，儘管這個願景無法讓所有人都認同，但只要能夠吸引「鐵粉」跟隨，就稱得上是成功的願景，就像 3C 知名品牌小米有「米粉」、Apple 也有「果粉」，每當新產品一推出，無論台灣是否引進，這群人都會想方設法買到手！

發想願景藏學問　善用小技巧更能撼動人心

願景看似短短幾句話，字裡行間可是暗藏著大學問，PO 們務必注意，發想願景時千萬別強調「我們要賺多少錢」、「賣出多少產品」，而是要運用關鍵字激起人們心中的熱情與渴望，例如：我經常以「改變世界」、「改變台灣」、「品質第一」等關鍵字描述願景，讓聽的人感受到 PO 有勢在必得的決心及衝勁，你也可以找出屬於你的願景關鍵字。

很多人不知道的是，願景也可以是迭代的！

早年我在創立長宏時，有感於專案管理師（PMP）考照領域缺乏經驗傳承，每個人至少都要準備 1 到 2 年才能考上，因此我訂下了第一個願景，希望「3 年內為台灣培育 1,000 位 PMP，以此提升國家競爭力」，許多考取 PMP 的學生被這願景所感動，每 10 人就有 3 人自願留下來當志工輔導學弟妹，後來我們在 2 年又 3 個月內就達成目標，時至今日，全台 PMP 人數已經突破 1.4 萬人大關。

第一階段願景達標後，我隨即訂下了第二階段願景，希望逐步完善「深耕台灣專案管理實務界，3 年內創造台灣對世界無遠弗屆影響力。」為此，我在 3 年內無條件培育 600 位高度影響力人士成為 PMP，其中不乏知名企業總經理、高階主管，公司高層親身感受到 PMP 帶來的正向改變，紛紛要求旗下專案經理考取 PMP，不但將台灣 PMP 人數一口氣衝到全球第 7 名，超越新加坡與澳洲，如今 PMP 更已成為職場必備證照之一，由此可見，一個好的願景能夠帶來超乎想像的影響力！

別想一步登天　好願景禁得起千錘百鍊

願景也有好壞之分，好的產品願景絕對不是一步登天，而是要禁得起千錘百鍊。2017 年，我發現政府無論在建設桃園機場捷運、台中快捷巴士（BRT），甚至是解決桃園國際機場

淹水問題時，每個大型計畫都花費鉅資且曠日費時，但最後卻一再面臨工期延宕、品質未達水準等種種問題，使人民納稅錢付諸流水，其背後原因正是缺乏一套有效的大型計畫管理制度。

為此，我到國發會提點子平台提案，希望比照美國訂定台灣版的「計畫管理改進責任」法案（簡稱 PMIAA），運用專案管理辦公室的概念建立起一套機制，提高行政機關執行績效。按規定，90 天內連署人數必須突破 5,000 人，政府才會接受提案並由執行單位評估是否可行，但眼看著連署人數達到 1,000 人以後便停滯不前，我只好走出舒適圈，四處游走在各個讀書會及不同單位，商借 5 到 10 分鐘的演講時間，宣揚我的願景，到了第 70 天連署人數總算突破 5,000 人，代表我的願景已經讓大家相信。

只可惜執行單位評估後，認為政府執行起來恐綁手綁腳，隨後提供給大學教授評估，花了 100 萬元繳交一份研究評估成本報告，最後提案被束之高閣，不了了之。這次經驗凸顯了好的願景或許難以說服所有人，但只要有一部分鐵粉極度認同，願意追隨這項願景，就是 PO 最大的成功！

個性攸關願景成敗　3 類 PO 你是哪一類？

最理想的願景是由 PO、利害關係人及開發人員共同發想出來，但在實務層面中，有些 PO 並不了解使用者需求或是突如其來地被指派工作，這樣發想出來的願景自然可能是錯誤或不切實際的，PO 在發想願景時，也要特別留意這個願景究竟是公司的願景還是產品的願景，避免淪於喊口號。

除此之外，願景的優劣與 PO 個性更是脫不了關係，天才型 PO 如賈伯斯、魏德聖等人，他們心中早已確立清楚的願景，透過描繪出願景的模樣，一方面影響團隊，獲得認可與支持；另一方面也能共同檢視這當中可能的盲點，在一次次討論過程中，PO 的願景也逐漸微調、形塑成大家的願景，就是成功的第一步。

第二類 PO 雖然不如天才型 PO 這麼有想法，但他們放手讓團隊共同發想願景，再逐步收斂出最好的結果，但畢竟不是自己發想出來的願景，PO 對於願景不見得有共鳴或動力，執行起來的動力自然會與第一類 PO 有落差；另外，還有一種 PO 非常有想法，但堅定意志且一意孤行，完全不顧團隊及旁人的想法與意見，這種類型 PO 最後註定走上失敗一途。

唐三藏就如同第一類 PO，他清楚知道取經是他畢生的任務以及其重要性，這樣的願景也感動了孫悟空、豬八戒等徒弟，願意在取經之路上守護他；假如唐三藏是第二類 PO，透過團隊腦力激盪才訂定出到西方取經的願景，唐三藏如果不認同這願景，團隊也難以成行；萬一唐三藏是第三種 PO，一意孤行想著要取經，完全不聽他人意見，卻忘了取經需要集結眾人之力，非他一人就能完成，最後恐怕也只有失敗的命運。

最後別忘了，分享產品願景是 PO 的重要工作之一，透過一次次描述願景，讓團隊、利害關係人更加認知到你們正在做的事情有多麼重要，並將這想法深深烙印在他們腦海中。對於自家產品充滿熱情與認同感固然重要，但千萬別以此自滿，PO 們一定要時刻謹記產品是為了客戶、使用者而做，樂於傾聽意見與回饋並做出改變，才是打造熱門產品的不二法門！

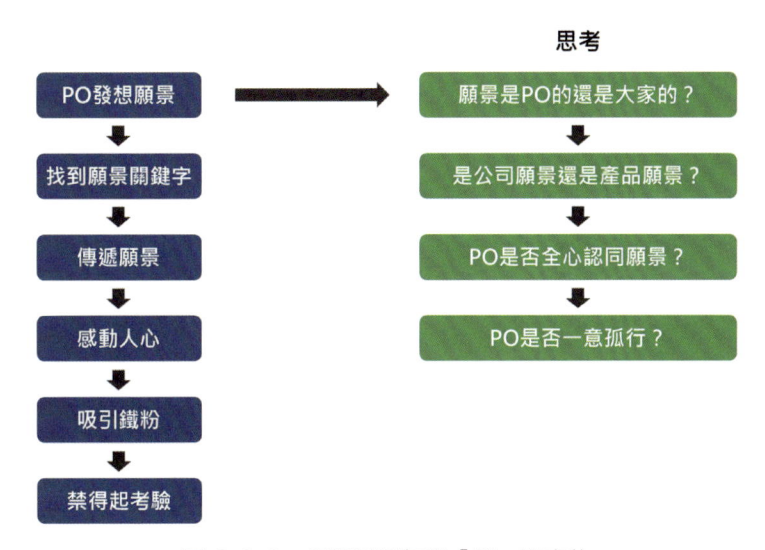

圖 2-1-3：好願景是怎麼「想」出來的

🎯 從零開始勾勒藍圖　設計強勢產品就靠這 4 步驟

有了強而有力的願景，PO 如何善用它找出目標客群，才是打造強勢產品的關鍵所在。PO 們可以運用「黃金圈法則」作為發想產品的第一步，勾勒出心目中的產品藍圖，接著以「影響力地圖」搭配不同工具作為進階思考，一步步找出產品的「目標」、「使用者」、「影響」及「成果」，為產品打下穩固地基。

- **訂定團隊目標（Why）**：「願景盒」與「願景看板」可以幫助 PO 找出團隊願景和目標，接著透過「電梯聲明」將精華化為極具吸引力的語句，並利用「狩野模型」、「媒體或行業刊物評論」、「粉絲評語」來反覆驗證。

- **找出目標客群（Who）**：PO 可以運用「人物誌」找出目標客群，進一步運用「客戶採訪」、「現場研究調查」、「聚焦小組」、「問卷」、「演示及回饋」、「可用性測試」、「客戶旅程」等方式，檢驗是否找到對的目標客群。

- **如何影響客群達到目標？（How）**：找到目標客群後，PO 就能夠從這群人的視角出發，思考他們該做些什麼，才能有助達成目標，這時我們可以運用「使用者故事」了解使用者的需求，也可以善用「價值主張畫布」，將我們發想出的方法與客戶需求進行配對。

- **運用哪些方法促使成功？（What）**：只要 PO 能正確掌握該怎麼做，最後一步便是決定找出該做什麼，才能促使目標客群將 How 化為實際行動，在這階段 PO 可以利用「產品待辦清單」一一擬定解決方案。

● 第一步：
運用黃金圈勾勒產品藍圖

● 第二步：
以影響力地圖搭配對應工具，奠定產品設計基礎。

訂定團隊目標	願景盒、願景看板、電梯聲明、狩野模型、媒體或行業刊物評論、粉絲評語
找出目標客群	人物誌、客戶採訪、現場研究調查、聚焦小組、問卷、演示及回饋……等
如何影響客群	使用者故事、價值主張畫布
運用哪些方法	產品待辦清單

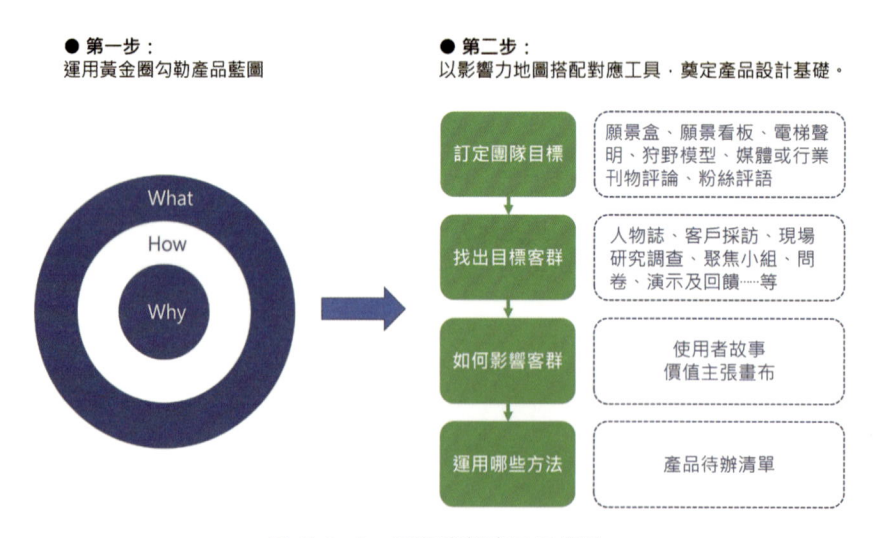

圖 2-1-4：打造強勢產品這樣做

假設你是社群網站的 PO，希望將網站使用者增加至 10 萬人，你會如何運用影響力地圖找出解決方案？一起動手試試看！

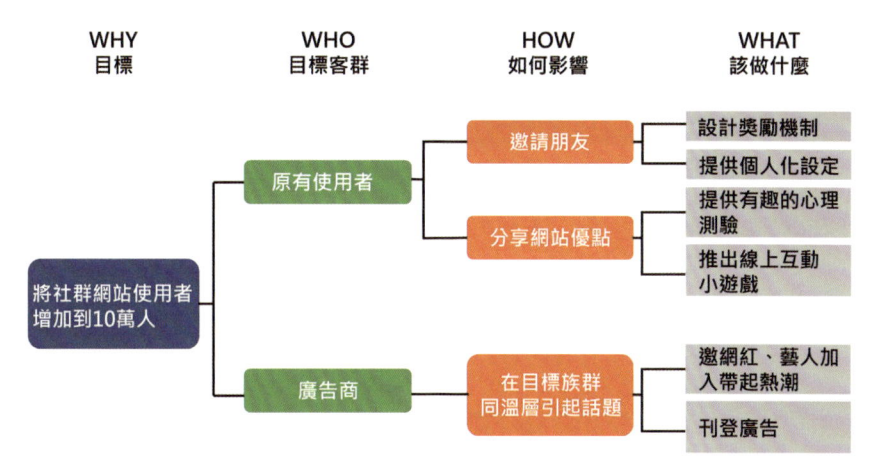

圖 2-1-5：影響力地圖範例 - 社群人數增加

　不過，影響力地圖只是眾人智慧匯集成的一連串假設，產品上線後別忘了持續驗證假設，確認最終推出的功能是否真的帶來預期的影響？這個影響對於角色是否有效？這個角色能否幫助團隊實現目標？

產品開發 3 大地雷不要踩

　正如唐三藏無法憑一己之力到西方取經，開發產品也得仰賴團隊的幫忙，在產品設計與開發過程中，有 3 種錯誤 PO 們千萬不能犯！「剛愎自用」是 PO 最常見的錯誤，一意孤行、完全不聽他人建議的 PO，是產品開發過程中最大的絆腳石，儘管賈伯斯有清楚的中心思想，但他仍然會聽取團隊意見，藉以調整方向。第二種錯誤是「任團隊擺布」，PO 一定要有自己中心思想，否則就容易被他人牽著鼻子走，儘管產品的功能、銷量是開發人員共同的責任，但最終負成敗之責的仍然是 PO。

　第三是「沒有願景」，願景是 PO 招兵買馬時手中揮舞的大旗，也是團隊的核心信念，只要有信念就算失敗再多次，也有成功的一天，就像國父革命失敗 10 次、愛迪生發明燈泡失敗 1,600 多次才成功，萊特兄弟在發明飛機的過程中更是失敗了無數次，但他們有著「要讓人類飛起來」的信仰，無畏嘲笑與失敗，最終總算迎來了成功！

你跨越鴻溝了嗎？認識產品生命週期

正式投入開發前，PO 應先認清產品目前所處的生命週期，不但攸關投入資源的多寡，研發策略也有極大差異。

導入期

位處導入期的產品大多相當創新，市場上也只有極少數人擁有、不易購買，例如：Google Glass，由於產品處於市場開發早期，必須投入較大量的資源慢慢成長。這類型產品 PO 主要面臨 2 大考驗，一是產品或功能是否能夠順利開發出來，二是產品問世後客戶買不買單，為此開發人員需要不斷地做實驗，依照使用者故事卡片或是技術構想做實驗，依實驗占比分可再細分 2 種作法。

「風險驗證實驗」（Risk based spike）是在 Sprint 中加入少部分實驗性質的任務，「架構實驗」（Architectural spike）則是將整個 Sprint 都用於實驗，大量地開發新技術，屬於實驗的週期，也是唯一可以不產出可用增量的例外情形。比方說：有 PO 希望「用人體鑑別的方式解鎖智慧裝置」，我們可以在每次 Sprint 中嘗試一種辨識方法，也可以在 Sprint 中大量測試瞳孔辨識、指紋辨識，看看哪個方式能夠成功。

跨越鴻溝

市場如戰場，很多產品早在導入期就被市場淘汰，無法走完生命週期，關鍵就在於能不能「跨越鴻溝」進入成長期，兩者之間看似只有一步之遙，卻是產品能不能成為主流、活到老的重要里程碑。

成長期

順利跨越鴻溝的產品將進入成長期，此時市場上需求量大增，同類型產品也進入百家爭鳴的時期，隨競爭對手一家家出現，誰能做得多、做得好是 PO 的首要任務，當產品進入「大量複製」的量產階段，誰能提高產能、降低不良率，就能達到規模經濟境界，也是 PO 面臨的最大課題。

成熟期

　　走過百家爭鳴的盛世，產品無論在量產或技術上都已成熟，正式邁入成熟期，低價市場是這一階段最大特色，每家業者無不削價競爭展開割喉戰。這階段 PO 必須以「價值分析與價值工程」（VA/VE）分析如何改善結構、降低成本，必要時需要打破原有設計，例如：將筆電重新設計成為筆電、平板兩用的電腦，降低成本並增強競爭力。

衰退期

　　當產品競爭對手一家家倒閉，就是進入衰退期的重要警訊，這階段產品利潤已所剩無幾，甚至已有取代性的新技術，例如：數位相機問世後，底片大廠柯達當斷不斷、面臨破產命運，反觀富士毅然關閉底片工廠，全心投入數位相機市場，後來更運用底片原理推出化妝品品牌，重獲新生。到了衰退期再開發新產品並不明智，身為聰明的 PO，別忘了把握成熟期開發新產品，才能在求新求變的市場中存活下去！

識別產品亮點

🎯 成為產品的伯樂　PO 這樣找出產品亮點

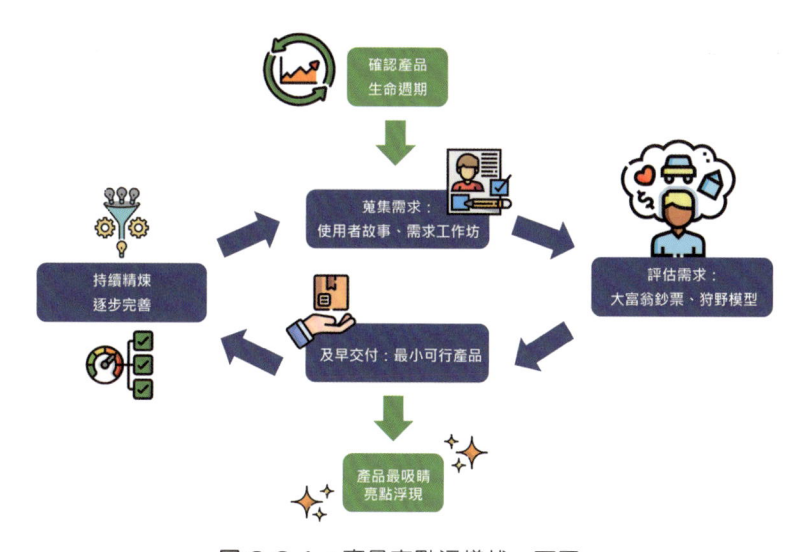

圖 2-2-1：產品亮點這樣找一頁圖

PO 是形塑產品樣貌的靈魂人物，俗話說「一樣米養百樣人」，每個人喜好、需求各有不同，究竟什麼樣的產品才能讓消費者買單，甚至在市場上形成一股風潮。我以多年 PO 及創業經驗，分享幾個尋找產品亮點的實用小工具，並教你如何在競爭激烈的市場中，一步步與對手拉開距離，提高開發產品的成功率！

在找出產品亮點前，你應該先了解自家產品位於哪個生命週期（請參閱圖 2-2-2：產品生命週期），一個剛剛進入市場的創新產品，和一個已經進入市場多年、進入成熟期的產品，各有不同尋找亮點的方法。回想過去智慧型手機剛問世時，配備觸控式螢幕、行動上網……等功能，幾乎樣樣都吸睛，但若換作現在，還算是亮點嗎？

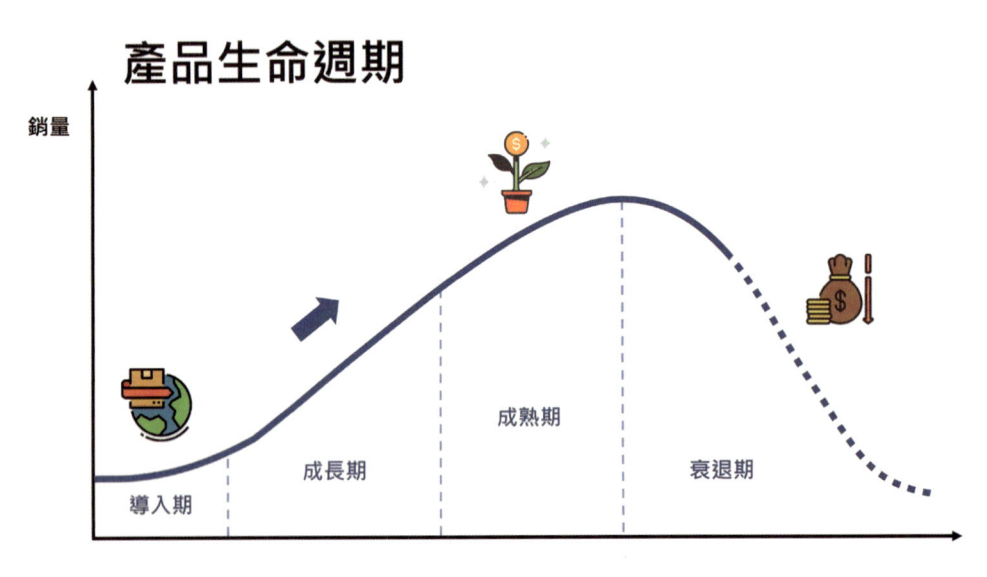

圖 2-2-2：產品生命週期

善用工具 產品亮點呼之欲出

處在不同生命週期的產品，可以用來尋找亮點的工具也略有不同。以創新產品為例，由於市場上還沒有類似的產品，開發人員根本無從得知消費者想要的是什麼，這時不妨回歸敏捷工作理念，將尋找亮點視為一次次迷你 Sprint，從蒐集需求、評估需求到及時測試市場水溫，依據經驗流程確保產品方向符合市場需要。

STEP 1——蒐集需求

- **使用者故事（User Story）**：從使用者的角度描述期望的功能，寫下剛好足夠，又不至於忘記的文字內容，做為開口聊天、找出需求的引子，細節將於後面的章節再詳盡介紹。

- **需求蒐集工作坊**：在該產品的領域中尋求專業意見，做為亮點發想的重要依據。如：我 2010 年創立「華人十大傑出專案經理人獎」時，特別找了 10 位具有代表性的專案經理人，了解在他們眼中，具備哪些條件的人可以獲頒這個獎項，像是：要有幾年經驗、是否必須有哪些證照……等獲獎條件。

STEP 2——評估需求

- **大富翁鈔票**：在你心目中，手機該具備哪些功能才算好用呢？或許每個人的優先順序各不相同，這時大富翁遊戲中的「鈔票」將派上用場。產品開發人員先列出所有重點功能，並請使用者依自己重視的程度分配預算，功能優先順序將隨之浮現。

- **狩野模型（Kano Model）**：想知道特定功能對產品是否帶來加分效果，則可利用「狩野模型」來評估，例如：一台機車要是煞車功能不好，客戶肯定抱怨連連，但即便煞車功能做得再好，也起不了加分效果；不過，如果機車能配備自動導航功能，或許就能大大加分，透過狩野模型將能找出有效提高滿意度的功能。（請參閱圖 2-2-3：狩野模型（Kano Model））

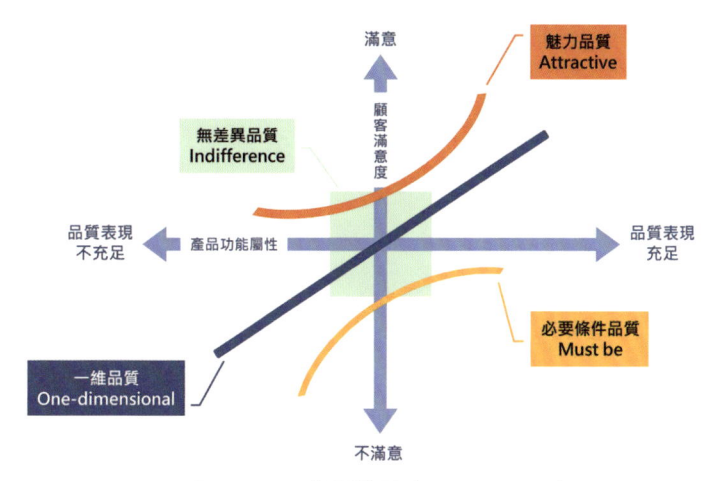

圖 2-2-3：狩野模型（Kano Model）

STEP 3──及早交付

- **最小可行性產品（Minimum Viable Product, MVP）**：全球最大團購網 Groupon 在 2008 年創立前，為了測試「團購」的想法能否帶來商機，創始人沒有花數百萬元開發網站，而是架設一個部落格號召網友加入團購行列，若成功成團，再將團員名單寄給揪團者，這波揪團熱潮也催生了 Groupon。

 又像是賈伯斯 2010 年推出第一代 iPad 時，只有拍照、放音樂、瀏覽網頁……等基本功能，但推出後隨即在全球掀起平板電腦熱潮，搶下全球 70% 市占率，也成功創造消費者對於平板的需求，後來即便各大廠爭相推出功能新穎的平板，仍無法動搖 iPad 在平板界的地位。

 面對變幻莫測的市場，開發人員永遠不知道別人要的，和你想像的是否相同，這時最好的方法就是把陽春版本的產品直接丟到市場試水溫，提供實際產品的有限功能，可快速對產品的想像做出印證，並獲得市場回饋後快速修正，讓真正的需求快速浮現。

成功？失敗？這些指標告訴你

湯瑪斯‧愛迪生（Thomas Edison）是史上將電燈泡商業化的第一人，他深知嘗試錯誤的必要性，也就是要失敗，才能讓新產品成功問世。他曾說：「如果我發現 1 萬種方式都行不通，也不算失敗，因為每一次的錯誤嘗試都是往前邁進的另一步。」正是這份初衷與獨到眼光，讓世世代代人們的生活都用上了電燈泡。

敏捷最大特色在於鼓勵創新，也鼓勵開發人員勇於經歷「創新失敗」，每次失敗都是為了創造更棒的產品，如同將一顆石頭雕塑成一件藝術品，但我們究竟該怎麼確認產品策略有效？以下提供幾種評估方式：

- **關鍵績效指標（KPI）**：KPI 是由主管訂定任務，根據員工是否達標做為績效考核標準，屬於客觀、可衡量的績效指標，例如每年業績。

- **目標與關鍵結果（OKR）**：有別「上級命令、下層執行」的 KPI，OKR 更注重團隊與內部溝通，主管訂定目標後，員工再將目標拆解成任務，確保每項任務都能朝目

標邁進，而非拚命達成績效指標，這樣的作法讓 Intel、Google……等企業都成為愛用者。

- **媒體報導、維基百科是否收錄**：十專獎創立以來，前立法院院長王金平多次受邀擔任頒獎者，不僅媒體報導踴躍，也凸顯這個獎項的重要性。如今十專獎已在媒體界富有「台灣專案管理界的奧斯卡獎」的美名。

- **使用人數、哪些人參與**：還記得第一屆十專獎最年輕獲獎者黎振宜當時年僅 36 歲，11 年後已成為中國百事可樂董事長，後來中華電信很多分公司的總經理都是十專獎得主，顯示這獎項設立時看似定下相當高的門檻，卻具有鑑別力，「能夠選出珍珠」是這獎項成功的亮點。

Scrum 既是迭代式交付，也是增量式交付，團隊只要能夠善用敏捷思維、對於未來的產品有共同願景，就能以最小可銷售功能（Minimum Marketable Feature, MMF）特性，在海量資訊中篩選出最吸睛的產品特性，並迅速推出第一個產品或展示給使用者及顧客，聽取回饋後，更能確認是否朝正確的目標邁進，搶占市場先機，將是打造引領風潮產品的關鍵一大步。

永遠以客戶為導向　創造無可取代的產品價值

說起最具代表性的麻辣火鍋品牌，許多人第一時間會想起「海底撈」，海底撈靠著美甲、擦鞋……等堪稱「肉麻級」的服務打響知名度，邊吃火鍋邊看撈麵秀、欣賞川劇變臉演出，打破外界對於火鍋的想像，也成功做出市場區隔，讓海底撈在火鍋界地位屹立不搖。

儘管當時還沒有敏捷思維，海底撈創辦人張勇卻是名符其實的敏捷實踐者，更是一位優秀的 PO，將落實敏捷的最高準則「以客戶的價值為導向」、「快速產出階段的成品」、「及早實現價值」融入企業文化。

張勇出身平凡家庭，18 歲在當地工廠擔任電焊工人，既沒背景、也沒學歷，多次創業都以失敗告終，直到 1994 年他和朋友合夥開了一家麻辣火鍋店——海底撈。半路出家的張勇深知難靠口味取勝，但他靈機一動，改以周到的服務回應客戶的需求，加快上菜速度、總是笑臉迎人、雨天替客人擦鞋、替喝酒後胃不舒服的客人熬小米粥，他驚訝地發現「優質

的服務竟能彌補口味的不足」，此後只要客戶有需求，張勇都設法達成，一步步將海底撈打造成以「貼心服務」聞名的火鍋店。

相較於其他火鍋店著重的裝潢、口味，張勇更在意與顧客之間互動，隨時因應客戶需求提供新的服務，2003 年 SARS 疫情肆虐期間，顧客無法到店裡用餐，他推出「火鍋外送」服務；深知顧客不耐久候，就在等候區提供飲料、冰淇淋，還提供擦皮鞋、美甲、兒童遊樂區⋯⋯等琳瑯滿目的服務。

隨著海底撈名聲日益響亮、分店越開越多，張勇也將解決問題的權力交給一線員工，締造許多餐飲界傳奇故事，曾有顧客想打包水果卻拿到整顆西瓜，也有服務員聽說顧客失戀，主動表明部分餐點由海底撈招待。

美國總統德懷特．艾森豪（Dwight D. Eisenhower）曾說過一句名言「Plans are nothing, planning is everything.」相較於死板板的計畫書，持續、適時地做新的規劃更為重要，我們無法完全掌控顧客的反應，但確保團隊維持靈活度、快速且持續實現商業價值，並且經由增量方式來交付價值，則是每位 PO 都要掌握的敏捷產品開發精髓！

創造市場區隔靠這 2 招　讓競爭對手望塵莫及

面對競爭激烈的商業市場，敏捷團隊在開發出產品或服務後，必須儘早進入市場測試、快速占領市場，然而，一旦產品或服務在市場上受到歡迎，各大競爭對手將爭相模仿、推出類似產品，要怎麼做才能避免抄襲，變得難以取代？

我在企業擔任 PO 多年，深知單一策略已無法滿足所有顧客，最重要的除了強化自家產品與技術，打下紮實的「硬功夫」，同時也要強化無形的「軟實力」，與敏捷手法相輔相成，發掘產品無限潛能，一步步與競爭對手拉開距離，是成為優秀 PO 的必經之路！

硬功夫──打造堅實護城河

- **品牌及商標**：看到 Apple「蘋果咬一口」的 Logo，就是產品品質保證，因為品牌與商標本身就是一種產品，也是他人無法抄襲的硬功夫。

- **產品功能與效果**：產品所能提供客戶使用的功能與效果，也是身為 PO 最主要關注的重點。

- **產品生態系（ECO System）**：明知其他廠牌也有不錯的手機，但多數「果粉」選擇下一支手機時，仍然會選擇 Apple，就是被 Apple 的「生態系」所綁架，不同 Apple 裝置之間的相容性與使用流暢度，macOS 自動同步照片、聯絡簿、日曆、筆記帶來的方便性，更讓果粉們越陷越深，因此不少人手機、平板、電腦、電視全是 Apple 家族，這是一種透過生態系來侵蝕市場的手段。（請參閱圖 2-2-4：產品生態系（ECO System）示意圖）

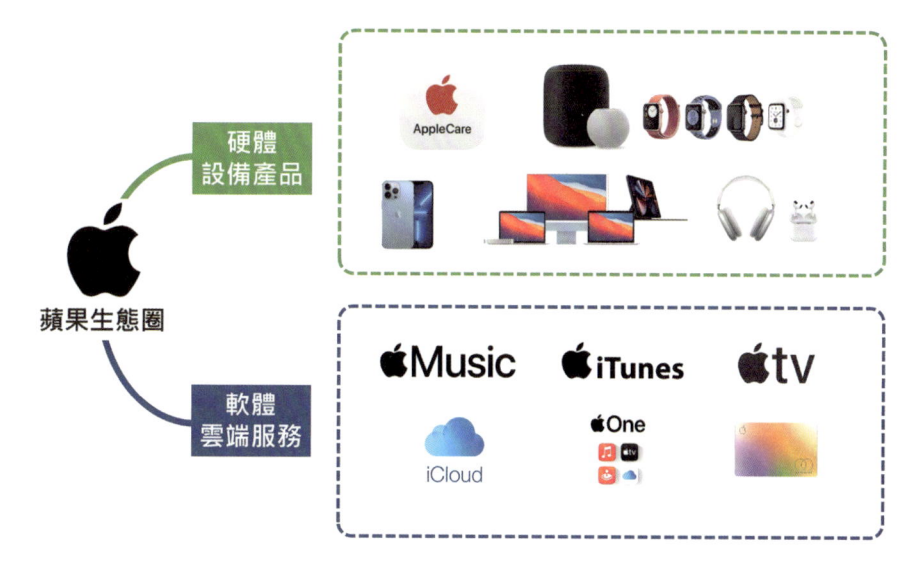

圖 2-2-4：產品生態系（ECO System）示意圖

- **專利**：申請專利來保護自家關鍵技術。

- **與眾不同的售後服務**：有別於多數 3C 產品只保固一年，若能提供與眾不同的售後服務，將有助於增加客戶安全感。

軟實力──增進印象與好感度

- **品牌故事**：品牌故事象徵著公司的願景和理念，向客戶傳達「我們是誰」以及「我們能做什麼」，可大幅度提升客戶對產品及品牌的認知，同時也能強化企業形象。

- **創意廣告**：說起印象最深刻的超市廣告，相信許多人腦中都會浮現「全聯先生」的廣告，全聯先生忠厚老實的人設，加上逆向操作的廣告手法，強調沒有醒目招牌、沒有華麗裝潢，省下來的錢給顧客更便宜的價格，讓全聯一躍成為知名度最高的超市。

- **行銷手法**：粉絲專頁是許多企業宣傳、行銷的主要管道之一，近年各大粉絲專頁小編與客戶之間的互動方式也成為另類行銷手法，例如：某次愚人節 Star Movies 的小編就發起手繪公司 Logo 活動，召集全台小編在愚人節這天換上手繪 Logo，讓各大粉專曝光率大增。

- **產品識別度**：帶上或戴上產品即是身份的象徵，例如：愛馬仕包包、勞力士或百達翡麗手錶。

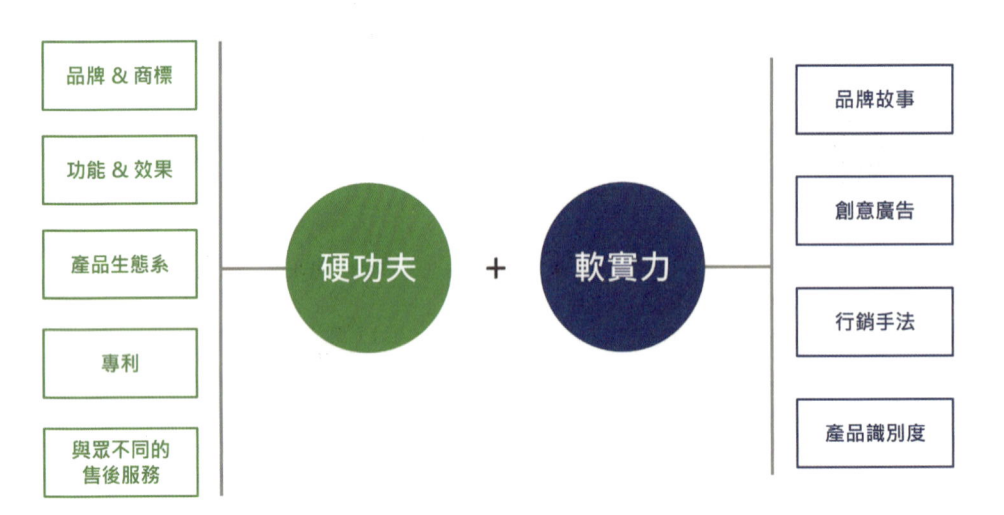

圖 2-2-5：硬功夫＋軟實力＝無可取代的產品價值

需要工具技術

🎯 打造強勢產品必學工具！用對方法讓你事半功倍

　　打造強勢產品的過程中，PO 可以善用工具發想產品願景、傳遞願景，並和團隊一起思考出創新的解決方案，但相信很多人都有過同樣的經驗，那就是學了一堆工具，到了緊要關頭卻不知道如何運用，就像學游泳不能光用看的學習踢水、換氣，一定要自己下水試試，才能真正內化為自己的能力，接下來我將透過實際案例練習，幫助 PO 更加了解實務上的技巧與常見錯誤！

別再寫得落落長　願景看板簡潔的魅力

　　產品願景是 PO 招兵買馬、與利害關係人溝通時不可或缺的重要大旗，它為團隊指引出共同前進的方向，而「願景板」則是 PO 創建、管理產品願景的好幫手，讓產品願景更加透明和易於理解，儘管願景板只有簡單 5 個欄位，許多 PO 仍舊不知該如何踏出第一步，或是用落落長的文字與細節塞滿每個欄位。

　　願景板之所以沒有其他工具的「角色」、「使用者故事」或「設計藍圖」等欄位，恰恰反應出它「簡潔」的特色，以呈現產品願景的崇高地位，短短幾行字既能鼓舞人心又能替團隊提供方向，接下來我們一起化身「健康飲食 App」的 PO，看看願景看板有哪些思考技巧與常見錯誤，幫助 PO 們更快上手！

- **願景**：PO 擬定願景時要發揮想像力，描述人們想要實現的未來狀態，更重要的是「長話短說」，例如：IKEA 的願景是「為許多人創造更美好的日常生活」、Disney 的願景則是「讓人們快樂」，願景為團隊提供方向，同時也不會綁手綁腳。在實務層面中，「把願景和目標混為一談」是最常見的錯誤，例如：健康飲食 App 的願景可能是「讓每個人都能吃出健康」，但如果將願景訂為「可以提供減肥的 App」就不太適合，也可能失去調整策略的空間。

- **目標客群**：描述產品主要的使用者，萬一這項產品的使用者類型太廣泛，PO 切記要從中選擇一個特定的目標群體或是市場，儘可能清楚地描述這群人的特徵，專注於特定族群可以讓在後續測試時，找出最正確的測試方法，獲得最有效的回饋與數據。最常見的錯誤是「對使用者了解不足，導致目標客群過於廣泛」，例如：健康飲食 App 的使用對象可以是「所有擁有智慧型手機的人」，但這群人的範圍和差異實在太大，可能讓團隊無法針對這個群體制定出一個清晰、吸引人的價值主張和亮點，也難以讓多數使用者都滿意；因此，或許我們應該著重於真的有「變健康」需求的人，像是營養不均衡的孩童或是有糖尿病風險的族群。

- **需求**：PO 在描述需求時，可以描述產品的價值主張，也就是使用者為什麼要買你的產品，它解決了哪些重要的問題和帶來的好處，對於使用者帶來哪些正向影響、解決哪些痛點，如果一項產品有多種不同需求，PO 也可以替需求排列優先順序，更能建立令人信服的價值主張。

  不過，要是 PO「對使用者需求了解不足、不夠深入」，陳述的需求很可能過於空泛或不具體，例如：健康飲食 App 如果只能讓使用者「感覺更好」、「改善飲食習慣」，那這款 App 看似可有可無，或許可以改為「讓血糖穩定控制在正常範圍內」或「提高肌肉量至 XX%」。

- **產品**：一項產品可以有許多功能，但我們不需要如流水帳一般通通列出，只要列出 3 到 5 個重要亮點，也許是目標族群真正在意的關鍵功能，也許是產品受歡迎的主要原因，PO 在思考時應著重於我們的產品和競爭對手最大的不同在哪，並做出區隔；所謂產品功能不一定是顯性的，也可能是較為隱性的性能、操作性或視覺設計……等，這部分有助於和行銷部門相輔相成，在行銷時替產品更加分！

  一個產品可能有很多功能，但很可能沒有一個是它真正的特色，或是讓人想買的理由，這代表目標族群可能太大，也可能 PO 沒有真正了解使用者的需求。譬如：健康飲食 App 如果主打「減肥」、「更健康」，很難在眾多 App 中脫穎而出，這時我們或許可以主打「讓三餐在外的外食族吃得更健康」，或以訪談再深入了解使用者需求。

- **商業目標**：PO 可以列出公司所需的商業利益，像是增加收入、進入新市場、降低成本、發展品牌等，同樣聚焦列出 3 至 5 項業務目標，才能讓評估產品性能方向更明確，找到正確的商業模式。

如果 PO 只是列出「賺錢」、「成為排名第一的減肥 App」，很明顯缺乏業務目標，也很難判斷產品是否真的創造足夠價值，這時我們應該深思產品可能為企業帶來哪些具體好處？哪一個最重要？透過一層層迭代思考，直到找到具體目標，例如：透過 OO 業務讓公司增加 XX% 品牌資產，讓健康飲食 App 成為最多人使用的減肥軟體。

心法不藏私　電梯聲明寫得好不如寫得巧！

電梯聲明是 PO 傳遞願景的展現工具，成功的電梯聲明必須同時符合 3 大要件，首先是吸引人的開場白，其次是創造共同利益，最後則是留下聯絡方式，如：互相交換名片、約時間。不過，平時光是自我介紹就得花 10 秒，如今卻要把產品亮點濃縮在短短 30 秒，還要說得簡單易懂又吸引人，相信對多數 PO 都是一大挑戰！

既然電梯聲明是為了吸引聽眾，「對什麼人說什麼話」是每位 PO 都要謹記的基本原則。正式開始撰寫前我們必須先確認目標族群，試著同理目標族群需要的經驗或技能，接著重點列出能夠讓人留下深刻印象的方法，像是 PO 目前的角色、以往的重要角色、關鍵強項或成就，並將清單內容濃縮成 5 大重點：我是誰、可以為潛在客戶提供什麼、令人心動的原因、與競爭對手最大差異、為何選擇我們，將內容寫成一篇通順、易懂的文字，同時刪除不必要的專有名詞。

在撰寫的過程中，為彼此「創造共同利益」是勾起對方興趣的關鍵之一，PO 們應深入淺出地描述如何為對方提供解決方案，給予對方在意的理由，分享公司專長的同時也別忘了提到一些細節，讓聽者希望知道更多，鼓勵他們繼續追問，並且適時提供下一步，激勵對方做出行動。

俗話說「台上 10 分鐘，台下 10 年功」，不斷練習是每位 PO 的必經之路，我們可以在家人、朋友面前訓練台風，直到講起來流暢又自然，而不是機械式的讀稿。由於電梯聲明的時間有限，語速上必須比平時說話再快一些，一開口便開門見山地，按照邏輯列出核心觀點，多用直觀的數字展示成果，避免使用語助詞和「也許、大概」這類模糊用語，也可

以多增添肢體語言、適度加強語氣，並在一次次練習中獲得各方回饋，讓電梯聲明的表述更加完美。

PO 根據職務、所處產業不同，面對不同聽眾時，電梯聲明的重點也有所差異。比方說：我是一家新創公司的 PO，我的重點可能是在短時間內讓聽眾了解公司業務，以此打開話題。在撰寫電梯聲明時，我們可以運用 SWOT 分析法，分析公司的優勢（Strengths）、劣勢（Weaknesses）、機會（Opportunities）和威脅（Threats），並將表達重點著重於「機會」，吸引投資機會，在談話最後別忘了採取行動，像是互加 LinkedIn 或詢問是否能以電子郵件補充說明，方便未來繼續聯絡。

不過，如果我是零售業的 PO，談話的內容將完全不同，我必須抓緊時間描述產品最大的賣點、價值主張，或是自家商品比同類產品更好的特質；在此之前，PO 勢必要對自家產品有足夠充分的了解，也可以站在老闆的角度向自己提問，像是主要業務、使用者的核心需求有哪些、競品及其優缺點、產品核心突破點又有哪些。

MRI 檢查變身海盜船冒險　PO 都要會的設計思考

在 VUCA 時代之下，產品生命週期越來越短暫，想打造熱賣產品談何容易，讓消費者掏錢買單前，勢必得先抓住他們的真實需求，PO 該如何激發創新、找到解方？答案就是「設計思考」（Design Thinking），如今更是許多知名企業賴以為生的生存技能！

最令我印象深刻的設計思考創新案例，是美國奇異醫療公司（GE Healthcare）為兒童量身打造的核磁共振掃描儀（MRI）檢查室，工程師道格（Doug Dietz）運用設計思考的理念，讓孩子們不再因為抗拒做 MRI 檢查而大哭大鬧，更把每一次檢查變成令人期待不已的冒險體驗。

第一步：同理

某一天，道格在檢查室裡看見一對父母帶著女兒來做 MRI 檢查，小女孩整路低著頭默默啜泣，父母內心雖然心疼不已，但還是蹲下來安慰著女兒，輕輕說著：「我們剛剛約定好了，妳今天要很勇敢的。」道格不解是什麼讓孩子這麼害怕，於是他蹲下身，試著以小女孩的視野看待 MRI 檢查室，他意外發現檢查室變得不一樣了。昏暗的燈光、灰白的牆壁加上會發出噪音的機器，看起來彷彿事故現場，怪不得小女孩會這麼害怕。

第二步：定義

有了上一次的體驗，道格發現傳統的 MRI 檢查室不但讓孩子畏懼，父母也為了安撫孩子傷透腦筋，他開始思考問題出在哪，該怎麼做才能讓 MRI 檢查轉變為孩子也能接受的友善空間，甚至可以開心地接受它。

如果轉換為設計觀點填空，我們可以得到這麼一句話：

即將接受 MRI 檢查的小孩 需要 不可怕且友善的就醫環境，因為對他來說 可以不抗拒 MRI 檢查並且開心地接受它 很重要。

第三步：發想

找出問題之後，道格開始發想解決方案，他利用「我們可以如何」為開頭，寫出具體可採取行動的問題描述。

例如：

「我們可以如何」讓孩子喜歡做 MRI 檢查？

「我們可以如何」降低孩子們的恐懼？

「我們可以如何」安撫接受檢查的孩子以及他們的家長？

「我們可以如何」讓哭鬧的孩子變得配合？

第四步：原型

找出問題所在後，道格開始針對問題找出具體化的解決方案，他和兒童美術館共組一個團隊，思考孩子喜歡哪些環境，他們該如何改造環境，消弭孩子的恐懼，甚至將恐懼轉換成期待，他們想到的是童話故事中的「城堡」，如果能讓機器化身城堡，就能結合故事劇情，讓孩子盡情發揮想像力，於是一間間冰冷的 MRI 檢查室被改造為海盜船、海底世界……等故事場景。

第五步：測試

　　做出產品原型後，即將迎來最令人緊張的測試階段，道格發現，當孩子走進 MRI 檢查室的時候，臉上不再帶著淚水，而是期待的神情，很多孩子沿著地板上的石頭、河流圖案蹦蹦跳跳，並將檢查時的噪音轉變為故事場景的一部分，讓孩子覺得每一次檢查都像是一次海盜船的冒險，有一次他甚至看到一名女孩拉著媽媽的衣角，詢問明天能不能再來，令道格感動不已，更凸顯了設計思考以「人」為中心的重要性！

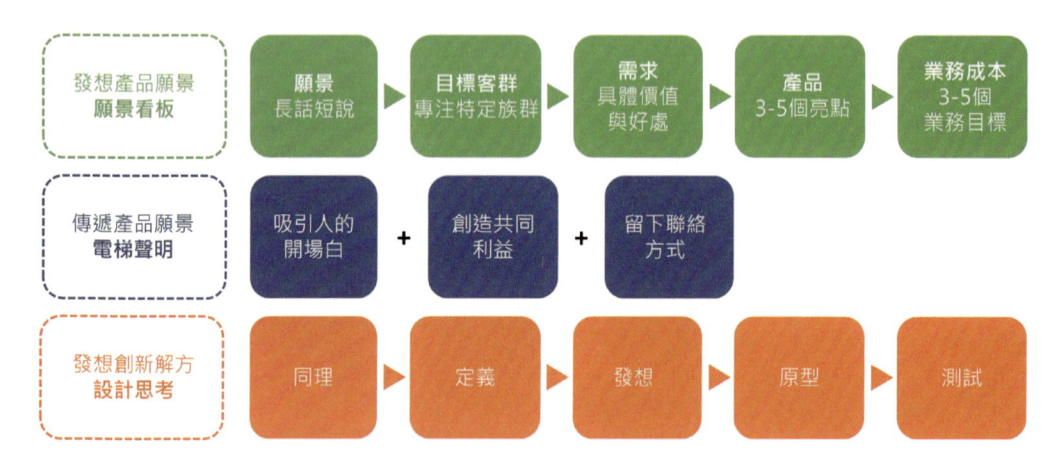

發想產品願景 **願景看板**	願景 長話短說	目標客群 專注特定族群	需求 具體價值與好處	產品 3-5個亮點	業務成本 3-5個 業務目標
傳遞產品願景 **電梯聲明**	吸引人的開場白	＋ 創造共同利益	＋ 留下聯絡方式		
發想創新解方 **設計思考**	同理	定義	發想	原型	測試

圖 2-3-1：PO 打造強勢產品必學的工具與方法

Chapter 3

從行銷觀點倒推產品設計

　　產品能否大賣，關鍵在於產品是否能打中目標客戶的心。而能夠做到這點，PO 及開發人員需要充分了解目標客群，因為設計始終來自人性。

　　因此，本章將以行銷觀點考量，將常見的行銷模式，例如口碑行銷及神祕行銷與敏捷開發手法結合，並以消費者的角度出發，從中深入挖掘顧客需求，並找到對的目標市場，設計出符合市場需要的產品，後續產品較容易銜接上市及推廣計畫，藉此創造話題，讓產品獲得市場青睞。

無中生有卻能打中客戶痛點

設計來自於人性　消費者買單的致勝祕訣

　　你知道暢銷商品有什麼共通點嗎？你知道許多商品在發想階段就注定成為經典嗎？享譽國際的設計公司 IDEO 執行長提姆・布朗（Tim Brown）曾說：「設計思考是以人為本的設計精神與方法，考慮人的需求與行為，也考量科技與商業的可行性。」

　　一句話點出「設計來自於人性」的黃金守則，「打動人心」的產品奪得銷售冠軍，違反消費者需求的產品則很快會被市場淘汰，我認為這是 PO 在規劃產品願景時，必定要具備的思維模式。

　　身為全球十大創意公司 IDEO 的領導者，提姆・布朗曾為 Apple 電腦、微軟、寶僑⋯⋯等大廠做設計，多次榮獲國際大獎，無疑是位傑出的 PO，他提出的設計思考（Design

Thinking）能幫助 PO 規劃產品願景，還能結合行銷策略，精準擊中消費者的心，值得 PO 學習參考。

創新＝成功？誤判消費者需求 換得市場慘痛教訓

經典的成功商品常常成為 PO 仿效的指標，Apple 與特斯拉的大獲全勝，使許多人誤解只要「創新」就能大發利市，但根據尼爾森調查（Nielsen Research）追蹤數十年間各行業推出的上萬項新產品，竟有高達 80% 未達預期效果，被歸類為「失敗品」。有些 PO 追求新科技與新功能，以為做出「市面上沒有的產品」就會熱銷，過度強調「產品導向」卻忽略消費者需求，花費時間、金錢換來慘賠作收，無非是所有 PO 的惡夢。

財力雄厚的國際品牌也會踢到鐵板，高露潔曾推出冷凍牛肉千層麵，深植人心的牙膏品牌形象使消費者對口味缺乏信心，銷售慘不忍睹。哈雷機車也曾販售「男性專用香水」，主打陽剛帥氣形象，卻忽略目標受眾（Target Audience）根本不接受「噴香水」這件事，兩項產品都具備「創新」元素，卻是徹頭徹尾的失敗案例。

另一個經典失敗案例 Google Glass，這款智慧穿戴裝置的原理是「把手機戴在眼前」，高科技的新潮設計卻面臨諸多問題，包括眼鏡配置相機有侵犯隱私疑慮、使佩戴者分心造成交通安全問題，加上高昂的售價，雖然曾被時代雜誌評為年度最佳發明之一，最終仍宣告停產，在商業市場無疑是失敗產品。

使用電腦的人都知道 Windows 是每台 PC 必備的作業系統平台，2007 年推出的 Vista 卻是公認的失敗之作，檔案操作效能差、遊戲效能不佳、與許多應用程式不相容，安全性也飽受批評，許多用戶寧願繼續使用舊版 Windows XP，我購買新電腦時，甚至付費請工程師將系統降級，批評聲浪直到 Windows 7 推出才消失。勇於創新卻未能開拓新市場，這些產品失敗的原因無非是誤判了消費者需求。

找出產品市場契合度 知己知彼百戰百勝

消費者的喜好變化莫測，要做出「打動人心」的產品，我認為以行銷觀點切入是最佳解。近年來，越來越多企業在產品規劃初期就納入行銷觀點，利用行銷理論、工具來分析市場需求與消費者行為，明確定義出容易獲得 TA 青睞的產品核心特質，讓 PO 贏在起跑點。市

場常用的行銷分析工具，包括當代行銷學之父菲利浦・科特勒（Philip Kotler）發展的 STP 分析模式：

Segmentation 市場區隔　　**Targeting** 選定目標　　**Positioning** 市場定位

圖 3-1-1：STP 分析模式
圖片參考來源：Philip Kotler

S（Segmentation）市場區隔

從消費者角度出發，區分不同的消費者特性，包括年齡、性別、收入、興趣、宗教、價值觀、消費行為模式、消費管道、品牌偏好……等。除了傳統的調查模式，PO 可以利用臉書、Google Analytics……等網路工具進行大數據分析，將消費者分為一個個小規模的群體。

T（Targeting）目標市場

區隔市場後，大批消費者被分為有類似需求的小群體，PO 從中找出產品要服務的 TA。過程中必須考量目標市場規模是否夠大、獲利是否夠多、企業技術能力是否足以做出好產品、是否符合企業短中長期經營目標……等，以此選定最適合的目標市場。

P（Positioning）市場定位

選定目標並勾勒出清楚的消費者輪廓後，PO 必須針對 TA 的心理進行行銷設計，賦予產品個性與特色，創造獨有的形象贏得顧客認同，取得競爭優勢，使產品在他們心中留下深刻記憶點，當 TA 有需求時，第一時間就聯想到你的產品。

STP 從消費者角度出發，與提姆・布朗「以人為本」的設計思考相互呼應，再次驗證了解「消費者行為」（Consumer Behavior）的重要性。另一個檢視產品是否符合市場需求的

方法,則是美國企業家馬克‧安德里森(Marc Andreessen)提出的產品市場契合度(Product Market Fit, PMF),指的是產品恰好符合市場需求,使消費者感到滿意且願意買單。

實際操作上,可以運用行銷顧問丹‧奧臣(Dan Olsen)發展出的 PMF 金字塔模型,從最底層向上分別為:目標客戶(Target Customer)、未滿足的需求(Unserved Needs)、產品價值主張(Value Proposition)、產品功能特點(Feature Set)及使用者體驗(UX),五個層級相對應五個操作步驟,PO 可以由下而上一層層執行 PMF:

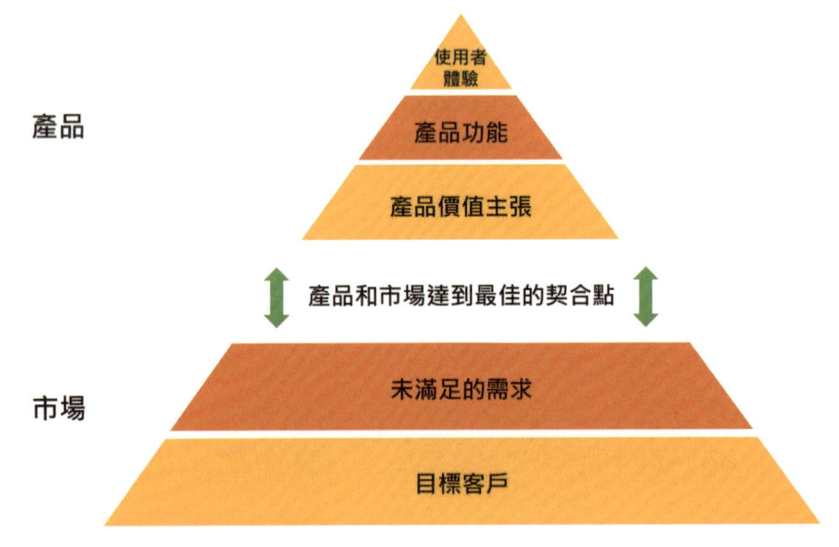

圖 3-1-2:PMF 金字塔模型

圖片參考來源:Dan Olsen

1. *確定目標客戶*:找出產品的 TA,深入研究這個群體的需求,最初定義不夠明確也沒關係,後續過程可以再持續微調。

2. *找出尚未滿足的需求*:了解 TA 目前使用的產品是否仍有改進空間,或挖掘潛在需求,甚至進一步創造客戶尚未想到的需求。

3. *明確產品價值主張*:確認產品能為客戶提供哪些服務、解決哪些問題、產品的核心競爭力是什麼,如何勝過對手且能持續維持競爭優勢。

4. *明確產品核心功能*:確定最小可行性產品的核心功能有哪些,研發過程中不需要將功能做完整,而是先呈現最重要的核心功能,以此為基礎完成產品。

5. **製作產品模型與驗證**：確定核心功能後製作初步模型，交由目標客戶使用並蒐集客戶使用後的回饋，測試是否符合 TA 的需求與喜好，根據使用者體驗反覆修改。

看到這裡，你會發現 PMF 金字塔的最後兩步驟，明顯符合敏捷產品管理的特性，包括善用最小可行性產品（Minimum Viable Product, MVP）以及經驗主義（Empiricism），頻繁地發布 MVP，根據過程中得到的經驗來修正方向，最終做出符合市場需求的產品。創新固然重要，但成功的產品未必要全面革新，關鍵是秉持「以人為本」的精神，找出市場中仍未滿足客戶的那一塊需求，用你的產品特性去補足它，如此同樣能創造熱銷商品。

🎯 從無到有的藝術 勾起深藏於顧客內心的需求

廣告大師李奧・貝納曾說：「消費者不知道自己真正要什麼，直到那些創意化為商品呈現在他們眼前，如果他們能講清楚自己要什麼，今天輪子、槓桿、汽車、飛機和電視就都不會出現了。」無獨有偶，福特汽車創辦人亨利・福特（Henry Ford）也說過：「如果問顧客想要什麼，他們會告訴我：『一匹更快的馬』。」

由此可見，開發人員若只是照著消費者的意見去發想，產品將難以突破新局。最高明的 PO 懂得挖掘深埋在顧客內心，連他們自身都沒注意到的隱藏需求，「無中生有」創造出消費者以往不需要，如今卻不可或缺的產品或服務，成功做到「引發需要」，這不僅仰賴 PO 的精準眼光與判斷能力，過程中還要善用各式敏捷手法，使最終產品完美符合消費者需求。

多領域 T 型人才 善用同理心找設計靈感

IDEO 是公認最具敏捷思維的設計公司之一，曾為許多國際品牌量身打造經典商品，發揮以人為本的「設計思考」是其出類拔萃的祕訣，執行長提姆・布朗曾透露，每個成功的產品設計背後都有三個重要元素，分別是洞見（Insight）、觀察（Observation）、同理心（Empathy），我認為這是優秀 PO 與開發人員應具備的能力。

「洞見」是覺察周邊人、事、物，從他人行為中找出尚未被滿足的需求，再透過團隊討論發想新靈感。「觀察」是與 TA 密切相處，了解他們的思考、行為模式，從中獲得啟發。提姆・布朗也建議，將產品極重度使用者這類極端對象納入觀察，獲得普通使用者無法提

供的資訊，幫助 PO 跳脫框架思考。「同理心」則是站在 TA 的角度感同身受，將洞見與觀察轉化成改善生活的產品或服務。

IDEO 開發團隊還有一項重要且符合敏捷團隊的特質：「跨職能」。公司內有工業設計師、人類學家、社會學家、建築、機械、金融……等多元背景的員工，跨領域專長使團隊得以從各種角度思考，不僅能完成產品待辦清單，還能獲得更快速的解決方案、更高品質的交付及更多元的創新，成功最大化產品的經濟價值。

此外，IDEO 核心成員都屬於 T 型人才（T-shaped），成員在本身的專業領域發揮長才，也能協助團隊做自身專業領域外的測試或文書工作，擁有兼顧深度與廣度的工作技能。當然，團隊不可能全都是 T 型人才，因此 PO 在開發過程中必須創造友善環境，讓成員持續學習開發所需的相關技能，使團隊工作流程更順暢有彈性。IDEO 的團隊特質，是 PO 挑選開發團隊成員時的參考重點。

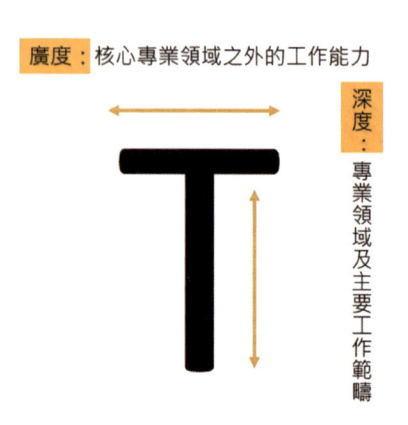

圖 3-1-3：T 型人才

用「手」思考 原型是最好的溝通工具

IDEO 的設計會經過三個階段，分別是發想（Inspiration）、構思（Ideation）、執行（Implementation），「發想」是找出消費者需求或問題的解決方案，「構思」是想法的發展驗證，「執行」則是最終做出產品的過程，提姆‧布朗指出這三個階段不是單一方向前進，可能會來回反覆數次，循序漸進持續迭代，直到做出最符合市場與客戶需求的產品。

IDEO 將製作原型（Prototype）視為與消費者溝通的最佳方式，稱之為「用手思考」，初期原型的特色是快速、粗略、便宜，用意是幫助團隊了解原型是否具備功能價值，以確定下一步該發展的方向。若花費太多時間金錢去完善原型，它會變得太像「成品」，可能導致某個不夠出色的想法被落實，成為不完美且缺乏商業價值的產品。

這種作法充分展現「我們的最高優先順序，是及早且持續地交付有價值的產品以滿足客戶需求」的敏捷原則，比起在設計的末期才製作模型，製作原型最終被證明能更快得出結

果。舉例來說，IDEO 第一個偉大的原型，是將滾式體香劑的滾珠裝在塑膠奶油盒底部，沒過多久，這個粗糙的原型就發展成 Apple 電腦的第一隻滑鼠，問世後在市場掀起熱潮。

IDEO 工程師 Steve Vassallo 這樣形容原型：「我們不是設計整個產品，只是產品的一小部分。」換句話說，IDEO 將原型的重點放在可釋出之最少功能（Minimum Releasable Features, MRF），或稱為最小可行性產品（Minimum Viable Product, MVP），且在設計過程中持續保持與利害關係人協同合作，待原型完成後立刻討論修正，符合敏捷「歡迎變更」的特質，就像「做實驗」般反覆驗證，最終完成能引發消費者需求的產品。

服務或娛樂類型的非實體產品，同樣能應用「原型」，電影、戲劇製作時會利用腳本、分鏡表，確認故事完整性與可行性。募資平台也是相同的概念，我曾經贊助過「大師級的簡報技巧」課程，購買時發起方並未錄製完整教學影片，而是利用「行銷文案」及「概念影片」測試消費者接受度，再根據回饋決定拍攝與否、內容為何，甚至會在消費者反應不佳時，直接中止避免虧損，從此案例中看得出敏捷開發的影子。

體驗行銷 為既有產品服務增添價值

從 IDEO 的經驗中，PO 可以學到結合設計思考與敏捷手法，從無到有創造引發消費者需求的優秀產品，那產品正式上市後，該如何加強消費者的購買欲望？行銷大師伯德‧施密特（Bernd Schmitt）於 1999 年提出的「體驗行銷」（Experiential marketing）會是最佳解答。體驗行銷指的是「經由激發消費者的五感、情緒、思考與行動，促使他們購買或產生使用產品的動機，同時增強產品價值。」將行銷重點專注在情緒、感覺……等「消費者體驗」。

IKEA 是應用體驗行銷的佼佼者，藉由空間設計與賣場陳列，為顧客打造出「沉浸式」消費情境。IKEA 構思出各種坪數、風格、色彩的居家佈置，甚至為虛擬角色打造房間，創造出不同生活情境的樣品屋，裡頭的傢俱任憑顧客試坐、試躺，帶給消費者無窮的想像空間。顧客體驗的不單是「傢俱」，而是「家的各種可能性」。IKEA 更規定員工不能打擾顧客，對方有需求時才給予協助，讓消費者「逛賣場時」就像回家一樣舒適自在。

IKEA 曾在俄羅斯推出名為「The Instead of Cafe」的行銷活動，免費提供廚房、用餐空間、鍋具碗盤及調味料，顧客只要自備食材，就能約親朋好友一起來 IKEA 下廚聚餐。這個創意源自於 IKEA 觀察到俄羅斯餐廳的價格水漲船高，消費者外食比例銳減，於是藉由活動傳達「IKEA 家用廚房，能夠帶給您在外用餐般的歡樂感受。」

服務推出後一砲而紅，消費者爭搶體驗，更主動拍照打卡宣傳，藉由社群口碑擴散，銷售量節節上升，IKEA 也賺到品牌好感度。根據莫斯科台灣貿易中心統計，2021 年 IKEA 在俄羅斯的銷售大增 31%，寫下歷史新高。最重要的是，IKEA 積極蒐集使用者回饋，在廚房中放置十種不同的廚具，要求體驗者填寫調查問卷，藉此改進產品缺點，並做為新產品開發的依據，在行銷之餘，無非也做了最佳的敏捷產品管理。

瞄準顧客「看得見」的需要 消除痛點對症下藥

曾經有人問過我，賈伯斯作風強勢，開發 Apple 產品時以不做市場調查、不聽消費者意見而聞名，看起來是極度的「產品導向」，但他又說過：「你必須從顧客經驗開始著手，再反過來推出技術，而不是先從技術出發，再試著做銷售。」這句話卻是明顯的「顧客導向」，兩者之間是不是有些矛盾？

其實，賈伯斯身兼 Apple 開發者與使用者，他把自己視為「目標客群」，用最嚴苛的標準審視自家產品，只要解決他的問題與不滿，就能解決使用者的痛點。由此可見，Apple 的產品不是單純的「產品導向」，研發時的確有納入使用者角度思考，其中最關鍵的使用者正是賈伯斯本人。

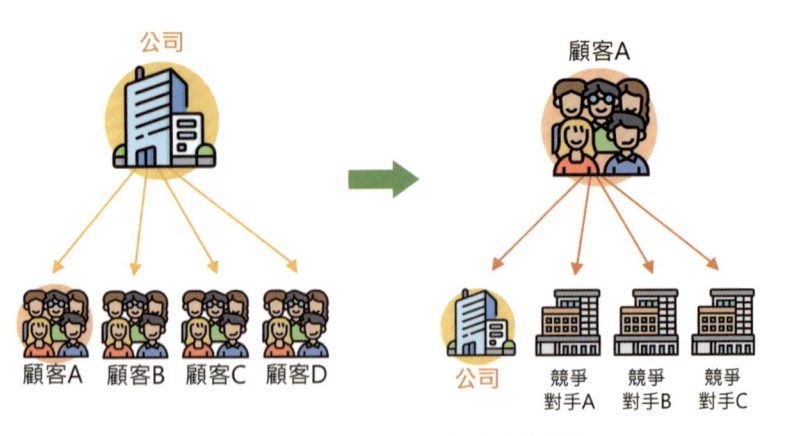

圖 3-1-4：產品導向與顧客導向的差異

當然，像賈伯斯一般眼光獨到的 PO 畢竟是鳳毛麟角，但我們可以結合行銷與敏捷思維，善用本書介紹的專業工具深入了解消費者，根據他們的回饋，彈性調整產品與市場策略，完美做到「針對需要」，創造深入人心的優秀產品。

善用使用者故事 引導產品需求逐步清晰

有人形容，顧客的需求像是一座冰山，「創造需要」是找出冰山隱藏在水面下的部分，也就是消費者自身尚未察覺的痛點，「針對需要」則是冰山看得見的部分，既然是看得見的痛點，產品是不是就比較好設計，也比較容易做行銷呢？那可不見得！你看得見的痛點，競爭對手自然也一清二楚，消費者還會用更嚴格的標準來檢視你的產品，是不是真能解決他們的問題。

PO 若想釐清消費者的痛點在哪裡，使用者故事（User Story）就是最佳的工具之一，它的結構單純，但容許不同層次的細節描述，一個撰寫得宜的使用者故事，能完整蒐集目標顧客的需求，還能透過不斷地溝通修正取得共識，確認產品研發方向，使開發人員、行銷人員、業務人員……等所有利害關係人，都清楚了解產品的內容與價值。

使用者故事最常見的基本格式為「身為 ＿＿＿＿（角色），我想要 ＿＿＿＿（功能），所以 ＿＿＿＿（商業利益）。」舉例來說，身為照顧小嬰兒的忙碌全職媽媽，我想要有人把餐點外送到家，所以我不用出門就能飽餐一頓。又或是身為一名想學習敏捷相關技能的 PO，我想要一本 PO 聖經，所以我可以獲得相關知識，大幅提升職場競爭力。格式十分簡單，你也可以自己試試看。

程式設計師羅恩・傑佛里斯（Ron Jeffries）將使用者故事分成三大部分，又稱為 3C：卡片（Card）、對話（Conversation）、確認（Confirmation）。

- **卡片（Card）**：卡片多半使用「便利貼」或「索引卡」，將使用者故事依格式寫於其上，簡潔有力地描述產品需求，能夠使團隊討論過程更流暢。IDEO 執行長提姆・布朗，就大讚便利貼是很好的「聚斂思考」工具，當各式各樣的需求被寫下，透過便利貼，一目了然地呈現在開發人員眼前，大家共同決定哪個需求值得開發，可協助團隊達到共識。

- **對話（Conversation）**：PO 與開發人員持續面對面溝通產出或調整卡片內容，也能利用各種文件與圖像輔助紀錄。《使用者故事對照》的作者傑夫・巴頓（Jeff Patton）建議，討論過程中對談的人不妨大量畫草圖、寫註解，甚至把對話過程錄下來，有空拿出來看，都能幫助團隊獲得新靈感與想法。

- **確認（Confirmation）**：這是 3C 之中的關鍵，要確定使用者故事的滿足條件為何？滿足條件也可稱為允收準則（Acceptance Criteria），透過前兩個步驟幫助確認允收準則的實際內容，開發人員可以了解到底要建構什麼樣的產品？PO 則能確認團隊做出來的產品到底能不能讓使用者滿意。

建構的使用者故事愈精準，愈有機會最大化產品的商業價值，更有趣的是，使用者故事不單只能應用於「產品研發」，還能解決許多日常生活大小事，在其他章節中，會有關於使用者故事更詳細的說明。

先舉個實例，我曾經到輝瑞藥廠演講，分享使用者故事的實際作法，當時他們正為了舉辦尾牙傷腦筋，我請他們利用 Miro 線上協作工具，將一百多人分成十個小組，有人扮演開發人員，有人扮演 PO，分別為前期規劃、節目籌備、執行階段、監控階段、活動結案五個階段架構使用者故事，透過組員間及各小組間的討論，在短時間內就完成尾牙活動草案。

實作之前，很多人都不信一百多人能在數小時內達成共識，但透過「使用者故事」當工具，我們能快速統整需求，聚焦討論重點，完成初步任務，我要強調「不需要在初期就把東西做完整，而是做出概要與骨架，根據利害關係人回饋邊做邊修改，分批交付，才符合敏捷開發的精神。」

傾聽市場的聲音 彈性調整使品牌越走越寬廣

「針對需要」還有一個關鍵，就是「持續追蹤市場反應」，產品上市後才是 PO 考驗的開始，使用者會遇到千奇百怪的問題，透過退貨、客訴、網路評價等回饋給公司，PO 只要找出具建設性的批評，就能改良產品更貼近使用者需求。軟體類產品會透過系統更新除錯，消費性商品則會推出改良後的下一代，有時候不僅要修正產品，就連經營策略也要隨市場需求彈性修正。

台灣床墊品牌「眠豆腐」以豆腐般的外型及舒適性聞名，剛創業時，眠豆腐捨棄消費者至床具店「試躺」的習慣，不開設實體店面，而是從募資平台出發，集資成功後也持續採取線上販售，換句話說，消費者必須在沒有接觸實體產品的情況下，花數萬元購買床墊，儘管有退貨機制，仍是挑戰市場的大膽之舉，創新銷售模式真的闖出一片天，眠豆腐在 2021 年賣出超過兩萬張床墊，於北、中、南開設實體店鋪，還規劃進軍日本市場。

創辦人張育豪曾在受訪時提到，團隊對眠豆腐「軟硬適中」的特性很自豪，直到有客人反應床墊邊緣太軟，甚至有競爭品牌直接強調自家產品邊緣有多硬，來與眠豆腐一別苗頭，這讓團隊很猶豫要堅持原本的設計，還是為一小群客人做改變。他們開始研究不滿的消費者背景，發現很多是空間有限的租屋族或年輕父母，會長時間坐在床邊處理事情或育兒，的確需要較硬的床墊邊緣。

了解原因後，眠豆腐持續與顧客溝通取得回饋，不僅為原有的床墊設計邊框，也研發出硬度更高的床墊，來滿足部分顧客需求。原先堅持產品「從工廠到家」，不開實體店的經營模式，也因為許多長輩反應「需要試躺」，而在 2020 年開設實體店面。隨著市場的聲音彈性調整產品與經營模式的作法，符合「歡迎變更」、「與客戶互動」、「省思並調整」……等敏捷準則，也證明針對需要「對症下藥」，才能成就品牌與消費者的雙贏。

廣告大師李奧・貝納說：「如果我們努力去尋找的話，總會有改進的空間，在某處等著我們。」身為一名 PO，無論你是否已創造出受市場肯定的熱銷商品，都不妨持續觀察、聽取消費者意見，利用本章節介紹的各式工具，訓練自己「引發需要」、「針對需要」的核心能力，只要朝著正確的方向前進，相信不久之後，你就能推出讓自己與消費者皆大歡喜的成功產品！

低成本高效口碑行銷

低成本創造高價值　口碑行銷立大功

PO 領導團隊打造符合客戶需求的產品，更要想方法拚行銷，贏得銷售量也贏得顧客滿意度。眾多行銷模式中，「口碑行銷」（Word of Mouth Marketing, WOM）是相對傳統的手法，藉由親友的推薦一傳十、十傳百，如滾雪球般擴大客群與影響力。比起天花亂墜的廣告，消費者更願意相信「親身體驗」，口碑行銷成功率因而居高不下，故成功的 PO 一定要學會口碑行銷！

口碑行銷強調與客戶的互動與回饋，PO 運用口碑行銷時應適時融合敏捷元素，體現「與客戶合作比合約協定重要」、「因應需求變更比依計畫行事重要」的敏捷宣言（Agile

Manifesto），以因應變動劇烈的消費市場。接下來我會分享口碑行銷的元素、案例，以及融入敏捷推動長宏 PMP 課程的成功經驗。

善用五大元素 啟動口耳相傳的力量

口碑行銷的魅力有多大？

《哈佛商業評論》（Harvard Business Review）指出，被推薦者的品牌忠誠度高 18%，消費金額也多 13.2%，被推薦者因為相信親友的「使用經驗」進而購買產品，感到滿意時又會推薦給新的受眾，這就是口耳相傳的力量。

口碑行銷該如何做起？

根據 Andy Sernovitz 的著作《Word of Mouth Marketing》，首先要掌握行銷的五大元素（5T）：談論者（Talkers）、話題（Topics）、工具（Tools）、互動（Taking Part）及追蹤（Tracking）。五大元素環環相扣，口碑行銷策略包含的元素越多，行銷成效越明顯，實際執行時若能呼應敏捷思維，產品更有機會成為熱銷人氣王！

圖 3-2-1：口碑行銷五大元素（5T）

圖片參考來源：Andy Sernovitz

- **談論者（Talkers）**：使用者中會主動討論產品的人，PO 可將其視為積極的產品利害關係人（Stakeholder）。以敏捷角度而言，談論者透過顧客意見、社群互動發表意見，十分類似 Scrum 的 Sprint 審查會議，PO 不妨將意見做為產品修改的參考依據，進而確保產品的內容與客戶期望的方向一致。

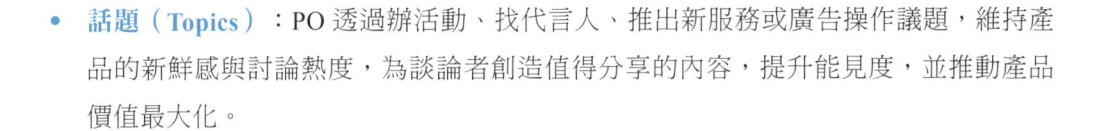

- **話題（Topics）**：PO 透過辦活動、找代言人、推出新服務或廣告操作議題，維持產品的新鮮感與討論熱度，為談論者創造值得分享的內容，提升能見度，並推動產品價值最大化。

- **工具（Tools）**：過往的口碑行銷指的是口耳相傳，隨著社群媒體普及，臉書、IG、Twitter、YouTube、LINE 社群、部落格、論壇、Google 評論⋯⋯等，都是可利用的工具，運用多角化經營或找出客戶最常使用的平台，可促進口碑快速擴散。

- **互動（Taking Part）**：與顧客互動也被視為「客戶服務」的一環，PO 應扣緊敏捷的「與客戶協同合作」精神，適時回覆客戶的發問與評論，「客訴」則要謹慎處理，處置得宜不僅能化解顧客不滿，甚至能將其轉為忠實粉絲。

- **追蹤（Tracking）**：完成以上四個環節，仍要持續追蹤顧客對品牌、產品及周邊的看法，這些資訊有助 PO 深入描繪消費者輪廓（Consumer Profile），進而製造出更符合客戶需求的產品，也能在負評出現時迅速危機處理。

做買賣不如交朋友 「善變」贏得顧客心

　　知名鳳梨酥品牌「微熱山丘」是口碑行銷的絕佳範例，不少人好奇在多如牛毛的台灣鳳梨酥品牌中，為何它能擊敗眾多對手，變成年銷售超越兩千萬顆，家喻戶曉的國民品牌？

　　首先需要「創新思考」，不同於多數糕餅店將鳳梨酥切成小塊試吃，微熱山丘結合台灣獨有的「奉茶」文化，邀請顧客入店喝茶並免費品嚐鳳梨酥，把顧客當成「朋友」熱情款待，這種前所未有的互動模式引爆話題，人人好康道相報，讓微熱山丘不打廣告就大排長龍，是極具代表性的口碑行銷典範。

　　創辦人許銘仁曾說，團隊沒有厲害到創業初期就把事情想完整，也不太清楚過程會遇到哪些問題？「把持住原則」、「一路學習應變」就是品牌受歡迎的原因，儘管通篇沒有提到「敏捷」兩字，仍可看出立基於敏捷思維的口碑行銷，不僅能贏得顧客的心，更能在商業領域發揮強大影響力。

敏捷思維結合口碑行銷 長宏躍升領頭羊

我創辦長宏專案管理顧問公司時，只有 PMP 課程一項產品，當時 PMP 尚未在台灣普及，同類型的輔考機構卻高達二十多間，長宏之所以能力抗眾多競爭對手，高居領頭羊之位，部分歸功於「口碑行銷」及「敏捷思維」的相輔相成。

三萬多元的 PMP 課程沒打廣告也不買關鍵字，如何讓顧客買單？

基本需求是確保「課程品質」，長宏錄取率高達八成以上，居全國之冠，這代表身為 PO 的我，第一步已成功創造出符合客戶需求的優質產品。

其次，善用口碑行銷五元素，我以長宏輔考系統當「工具」，將身為「談論者」的學員集中起來，討論與 PMP 考試相關的「話題」，促進學員與教師、教練、其他學員間多方「互動」，再透過輔考系統、教學評鑑去「追蹤」學員的學習成效及課程滿意度。最後，發揮與顧客充分合作的敏捷精神，依照學員回饋調整修正，使學員能獲得真正有價值的課程及服務。

後者的重點包括「異常管理」（Exception Management），「客訴」即為其一，曾有學員不滿授課教師講授過多實務案例，認為無益於考試，我的處理方式是接受他的客戶抱怨，並願意將學費全額退還，學員不敢置信地問原因，我笑笑告訴他：「長宏把每位學員都當成 VIP」，誠意打動對方繼續上課，最終他不僅考取 PMP，後續還報名更多商管課程，成為長宏忠實顧客之一。

還有一年 PMP 考試改版，二十位學員赴考竟全軍覆沒，眼看全班士氣大受打擊，長宏立即宣布全額負擔考試費用，要學員安心準備下一次考試，沒多久 PMI 發現新版本困難度過高，主動降低及格門檻，其中十九位學員順利通過，開心之餘，也對長宏負責的態度印象深刻，紛紛向親友力薦課程。

上述兩起案例中，我掌握口碑行銷五大元素，並融入「與客戶協同合作比合約協商重要」、「因應需求變更比依計畫行事重要」兩項敏捷宣言的精神，創新作法換得傲人成績。經過統計，長宏創業前期，有超過八成學生都是由親友推薦而來，口碑行銷的實證莫過於此。

神祕行銷的魅力

🎯 神祕行銷「賣關子」 深藏不露的迷人魅力

　　心理學觀點中，人類具有趨吉避凶的本能，會盡力避免不確定的事物。奇妙的是，人類卻又對「未知」十分著迷，好奇心驅使下，忍不住想偷窺「潘朵拉的盒子」，這種矛盾心態正是「神祕行銷」（Mystery Marketing）奏效的關鍵。

　　隨著媒體管道日益多元，各種廣告鋪天蓋地而來，消費者逐漸厭倦過量訊息，重複曝光不再是最有效的行銷，還可能觸發負面觀感。然而，帶有戲劇效果、搞不清葫蘆裡賣什麼膏藥的行銷手法，卻能帶給消費者驚喜，提升產品的記憶度（Memorability）與銷售量。

　　神祕行銷並非我的專長，卻是成功 PO 必知的行銷手法，以下舉兩個實例，說明神祕行銷如何與好產品相輔相成，寫下驚人的銷售數字。

戲劇效果十足 產品發表會成行銷大秀

　　說起將神祕行銷發揮得淋漓盡致的成功人士，賈伯斯當之無愧，他的傳記中曾提到，早期開發產品時，有人問是否要做市場調查，他堅定拒絕，因為「要做出東西給顧客看，他們才知道自己想要什麼。」從回答中可看出賈伯斯身為 PO 的決斷力，及 Scrum 創造「最小可行性產品」的精神。

　　保密到家的新產品本身就構成神祕行銷的元素，加上賈伯斯獨創的「劇場式」風格，將 Apple 全球開發者大會（Apple Worldwide Developers Conference, WWDC）演成一齣精采絕倫的戲劇。1998 年 iMac 發表會上，賈伯斯先展示市面上的電腦，黯淡的米色塑膠殼與龐大的顯示器，中間以雜亂的電線連接，平凡無奇且毫無驚喜。

　　接著，他邁開大步從舞台一側走向中央，揭開桌面的布高聲宣告：「從此以後，這將是你看到的電腦。」外型圓潤的嶄新 iMac 現身舞台上，澄澈的「邦迪藍」反射出果凍般動人光澤，螢幕上手寫字體出現「hello」向世界打招呼，對比強烈的戲劇效果震攝人心，全球觀眾的雙眼彷彿都隨著 iMac 閃閃發亮。

賈伯斯隨即評論：「這好像另個星球的產物，那裡的設計師厲害多了。」觀眾哄堂大笑，這場秀是成功的產品發表會，更是成功的行銷廣告。售價 1,299 美元的 iMac，從 8 月上市到該年年底共售出 80 萬台，是 Apple 史上銷售最快的電腦，其中 32% 消費者都是電腦首購族，證明 iMac 成功誘發了消費者的購買欲望。

往後的賈伯斯更將神祕行銷應用得出神入化，2010 年發表 iPad 前，萬眾期待他又會秀出什麼新奇玩意，媒體、社群大肆猜測，將聲勢炒到最高點，會後全球媒體競相報導，iPad 更登上當年電子性消費產品 Google 關鍵字搜尋的冠軍，不花廣告費也能博得版面與聲量，賈伯斯不僅是最成功的 PO 之一，更是最懂神祕行銷的 PO。

善用「包裝」說故事 猜不透的熱銷傳奇

紙本書銷售量銳減的今日，一本缺乏華麗包裝與名人推薦的書，竟在三個月內狂銷十萬本！這個故事發生在 2016 年的日本，書店店員長江貴士有感於書本銷路不佳，突發奇想策劃出《文庫 X》企劃，他選定一本書，用自製封套包裹，消費者購買時看不出書名、作者與簡介，只能看到封套上長江的手寫推薦文：「只要讀過這本書，一定會受到衝擊與感動！」

該書多達 500 頁，售價 810 日幣，由於價格略高，長江預估店內只能賣出 30 本，沒想到一個月後熱銷 980 本，還在網路引發轟動，隨著消費者熱烈詢問搶購，出版社也決定採用長江的靈感，重新包裝書籍並加碼於 300 間書店上架，三個月後銷量一舉突破十萬大關，在有些書店甚至賣得比當紅的《你的名字》動畫原作還更好，被外界譽為銷售奇蹟。

奇特包裝與神祕感，是《文庫 X》爆紅的重要元素，更神奇的是儘管網路話題延燒，卻沒有一個消費者「爆雷」揭露真正的書名。對此，長江認為是讀者對書本內容心服口服，願意共同維持這種神祕感，推更多人「入坑」買書。

許多讀者向長江坦言，這本書若以原貌放在書架上，他們不願購買，甚至連拿起來翻閱的動力都沒有，感謝他想出的行銷妙方，才沒錯過一本好書。試想，若不是神祕行銷的驚人吸引力，《文庫 X》或許就此埋沒在茫茫書海中。

可以多神祕？為產品打造最佳行銷策略

創立二十多年的品牌顧問公司 The Cult Branding Company，曾撰文指出神祕行銷能勾起消費者購買慾，並建立對產品與品牌的忠誠度。那麼「神祕行銷」究竟如何實行？

PO 可以仔細思考顧問公司列出的四個問題，幫助釐清脈絡、訂定策略，進而挑戰魅力十足的神祕行銷！

- 如何知道消費者在想像什麼，進而推動他們想知道更多？
- 當他們尋求更多資訊時，我想讓他們得到什麼？
- 如何將他們所得到的轉換成與品牌、產品的正面連結？
- 如何將他們所得到的轉化成對品牌、產品的認同與情感？

第一個問題就是「預測消費者喜好」，可採用的模式有三種，包括做實驗、商業分析、數據分析，我認為以上兩個案例較偏向「做實驗」，他們知道消費者期待「與眾不同的優良產品」，擁有好產品後，再應用神祕行銷抓住人們的好奇心，透過戲劇化手法加深消費者期待，最終成功創造熱銷商品。然而，實驗成功需要運氣，PO 若想要採取風險較低的作法，商業分析或數據分析是更佳的選擇。

- **商業分析**：蒐集客戶的想法找出潛在需求並決定產品範疇，PO 依此做出簡單雛型試探客戶反應，像是「紙上談兵」的做法，不會做出真正的產品。就像建商蓋預售屋前，先做迷你模型給潛在買家看，根據他們的回饋調整修正，最終蓋出實際的房屋。

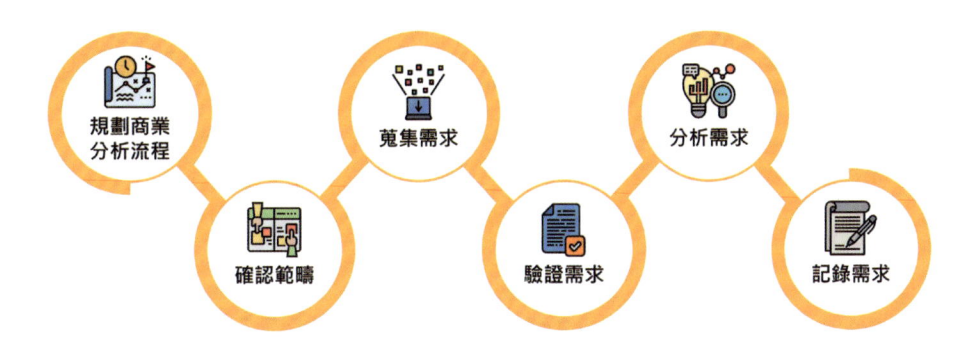

圖 3-3-1：商業分析流程圖

- **數據分析**：以科學客觀的角度幫助 PO 做正確決策，分為六大步驟：先釐清做決策需要考量的數據有哪些；所代表的指標意義為何；找出最適當的管道蒐集數據；過程中反覆確認正確性；資料蒐集完畢後再利用統計工具分析，產出容易理解的圖表；最終依此數據做出決策。

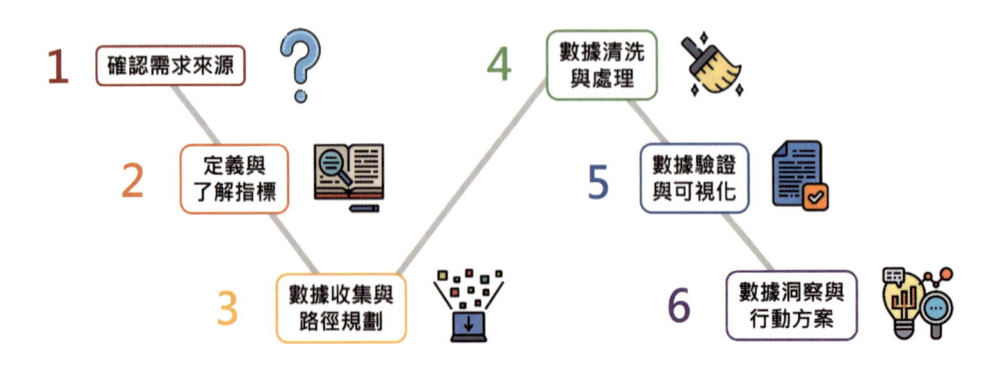

圖 3-3-2：數據分析流程圖

圖片參考出處：Ian Wu

第二個問題則是 PO 最重要的職責「做出符合客戶需求的產品」，PO 必須確保消費者有良好的使用經驗，並維持居高不下的顧客滿意度，才能進階到問題三與四：如何將消費者轉換為產品或品牌的忠實用戶？

答案是與消費者建立情感需求，最好的方法之一就是經營「社群」，Apple 的社群力有目共睹，創新的品牌形象讓它成為潮流、時尚、品味、地位的象徵，也是果粉希望自己在別人眼中呈現的模樣。此外，封閉性較高的 iOS 系統也讓使用者很難轉換到其他品牌，形塑出牢不可破的 Apple 神話。

在《文庫 X》案例中，還記得網路上沒人「爆雷」嗎？

長江開玩笑說，買了書的讀者都成了他的「共犯」，指的其實就是「社群」，讀者集體認同產品品質，也認同神祕行銷讓更多人認識好書，自發性的約束展現出強大的「社群凝聚力」，而社群正是 PO 敏捷產品管理的重點之一，本書後續章節也將詳加介紹。

Chapter 4 ▶

用產品待辦清單打造成功的產品

因敏捷體系很多，本書將以常見的 Scrum 開發手法作為主軸，將整體流程及其工具結合實務經驗來跟讀者探討：PO 怎樣善用及管理「產品待辦清單」讓打造產品不再是難事。

尤其 PO 是產品客戶的代言人，需要幫助開發團隊釐清使用者及利害關係人的需求及其順序，同時作為 PO 管理產品開發進度的眼睛，透過「產品待辦清單」了解整個產品的全貌。

如何開發好產品

🎯 何謂產品待辦清單？打造強勢產品的關鍵步驟！

在 Scrum Guide（Schwaber, 2020）中，說明 PO 是負責管理產品待辦清單及確保團隊執行有價值工作的唯一人選。他維護產品待辦清單，並確保每一個人都能清楚看見它。由上可知，確保產品待辦清單正確呈現與執行是 PO 很重要的工作，那麼產品待辦清單是什麼？在敏捷工作方法中，PO 應如何與團隊建立清單以利開發順利運行？以下會針對產品待辦清單仔細說明。

產品待辦清單（Product Backlog），意指為了開發完善產品所列出的一疊待辦事項清單。PO 負責蒐集來自於各方的需求、訴求與所有產品需求的功能到產品待辦清單中，並確立可用性和優先順序……等。它是不斷變動並依據產品與開發環境的變化而演進，就像植物

生長在生氣蓬勃的花園中，在整個開發流程都持續變化，清單不斷地改變，如同植物生長、花園修繕一般沒有結束的時候，因此只要產品存在，產品待辦清單就存在。

了解產品待辦清單 確保團隊有效執行

在 Scrum 中，產品待辦清單十分重要，不同於傳統大量且繁複的文件，如：市場與產品需求規格說明書，容易讓團隊消耗太多時間成本在預先撰寫繁瑣的需求內容。產品待辦清單能夠簡潔地展示已排定的優先順序，並且是產品上市的必要工作。待辦清單可以是一個實體看板、Google Excel 工作表，或是 Jira 軟體，其中包含客戶需求、功能性與非功能性需求的描繪，以及環境設定或缺陷修復……等項目。PO 負責管理清單，而 SM、團隊及利害關係人也會對其做出貢獻。因此，待辦清單必須透明化，讓任何人都能提出需求或是新的功能撰寫，然而，只有經過 PO 同意才能放入清單中，因此明智的 PO 不是對清單上的需求照單全收，而是適時地將不必要的功能過濾刪除，才能讓產品開發更流暢且有效率。

善用待辦清單 Spotify 實踐敏捷管理的祕訣

音樂串流服務公司 Spotify 於 2006 年成立於瑞典，截至 2018 年，Spotify 已擁有多達 1.5 億的用戶，成為全球最大的音樂串流平台，Spotify 是實踐敏捷工作流程的極佳範例，即使組織規模擴大，它仍保持敏捷思維。他們認為提升團隊產品開發效率的關鍵是──快速消化每日繁重的工作量，因此他們善用產品待辦清單，並透過 Kanban 模式即時掌握每個任務的執行進度，不僅讓每個小組能掌握自己的開發目標，彼此的進度也公開透明，不會有模糊地帶，工作時間得以被精準地用在更多產品價值創造上，內部流程與溝通都能獲得明顯改善。Spotify 內部更流傳「停止逗留在永遠只是開始的初步階段，一旦開始執行就必須把它完成」的口號，澈底實踐敏捷管理達到快速溝通與成長。

發揮開發優勢 產品待辦清單的四個特性

產品待辦清單有四個特性（DEEP），PO 必須清楚其中的深意，才能善加運用，發揮產品開發優勢。

適度詳細的（Detailed Appropriately）

　　敏捷重視單純不繁複，太過詳細的規畫容易造成大量書面文件，以至於欠缺緊密的溝通與透明化自管理，PO 在蒐集需求時或許會數量眾多且很粗略，但開發時必須「適度詳細的」。首先，將前幾個開發優先順序最高的需求寫清楚，包含與團隊估算使用者故事大小，因為到最後未必會開發所有需求，若一開始就詳細規劃，等於耗費多餘時間精力在不會開發的需求上。因此，待辦清單上優先順序愈低，撰寫的資訊就會愈粗略，只要將項目描述到能理解的程度即可。如此便能讓待辦清單保持簡潔扼要，並確保在下一個 Sprint 中的項目是可行的。敏捷的所有規畫都是「Just In Time」，需求會在專案過程中被探索、分解及精煉。當初我在開發長宏超值包課程產品時，曾事先做過市調，原以為需要提供不同領域的專業課程給使用者學習，但後來發現只要滿足換證三大專業訴求即可，因此在開發上便針對主要訴求來詳細設計方案，之後再陸續區分課程分類，提供用戶選擇。因此，將需求適度詳細地列入待辦清單中，才能讓團隊清晰地理解開發項目。

估算過的（Estimated）

　　產品待辦清單不僅是要完成工作的列表，它更是一個有用的規劃工具，越是在清單底層的項目越粗略，對於估算來說也一樣，越底層估算精準度越低。反之，越是優先順序的項目則越詳細，估計也越精確。值得注意的是，開發人員在估算時，必須有正確的認知才不會評估錯誤，而讓成員正確理解是 PO 的責任，除了利用各種不同的估算技術外，面對面溝通及圖示化需求，將 PO 自己對產品概念解釋清楚都是重要工作。Nokia 在 2003 年發行了 N-Gage 手機，被定位為遊戲手機。當時掌上遊戲機是任天堂的天下，Nokia 本想藉此占據相關市場，但當手機用時無法單手持握，當遊戲機時又有多餘按鈕干擾，最後只能以退場作收。在敏捷工作流程來看，很明顯是 PO 與團隊之間對產品認知差異，造成估算錯誤，以致於開發出失敗產品。因此，產品待辦清單依照優先順序估算十分重要，而 PO 更是身負傳達正確資訊的重任，才不會造成觀念差異，導致開發困難。

湧現的（Emergent）

　　當我們將高優先價值的功能交付給客戶後，必然會獲得市場的回饋，這些回饋將成為新的需求或改善舊有功能。團隊根據這些不斷湧現的需求，探索出新的項目加入到產品待辦清單中，現有的項目也會不斷地被修訂、重新排序或移除。如此不停地演進，才能打造出

強勢產品。Netflix 是全球知名的串流影片服務公司，擁有 2 億以上的訂閱者，原本一開始只推出了標準方案與高級方案，依訂閱價格區分影片一般畫質及 HD 畫質。但後來市場竟然出現低價的低畫質需求，雖然一般人很難理解為何需要低畫質影片，但 Netflix 發現在印度、馬來西亞及其他亞洲市場有這樣的需求，因為並非所有地區都有相對應高畫質串流的裝置和網速，加上 Netflix 的方案不比其他同業的價格便宜。因此若想吸引更多用戶，在這些地區推出低價版方案，不僅符合民情，更能有效提高市占率，這便是根據不斷湧現的新需求修訂待辦清單，讓產品更優化且更有競爭力。

具優先順序的（Prioritized）

當產品進行開發，可能需要的功能眾多，但客戶的痛點只有少數幾個，必須先滿足痛點，執行最重要且優先順序最高的項目，聚焦於此並將這些功能完善，這項產品就已經具備價值。2020 年疫情爆發初期全民瘋搶口罩，衛福部於 2 月 6 日實施口罩實名制政策，當時台灣 LINE SPOT 團隊立刻召開會議，只花半天就推出口罩地圖，當時策略就是以易用簡單為主軸，直接以送出定位點就能找到附近健保藥局為第一需求，再者是透過雲端擴展的能力，優先將口罩數量明確地標示出來，解決客戶痛點、測試完成隔天立即上線，隨即獲得極大迴響，此案例便是 LINE 團隊依照優先順序開發的成功典範。

計畫不是空談 持續規劃最重要！

前美國總統德懷特‧艾森豪曾說過：「計畫本身不重要，持續規劃才重要。」（Plans are nothing; planning is everything），此言並非是推翻計畫的必要性，反而是更加凸顯敏捷調適性規劃與持續執行的重要，這也是產品待辦清單的特色，更是它能提升團隊成功的原因！

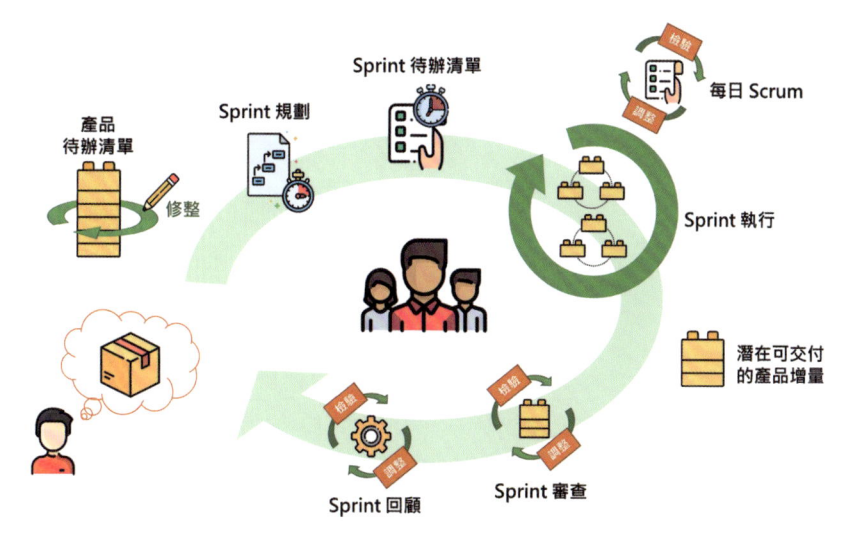

圖 4-1-1：產品待辦清單是 Scrum 的核心

🎯 運用產品待辦清單 攀上市場頂峰──正確認知 確實掌握 有效執行！

由上文可知，產品待辦清單是所有想要的產品功能的優先列表。藉由集中管理與資訊共享，團隊透過它來理解要開發的內容及優先順序。它是可見度極高的工具，並且位處 Scrum 框架的核心，所有參與者都可以使用它。

如何運用？PO 正確認知產品待辦清單

在運用產品待辦清單時，PO 必須有完整的認知，並且理解產品待辦清單的重要性，才能適切利用、發揮最大功效，達到開發最大價值的產品。

- **產品待辦清單是一份動態的清單，包含了產品可能具備的功能**：有些人誤以為敏捷是不做計畫的，這是極大的迷思，所謂的「擁抱變更」並非像無頭蒼蠅一般胡亂異動，敏捷反而更重視需求湧現的重要，並且利用產品待辦清單這項工具達到目標，它必須包含產品需求的所有功能，並依照優先順序排列而來，以動態的方式隨著開發進度推移進行精煉、回應變化，讓產品的功能更加完善且符合客戶期待。

- **待辦清單是為了替客戶帶來有效的價值**：敏捷宣言裡提到「與客戶合作比合約協定重要。」因此客戶的需求為首要，故待辦清單則必須關注在──「什麼」能帶給用戶最大的價值，傳統的產品需求規格說明書不僅過於詳細，更容易單方面照開發人員的思路出發，客戶則面臨到全部買單或是打掉重來的選擇困境，但產品待辦清單的要點除了要一切以「客戶所需」出發，PO 也代表客戶，核心理念為替客戶帶來最有效的價值。因此必須清楚產品走向，隨著動態修正，讓清單更加靈活有彈性，也越接近市場所需。

- **一個健康的產品待辦清單應當具備 DEEP 原則**：前面文章已詳細說明 DEEP 的項目內容，因此 PO 必須格外注意待辦清單應符合 DEEP 的特性，團隊開發才有目標可循，並且在每個 Sprint 完成具體任務，再透過精煉會議來精煉需求與功能，猶如敏捷準則中──「定期交付有價值的產品」，唯有透過合乎 DEEP 原則的產品待辦清單，才能定期產出高價值產品。

- **待辦清單對所有人開放但最終由 PO 維護**：產品待辦清單開放給團隊所有人使用，每個人都能利用它將產品開發所需的功能進行新增或提出問題，但只有 PO 能夠核可，因此 PO 要清楚理解自己的定位，搭起團隊與利害關係人的溝通橋梁，並且擔任最終維護待辦清單的角色，不能任由他人新增或刪除需求，嚴謹地把關待辦清單，也是 PO 的必要之責。

- **優秀的 PO 從「Why」開始**：敏捷中 PO 即是產品代言人，為產品的成敗負責，所以 PO 的出發點與單一接受指令的執行者不同，好的 PO 應從「Why」出發──為什麼要做？重要性和價值是什麼？為何要優先去做？藉由蒐羅資料，聽取客戶和利害關係人的意見，將價值提煉出來後跟團隊解釋其重要性，上述這些都是 PO 的責任。如同著名的黃金圈理論，PO 要清楚的是專案的商業價值，未能透澈了解或傳達清楚，都會讓團隊成員陷入不知為何而戰的困境。

持續優化 解析產品待辦清單類型

敏捷重視頻繁地交付可見的與可用的成果，並且持續地優化成果，在組織層面也關注團隊的主動與持續地學習改進，而產品待辦清單正是能推進團隊成長並開發成功的工具，PO 也務必釐清它的要點及不同類型，便能適當利用。

產品待辦清單內容的類型：

- **使用者故事**：從用戶的角度，對於一個功能性／非功能性需求的簡短描述（針對功能性、非功能性之後會再詳述），使用者故事通常由 PO 提供，利用簡單的書面描述，定義可評估與可驗證的功能，其也是一個溝通的利器。

  使用者故事涵蓋三方面：

  1. 對故事的簡短書面敘述，用於計畫和提醒團隊。

  2. 相關的內容有助於充實使用者故事的細節。

  3. 傳達和紀錄細節，可用於確定故事何時完成。

  使用者故事可以幫助團隊以使用者為中心，探討使用者的企圖及意義，也能利用此為組織、客戶及使用者達成共識，針對痛點進行討論，更有效率地合作，開發真正可以解決問題的產品。

- **技術性故事**：針對非用戶直接面向的需求（技術性／基礎性），多半由團隊成員提供，例如：實現後端技術系統以支持新功能、延伸現有服務層，或針對安全性、性能……等相關擴展。格外注意的是，這些技術性故事是由使用者故事驅動出來的技術需要，因此技術性故事可以依據需要來細化，以確保建構正確的功能，並將技術性故事反映到使用者故事，以便清楚正在開發的功能與客戶的關係，但不論如何，它們都與使用者故事息息相關。

靈活運用 拆解產品待辦清單規模

當產品待辦清單建立時，基本規則是「一個產品，一個產品待辦清單」，盡可能讓開發單純化，以對應待辦清單的內容，儲存清單的說明以及相關優先順序。但有些產品十分龐大，有多個同時進行的團隊；亦或是有多種產品，卻只有一組團隊，為了要確保最終可以得到能實際使用的待辦清單，須有基礎規則來因應不同規模，以下將針對待辦清單規模進行說明。

階層式的產品待辦清單

某些大型開發專案，會有許多團隊同步運作，所有團隊的工作必須整合在一起才能創造出熱銷產品，但若將所有待辦事項放入同一個清單中統整，容易過於龐大令專案無法動彈。

不同領域的開發人員都能替客戶帶來個別不同的價值，好比製造出一部手機，有五個團隊負責開發手機網頁瀏覽器功能、四個團隊負責手機影音功能，為了讓這些個別領域內的工作能部分獨立出來，因此適合建立階層式的待辦清單，進行管理與個別的優先順序測試，但在階層的頂端仍有一個產品待辦清單，說明並排序產品大範圍的功能，如此階層式的待辦清單，能解決大型產品面臨的複雜開發問題。

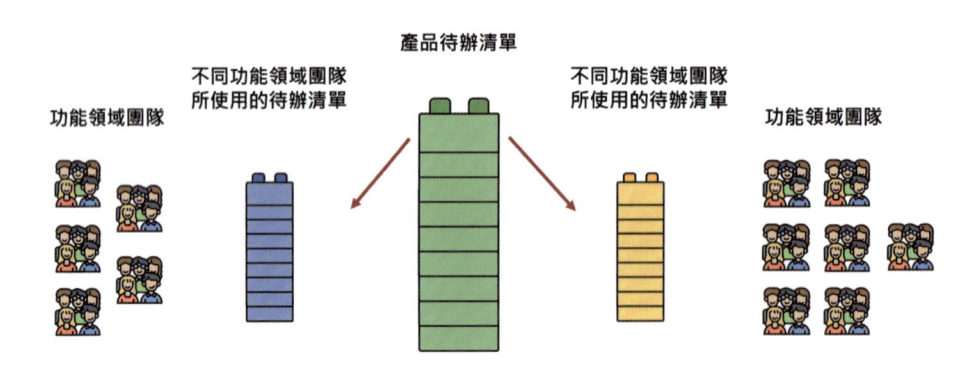

圖 4-1-2：階層式的產品待辦清單

多個團隊，一個產品待辦清單

用一個待辦清單來聚焦所有團隊，能夠讓產品開發上達到效益最大化。因為將所有功能放在同一個待辦清單裡，可以從整個產品角度來看，讓最優先的項目識別出來，得以最先被進行。如果所有團隊工作職掌可以互換，便可以執行在共享產品待辦清單的任何項目，但若團隊的工作職掌無法互換呢？例如：負責 Microsoft Excel 電子試算程式的團隊無法轉換負責 Microsoft Word 的文書處理，在此現實狀態下，的確不是所有團隊都能開發待辦清單中的每個功能需求。因此，必須明白每個團隊在待辦清單上負責哪個項目，建立一個團隊待辦清單，再從原本共享的待辦清單上，依團隊各自的屬性挑出團隊自身需要的功能項目，所以即使只有一個產品待辦清單，但其結構仍可讓團隊自行選擇只符合他們專長的功能。

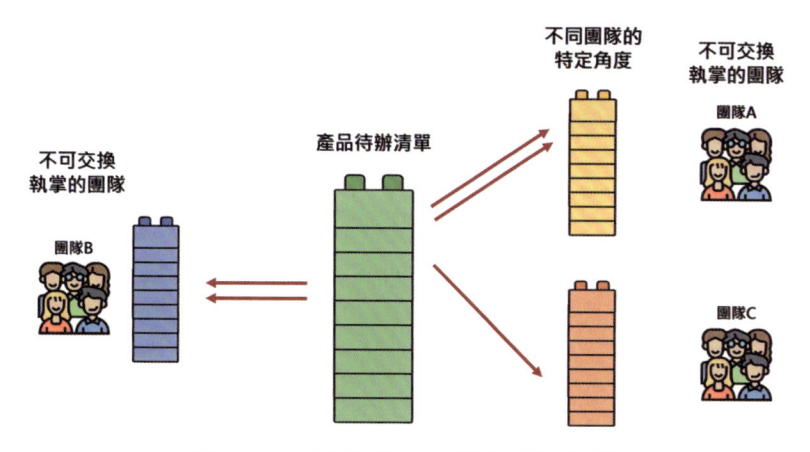

圖 4-1-3：多個團隊，一個產品待辦清單

單一團隊，多個產品待辦清單

當公司有多個產品，當然會建立多個產品待辦清單，某些情況下，團隊可能必須負責來自多個產品待辦清單的工作，同時進行多個項目開發並不是最好的模式，但若無法避免，為了不造成組織混亂，可將幾個產品的待辦事項合併成一個產品待辦清單，並且讓這幾個 PO 一起排定所有產品待辦事項的優先順序，因此 PO 們必須協調彼此的待辦清單，並且給予團隊清楚的描述與承諾。

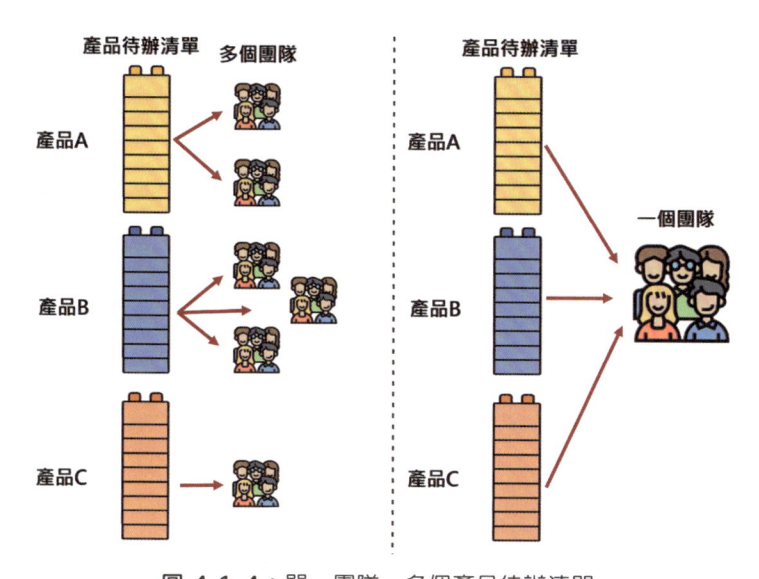

圖 4-1-4：單一團隊，多個產品待辦清單

敏捷思維強調「擁抱變更」與「自管理文化」，因此，在變動的市場之中，產品待辦清單能夠更快速達成目標，彈性且流暢地交付價值，讓團隊每個人能內化敏捷工作流程，與組織不斷前進。產品待辦清單的角色十分關鍵，PO 也應當釐清待辦清單的模式與細項，才能更有效的利用工具，讓產品開發事半功倍！

敏捷模式創造銷售奇蹟 產品待辦清單至關重要

在 1908 年初，美國福特 T 型車（Model T Ford）問世，完全改變了人類行動的歷史，讓美國汽車工業站上頂峰。此款於 1950 年代產量占了世界七成，在美國本土更囊括 95% 的市場，當下福特以追求「大量生產、降低成本」的目標執行，卻也導致過程中產生巨大的浪費。1970 年代石油危機爆發，原油大漲導致全球經濟衰退，消費者的型態改變，但仍聚焦於大量生產的福特汽車無法因應消費者需求變化，造成銷售一落千丈，隨之標榜經濟省油的日本豐田汽車（Toyota），一舉攻占市場，到了 1980 年代，豐田汽車已奪下美國三分之一的市場。

創立於 1933 年的日本豐田汽車（Toyota），當初想方設法超越美國福特汽車，前豐田汽車副社長大野耐一發現，一旦大量生產遇到需求反轉，產品定會滯銷影響營運，因此，如何開發出「以市場需求為根本」的生產方式，是成功的關鍵。1940 年代晚期，豐田的工程師發展了「Kanban」看板系統，將豐田汽車的生產流程從「推式」（產品是被推進市場）轉變為「拉式」（產品是基於市場需求而製造），Kanban 也是後來敏捷工作方法常使用的工具。

延伸而論，豐田等同使用了產品待辦清單開發，並且讓待辦清單符合 DEEP，豐田稱看板系統為「Just In Time 生產系統」，其「即時化」的理念與敏捷不謀而合，有彈性地隨時因應變動與市場需求，在每次過程中精煉清單，除了降低生產中無謂的浪費，也產出消費者真正想要的汽車。

根據 BBC 統計（至 2020 年止），日本豐田汽車為世界銷量排名第二的汽車製造商，僅次德國福斯集團，如今的豐田早已勝過福特，也有賴於當初的「豐田模式」，利用產品待辦清單創造流暢的工作流程，並內化至組織文化，這些正是敏捷思維，帶領豐田再創高峰！

鑑往知來的學問 讓產品待辦清單成為開發解藥

移除開發絆腳石 產品待辦清單常見錯誤

　　從前文我們已明白建立產品待辦清單的必要性，它是一個能讓開發流程清晰有效的工具，但仍可能出現使用困難的狀況。為了得到一個良好的待辦清單，必須避免常見的錯誤，尤其 PO 更應曉得這些痛點，以下分享幾項供參考。

- **需求規格說明書偽裝成待辦清單**：人人都想提前掌握需求，但若執著於全面，便會犯下太過詳盡的錯誤，繁複瑣碎的需求規格說明書，像批著羊皮的狼一般，偽裝成產品待辦清單，導致無法符合 DEEP，因應湧現的需求，將團隊引入危險之中。一旦將需求視為固定，則無法彈性調整，最終無法產出客戶的理想產品。

- **不切實際的需求清單**：團隊與利害關係人在建立待辦清單時，必須達成對產品一致的認知，若沒有共識，很容易提出不切實際的待辦清單，或是將需求強加在團隊身上，打壞成員的穩定步調，使成員加班、對組織失去向心力而離開。所以我們說 PO 是至關重要的願景傳達者，他除了必須將願景與需求表達清楚並獲得共識，更要審核待辦清單，移除不必要的需求項目，才能讓待辦清單簡潔扼要，開發流程順暢無礙。

- **沒有敏捷素養、不懂組織合作**：待辦清單的用意是讓團隊更明確當前的開發目標，並且釐清各項功能優先順序與隨時調整，但若 PO 不懂得與團隊一起合作，只是放任成員自行開發，便違反了敏捷準則第四項：「客戶代表與開發人員在專案期間應每日持續互動。」沒有如膠似漆、緊密溝通，團隊無法精煉待辦清單，亦難以打造成功產品。

- **忽略精煉待辦清單的工作**：團隊如果無法定時召開 PBR，會導致所得到的需求品質低落，或得到的承諾效力不足，甚至因為耗費大量時間在 Sprint 規劃會議中精煉清單，使得所有人都精疲力竭卻毫無成效。因此，在妥善精煉待辦清單之前，切勿馬上進入下一個 Sprint，才能讓開發流程具備健康的體質，成功設計出有價值產品。

精煉待辦清單 掌握 PBR 加成開發成效

產品待辦清單必須持續性地規劃，然而，就像花園長時間無人照顧便會雜草叢生，若是疏於打理待辦清單便會雜亂無章。因此優秀的 PO 必須掌握 PBR，了解並整理不同意見，確保成員對項目的共識，讓開發順利進行。

產品待辦清單精煉會議（PBR）

精煉產品待辦清單是持續性的協作工作，由 PO 帶領，開發人員與利害關係人一起參與，除了精煉清單之外，此過程也可以創造 Scrum 團隊內部與利害關係人之間的對話機會，移除「業務部門」與「技術人員」之間的代溝，充分利用不同組別的集體智慧，將可能被遺漏的資訊揭露，並消除傳統文件上的溝通誤會與時間成本。2017 Scrum Guide 指出 PBR 的時間應不大於每個 Sprint 的 10%，團隊利用 PBR 精煉需求，而 PO 則是最終修訂產品待辦清單的負責人，因此 PO 必須成為團隊與利害關係人的重要橋梁，持續精煉需求，以下提供幾項方法參考：

- **適時地將需求訪談更詳細**：幫助團隊針對優先的開發項目更加清晰，把需求訪談得更清楚，PO 可以邀約更直接的產品使用者，讓開發人員訪談，也避免客戶認知不足，造成理解差異。

- **為接下來的 Sprint 規劃會議準備好優先等級的項目**：將即將要開發的 PBI 驗收規格寫得更清楚，產品待辦清單排定優先順序，最重要的項目應該最詳細且置於最頂端，並經過分解與精煉，協助團隊能在單個 Sprint 開發出有價值的功能。

- **PO 與團隊確認產品待辦清單項目的規模**：可視需要變更或移除原先的項目，例如不必要的高品質造成成本浪費、產品功能修改得更加人性化、與客戶協商修正驗收的規格或是需求……等，並修訂估算值以符合所需要的狀態。

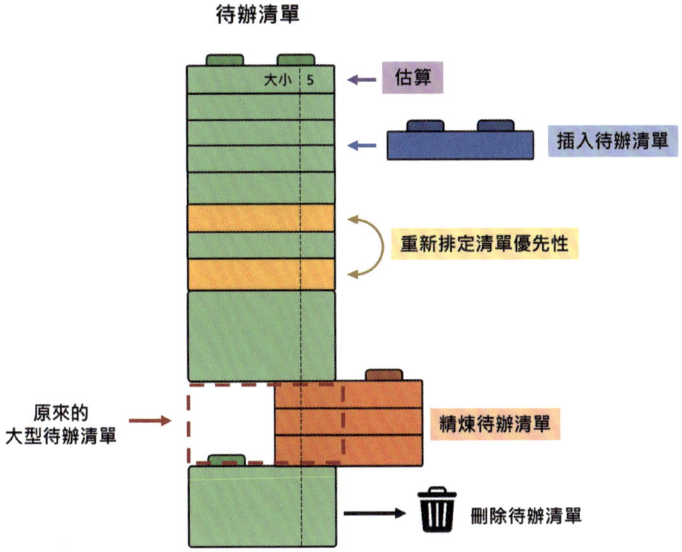

圖 4-1-5：精煉產品待辦清單

鑑往知來 PO 必須更加敏捷有韌性

知名科技業 SM 曾分享，傳統企業轉型敏捷仍須適應時間，以致於雖然使用產品待辦清單運作開發，但 PO 未將產品願景描繪清楚，大家還是各自做自己的任務，沒有透明化溝通，加上習於等待指令下達，成員在 PBR 會議不善於共同精煉清單，組織變革緩慢，使得團隊工作項目陷入瓶頸。

2020 年起因疫情重創全球經濟，許多企業面臨「不轉型便淘汰」的窘境，台灣第一個提供旅遊體驗行程的線上平台 KKday，在疫情來襲時營收跌落剩不到一成，KKday 營運長黃昭瑛認知到過去的輝煌已結束，必須開始改變。他迅速成立 10 個微型組織，各團隊獲得充分授權，利用產品待辦清單這項工具去「建立自己想做的生意」，再一步步以 DEEP 原則精煉開發項目，多方嘗試與改變讓公司找到新動能與合作夥伴，如航空公司、飯店及車行……等。在跨界合作下，KKday 快速上線各種國內深度旅遊、宅度假方案，還拓展伴手禮與美食市場，讓 KKday 化危機為轉機。

在這個快速變遷的時代，PO 必須更加敏捷、越挫越勇，而產品待辦清單勢必是每個 PO 必須明白的工具，讓它成為你的開發解藥！

創造有靈魂的熱銷商品 「釐清需求」的重中之重

產品願景的核心即是——「客戶需求」與「產品特性」，必須滿足這兩項，才能構成一個完整的產品願景，而負責釐清需求與辨識特性的角色便是 PO，PO 必須掌握其中，才能與團隊創造有靈魂的產品。本節將針對這些核心概念與相關要點加以探究。

釐清需求 大型產品需要 PO 團隊一起通力合作

賈伯斯曾說：「知道自己要什麼，並不是顧客的工作。」（It's not the customer's job to know what they want.）好的開發流程應該是事先做好功課，了解客群需求及產品特性，才能開發出更貼近市場的暢銷產品，而這些工作應由 PO 負責，因為 PO 在敏捷工作流程中即是客戶或是使用者代表，也是產品代言人。因此理當由他來蒐集客戶需求與功能特性，好的 PO 能夠有敏銳的直覺理解產品樣貌與客群所需，但若產品規模較大，PO 很難親自一一蒐羅與綜觀全面，所以大型開發的產品待辦清單（Product Backlog, PB）還要細分成更多的 Area Backlog，每個 Area Backlog 可以再找一位 Area-PO，如此更能分門別類的讓各個 Area-PO 蒐集需求及特性，資訊方可全面且無遺漏。

由比爾‧蓋茲（Bill Gates）所創立的微軟（Microsoft），是世界知名的電腦科技公司，生產許多暢銷的產品都是規模大且複雜的軟體，好比 Microsoft Office 辦公室軟體，從 1989 年推出至今，更新許多版本與功能增進，也能在不同作業系統上使用，它的各種組件都帶給人們在辦公與文書上有便捷的享受，代表著不同範疇須個別加以蒐羅需求與特性，才能開發出最合適的功能。

Word、Excel 幾乎已立於統治文書處理軟體市場的地位，Outlook 與 PowerPoint 也是大家非常熟悉且依賴的資訊及文書處理軟體。比爾‧蓋茲認為：「對於一個大公司而言，沒有一支強有力的服務隊伍，給使用者提供全面、周到的服務，那簡直是難以想像的。」因此微軟在開發這套軟體時，不讓 PO 一人辛苦地燒腦，而是細分許多 Area Backlog，以及相對應的 Area-PO，聚焦需求與商品特性後，再全方位的統整，就像大廚將客人都喜歡的菜色完美擺盤一般，端出一盤好菜給市場，令顧客津津有味並且能一傳十十傳百，當然能夠日漸成為統治市場的巨人。

德國經典車系品牌 BMW，被許多人讚許為精密工藝的化身，在 2016 年宣布與 Mobileye 以及 Intel 合作發展自動駕駛技術，並期望於 2021 年前實現無人駕駛，當時還以「未來的駕駛將無所畏懼」（The future of driving is nothing to be afraid of.）為主題設計了創新廣告，使大眾耳目一新。自動化駕駛等級從零級到五級區分甚細，不論是引擎模組、無人駕駛模組、半自動駕駛模組……等，要開發的規模都不小，因此若只由一位 PO 統籌需求與特性，絕對是兵荒馬亂，並且可能讓將帥先累死沙場。因此 BMW 率先改變整個自動駕駛系統的開發結構，利用 Area-PO 的方式，形成上百個 Scrum 團隊，組織範圍涵蓋所有階層，從改造團隊思維下，讓全員投入開發自動駕駛，更能精準的達成產品目標，讓人們渴望擁有 BMW，成為無所畏懼的未來駕駛。

因此如前文所說明的「不同的待辦清單規模」，這些大型產品勢必有許多團隊一起共同運作開發；抑或是分解成多個產品待辦清單。當產品規模擴大，個別團隊也無法跨領域職掌任務時，則由各自 Area-PO 們一起討論出待辦清單中的需求與功能，並且與團隊及利害關係人積極溝通，和團隊釐清共識，再統籌出最佳清單、利用最適合的待辦清單規模運作。不論如何，PO 必須謹記，自己是最終維護清單的要角，更是客戶代表，必須掌握客戶所需，提出產品需求功能至清單中，才能令團隊順暢開發。

蒐集需求 PO 如何反映顧客聲音至產品待辦清單？

PO 代表「顧客聲音」，負責蒐集需求來讓產品待辦清單具體展現，那有沒有什麼方法可以協助 PO 有效找到產品需求功能呢？

- **與部分客戶代表及專家協同合作**：敏捷重視不斷地面對面溝通與協同合作，不論對內對外，PO 都是擔任「良好的溝通者」。因此，在需求蒐集上，最有效率的方式即是與客戶代表及產品專家合作，一起在 Timebox 內寫出需求，從客戶的角度看產品，才能夠貼近市場所需。例如：開發 LINE Today 新聞的工程師會覺得自己開發的是 LINE Today 的程式，但站在客戶的觀點則認為是在使用 LINE 這個通訊軟體，所以工程師要站在客戶角度看產品，情境就會不同。而 PO 就必須成為橋梁，優先與客戶代表、專家協同寫出需求。

善用工具 —— 使用者故事地圖

使用者故事即是以客戶或使用者的觀點寫下有價值的功能，進而推動工作流程，其代表客戶的需求與方向，是換位思考的最好工具。前文已有說明什麼是使用者故事（User Story），以下就針對使用者故事地圖（User Story Mapping）說明。

- **使用者故事地圖（User Story Mapping）**：簡單來說，使用者故事地圖即是把許多個使用者故事羅列在一張地圖上。當我們在做規劃與精煉需求的時候，此時就能透過使用者故事地圖展現清晰的產品全貌。

使用者故事透過使用者觀點來呈現活動流程，並提供一個環境來了解故事背景與顧客價值的關聯。團隊能在建構使用者故事的過程中，對於結構與流程不斷精煉，讓所有人對產品目標越趨明確、針對開發更加專注。因此，了解使用者故事的脈絡，明白需求從何而來、為何而做，正是使用者故事的意義。

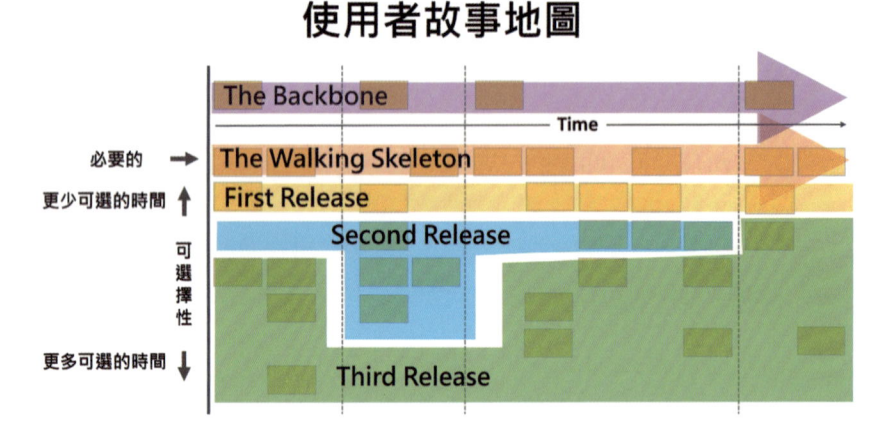

圖 4-1-6：使用者故事地圖 (User Story Mapping)

何謂需求？分辨需求種類並有效解決痛點，既然已知 PO 必須負責蒐集顧客聲音，整理需求功能到產品待辦清單中，接下來便要認真檢視什麼是需求？仔細剖析其種類，有助於待辦清單的建立，進一步開發出好產品，以下針對需求種類討論說明。

- **解決方案需求**：是描述滿足商業與利害關係人需求之產品、服務、或結果的 Features（功能特性）、Function（功能）及 Charactcristics（特性）。挑選出相對應的客戶

需求可以讓團隊知道將關注哪個市場或哪些客群。藉由聚焦需求，我們可以將產品視為達成目標的手段「服務客戶或使用者」。

- **客戶需求**：此類型需求涵蓋在解決方案需求之中。簡單來說，客戶需求是一個產品或功能，能解決客戶的痛點。需求在專案管理中有分六大類，其中一項為「利害關係人需求」，即內含「客戶需求」，滿足利害關係人的需求，是產品開發的首要目標。

    PO 當確實認知──「當客戶買下這項產品，目的就是要利用產品來解決痛點」，例如：人們因為緊張壓力大，所以買按摩椅解決身體緊繃問題；想要增廣見聞，所以購入書籍以藉此增加閱歷。這些皆是「以產品解決痛點」，也是 PO 與團隊在整理產品待辦清單與開發過程中的優先任務。

因此，「解決方案需求」、「客戶需求」與「利害關係人需求」這三個名詞在敏捷產品開發流程中互相影響且息息相關。了解這些需求，是 PO 的一大課題，如同前文所說，PO 需要良好的溝通力與敏銳度，實現敏捷準則中強調的「客戶代表與開發人員在專案期間應每日持續互動」、以及敏捷宣言中說的「個體與互動高於流程與工具」，才能讓客戶需求真正體現於產品開發上。

什麼是產品特性？滿足願景的關鍵要素！

另一方面，解決方案需求細分其特性，我們稱之為「產品特性」──「產品為了滿足這些需求而需要的關鍵特性」，與「客戶需求」整合才能滿足產品願景，讓產品具有靈魂，而「產品特性」分為功能性／非功能性需求，以下詳述之。

- **功能性需求（Functional Requirements）**：描述產品的特性，指具體提出系統應該提供的服務項目。例如：ATM 系統應驗證客戶輸入的 PIN 碼；或是設計網站，能讓客戶在瀏覽商品之餘，看到其他關注此商品的客戶曾看過哪些其他商品，藉此延伸客戶對網站商品的瀏覽範圍。

- **非功能性需求（Nonfunctional Requirements）**：描述能讓產品有效運作的狀況與品質，強調對於系統品質的要求，常以限制呈現。例如：ATM 系統應在三秒或更短時間內驗證 PIN 碼；或是網站在客戶下訂後，能在十秒內收到簡訊及 Email 通知。這些代表系統層面的限制要求，抑或是指定或約束系統進行下一步的條件。

格外注意的是，非功能性需求必須滿足「完成的定義（Definition of Done, DoD）」目標，好比「網頁瀏覽器支援」這個非功能性需求，對於任何一個網頁專案都十分常見，當一個團隊決定開發網頁相關功能時，必須要確保能夠在任一個特定的瀏覽器中正常運作，如果團隊決定將「網頁瀏覽器支援」這個非功能性需求納入「完成的定義」中，就必須針對 Sprint 中加入測試，若是列在項目上的瀏覽器沒有測試成功，那這個故事就不算完成。因此，盡可能將非功能性需求置入「完成的定義」中，並且提早、定期進行測試，才能在開發過程中快速得到回饋再予以修正。

PO 與團隊必須明白功能性需求和非功能性需求之間的差異，藉此深入了解客戶的需求，引導至更好的範圍細化與成本優化，最終獲得令市場滿意的產品。

走向敏捷 快速釐清需求 反轉劣勢創造佳績！

全球知名的跨國消費品公司聯合利華，從 1929 年成立之今，產品包羅萬象，舉凡食品、飲料、清潔劑及個人護理產品……等，是僅次於寶僑與雀巢的世界第三大消費品公司。有鑑於市場的高度競爭與消費者喜好變動，聯合利華早在多年前就著手將組織敏捷化，利用快速反應與排除障礙的敏捷特性，來因應不斷變化的消費期望。

COVID-19 爆發之初，聯合利華各 PO 與團隊即快速蒐集市場需求，旗下品牌 Suave 和 Dove 擴充原本規模很小的洗手液業務，短短五個月內，品牌產能提高了 600 倍，並且在 65 個新市場推出了消毒產品，這些消毒產品的銷售額在第二季成長了 26%。

一個好的產品待辦清單架構，必須在 PO 與開發人員釐清需求，以及清楚產品特性的前提下建立。在疫情風暴下，聯合利華卻能反轉劣勢並提升營收，即是因為組織實踐了這些原則。唯有如此，在開發產品的過程中才能準確瞄準市場，創造解決客戶痛點的產品！

專注開發邁向成功 「排序優先級」的指導原則

成功是「先做最重要的事」排定優先順序聚焦開發項目

當一份完整的產品待辦清單建立之後，團隊正式進行開發工作。不過，客戶中總是會有人困惑：「我覺得這些都是高優先等級的啊！」雖然會將這些需求功能列入清單中，代表

都是必須完成的重要事項，但不可能將所有清單列為高優先開發。換言之，若一概優先開發，表示其實沒有任何事項是優先要務，要想滿足客戶的真正需求，無異緣木求魚。因此如何排序待辦清單是非常重要的功課，成功學大師史蒂芬‧科維曾說：「關鍵不在排定行事曆的先後次序，而在排定優先順序。」若組織沒有聚焦目標，沒有達成任務的指導原則，自然無法順利達成目標。他認為成功者必須「先做最重要的事」（Put first things first）。運用於產品待辦清單也是同樣的道理，我們必須重視優先等級排序，才能讓團隊在每個 Sprint 專注做好優先項目，一步步完成產品。

聚焦開發目標 排序優先等級的準則

PO 是維護產品待辦清單最終決定人，同樣也必須確保待辦清單皆已完成排序。而安排優先順序與精煉流程相同，必須由整個 Scrum 團隊共同執行，除了團隊的集思廣益外，也能獲得所有人的共識。如前所述，項目內容的詳細程度會依其優先等級而定。這樣一來就可以讓整個過程具有彈性，並允許推遲較低優先等級的項目，讓團隊能有更多的時間評估選項與蒐集客戶回饋，幫助產品更切合市場需求。

排序開發的優先級順序是為了得到更好的決策與更佳的產品，但由於各個產品待辦清單項目可能非常小，以致於難以調整其優先順序。因此，要如何安排也是一門學問，藉由可量化的指標，來協助評量選項，其可移除個人認知偏差，也可客觀地排序。後續將利用幾個準則指標來幫助 PO 與團隊，以下分項詳述之。

高 ROI（投資報酬率）

投資報酬率指的是用百分比表示投資的金額與獲得的利益的比例，在投資與否的考量上，每個單位能夠獲得的回收利益越高，當然值得投入的吸引力越大。當在考慮多個專案時，ROI 越高越好，因此將高 ROI 的項目列在優先順序無可厚非。ROI 的公式如下（基本的 ROI 在計算時不考量通膨與利率）：當 ROI＝0%，即投資＝淨收入時，即為達成 Payback period（回收期）的時間點。（請參閱圖 4-1-7：ROI 計算圖）

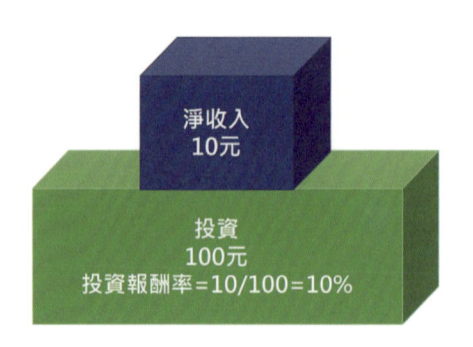

圖 4-1-7：ROI 計算圖

高風險

　　風險愈高，就越容易失敗，敏捷考量風險可以將其視為 Anti-value（反價值），也就是會降低 Value 的破壞因子，Value-driven delivery（價值導向交付）就像是賺錢，專案風險則可以比喻為漏財或遭竊。為了獲得最大的價值，應盡可能減少風險，因為降低風險，正表示客戶的獲得利益的機率增加了。

　　但是，風險一定是不好的嗎？其實不然，臉書創辦人馬克・祖克柏（Mark Zuckerberg）曾說：「最大的風險是不冒險。在一個瞬息萬變的世界裡，唯一能保證失敗的策略就是不冒險。」因此風險是產品創新不可或缺的基本特性，產品開發的所有決策其實都伴隨著風險。

　　就如上述所說，過高的風險容易導致失敗，因此，我們必須對產品待辦清單中的風險進行評估，造成高風險的原因可能在於團隊對開發的內容與方法所知甚少，不確定性就越大。由此可知，對產品的知識、不確定性及風險可說是彼此環環相扣。既然風險會影響產品成敗，那我們就必須將不確定與高風險項目列入高優先等級，讓團隊優先處理，透澈了解此項目，加快產生新知識及避免不確定性，才能降低風險。

　　因此，將高風險的項目列為優先排序的原因有二：

- **Fast Failed（快速失敗）**：敏捷工作流程不擔憂所採用的任何手段會提前導致失敗，提早知道不可行的方式，比晚失敗來得好，因為不會耗費太多時間及資金。另外，早期的失敗可讓團隊有機會改變路線，例如：修改整體架構與技術項目……等，對於習慣傳統瀑布式流程的人來說，可能很難理解 Fast failed，因為瀑布式中，問題與障礙通常在晚期才浮現，且常被視為壞消息，而非學習與改進的機會。但敏捷不然，

因為理解並運用 Fast failed 原則，反而能讓產品在早期就修正至對的方向，進而成功開發。

- **高風險的 Features（功能特性）或 Stories 應在早期的 Iteration（迭代）執行**：產品開發失敗，有很多時候是因為團隊成員對產品的功能特性不了解，因此將這些相對高風險的 Features 或 Stories 在早期的迭代執行，除了能驗證其技術與目標的可行性與可達成性，以及預防晚期發生風險的不必要的成本浪費，也能利用此機會讓團隊蒐集更多回饋來進行探索與測試。當高風險技術被克服了，變成穩定技術，就可以用來開發更多高價值的功能。若團隊還不太確定使用者介面的某些需求，將此列入優先排序，快速蒐集使用者回饋增加探索及測試。

高價值

價值是一個常用來決定優先順序的因素。但如何判斷產品待辦清單項目的價值呢？簡單來說，如果此項目是讓產品上市的必要因素，那就十分有價值。反之，則該項目就無關緊要，且會被排除在目前的發布（Release）之外。PO 及團隊在評估後，可以將較低價值項目往後移至產品待辦清單底部，甚至直接捨棄，藉此保持產品待辦清單的簡明扼要，讓團隊專注於必要的開發項目。

此外，如果該項目是未來開發過程所需要的，它自然會在待辦清單不斷地精煉過程中出現，因為一個符合 DEEP 的產品待辦清單，會具有彈性地將湧現的（Emergent）想法及項目更新加入。好比原本早已取消 Touch ID 的 iPhone，因為市場需求聲音踴躍，期望在 iPhone 14 中回歸，並且因應疫情因素，Apple 也計畫將在 iOS 14.5 中，讓 Apple Watch 能自動解鎖 iPhone（需戴上口罩並啟用 Face ID），增加用戶解鎖時的便利性。這些價值評估都會隨著審視新需求、重新檢視現有需求而調整優先排序，並且不斷地讓產品待辦清單精簡與精煉，更有利於產品開發。

但要格外注意的是，若只單用價值來決定優先順序通常較不客觀，以下表舉例：

表 4-1-1：單用高價值決定順序

	項目 1	項目 2	項目 3
高價值優先	100 萬	50 萬	10 萬
投入時間	一年	三個月	一週

	項目 1	項目 2	項目 3
ROI	約 2 萬 / 週	約 4 萬 / 週	約 10 萬 / 週

若單以高價值優先做為原則，必然選擇項目 1，但將投入時間與 ROI 考量進去後，最終卻不如項目 2 或 3 的效益。PO 要承擔產品的成敗之責，所以有時候 PO 也會用直覺來判斷優先順序。此時，團隊除了要支持 PO 之外，也必須要讓 PO 客觀地了解相關資訊，例如投入開發時間及成本、功能特性開發難易度及功能特性之間的關聯性……等。

MMF（Minimum Marketable Feature）──最小可銷售功能

MMF 是可以交付的最小功能與特性，並且是已確認過客戶願意購買、具有價值的產品特性，可以開發出來進行銷售，做為產品發布功能範圍的基本單元。如同敏捷準則中──「我們的最高優先順序是，及早且持續地交付有價值的產品以滿足客戶需求。」交付有價值的產品而非最終完成的產品，好比 LINE 程式中的個別或群組聊天、發送文件或圖片及相簿與記事本功能……等，都是一個個 MMF，透過將 MMF 列為優先開發項目，確定並且優先發布這些功能，團隊即能在處理後續這些功能的同時，再做檢視與學習，也能根據這些功能的大小，再分割成小的使用者故事，以便在多次迭代中交付與回饋。

MVP（Minimum Viable Product）──最小可行性產品

MVP 的核心概念是一個最小化的產品，它既可以為客戶交付一些價值，又能以最小的努力獲得客戶經驗的學習，建立在開發─測量─認知（Build-Measure-Learn）的原則之上。因此我們可以說 MVP 是對學習的投資與實驗，目的在探索潛在客戶的需求。將 MVP 放入優先開發中，能用最快的方式與最少的精力將最小可行性產品投入市場，獲得客戶對於產品是否有價值的回饋，進而控制需求範圍與項目預算，降低產品試錯的成本，也能以回饋來完善產品。

雖然 MVP 是為了了解市場需求的實驗，而不是最終產品的實際版本，但它仍是實際可以使用的產品，而非無法使用的原型。很多人忽略了「可行性」，以至於交付的產品因品質不足，以致於無法準確評估客戶是否會使用該產品。

如何打造最小可行性產品

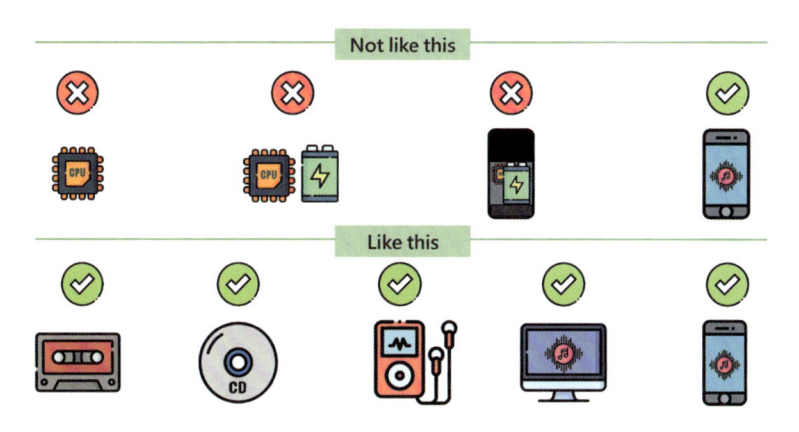

圖 4-1-8：何謂 MVP——最小可行性產品

　利用 MVP 成功的案例不少，其中乘車共享平台 Uber，一開始創辦人是因為舊金山的計程車費率過高而想出的替代方案。他們開發了一個名為「UberCab」的 MVP，並將它介紹給舊金山的 iPhone 用戶，後來因為反應極佳所以使用者激增，逐步同時優化及擴展功能。其道路應用的數據庫資料更證明 Uber 規模的擴大發展，並迅速成為全球第一大乘車服務。

　全世界最大的手工藝品銷售平台 Etsy，創立起因僅只是因為創辦人在論壇上，發現許多人抱怨 eBay 的高額費用和銷售手工製品的困難，於是建立了一個非常簡單的功能介面，讓人們創建帳戶用以出售個人手工製品，卻在短短幾天內獲得大量的用戶迴響，至今持續優化而成為市值超過 300 億美元的手工藝銷售平台。

技術債（Technical Debt）

　指開發人員為了加速軟體開發，在應該採用最佳方案時進行了妥協，改用了短期內能加速軟體開發的方法，卻因此在日後帶來額外開發負擔。這種技術上的選擇，就像一筆債務一樣，雖然眼前看起來可以得到好處，但必須在未來償還，不嚴謹的實作方式會因為累積下來的債務而使整個工作團隊進退兩難。

　技術債的本質是產品的結構阻礙了進步，例如：不良的設計與缺失，結構有缺陷使得產品無法符合市場需求、不良的整合與版本管理，造成開發極度耗時且容易產生錯誤……等，

這些都會替開發人員帶來災難。技術債的後果除了必須償還債務造成時間浪費，也會使得員工士氣低落，對組織向心力降低，而造成人才流失問題。

所以 PO 與團隊除了必須避免技術債的產生之外，於待辦清單中，也應注意技術債的項目，優先償還利息較高的技術債，在進行為客戶帶來價值的工作時，同時償還技術債，才能避免拖累整個專案的執行，甚至導致產品失敗。

除了 IT 層面外，我們也必須考量非 IT 的技術債。因此，在商務層面上，必須能以數字量化，讓商務人士看見技術債。以舉辦高規格的燈會活動為例，每個 Sprint 就是一場無人機展演，因為有限時間，常常來不及將無人機的設定最佳化，導致每展演一場，就會損失一些無人機，多場累積下來，無人機的損失數量勢必超過預期，如同這樣的模擬與舉例，要能將產品的技術債規模讓組織中所有人明白，才能讓企業正確地看到產品狀況，並且做出適當決策。

排序優先級化作成功策略 越精煉越專注

由上述我們可以理解，排序優先順序至關重要，整個 Scrum Team 都必須共同討論與相互整合，一旦團隊有歧異，SM 身為最了解敏捷工作流程者，可以教導 PO 與團隊排序的原則、如何寫使用者故事及正確地估算使用者故事大小……等。但切記 SM 並不是傳聲筒，因為敏捷是扁平化組織，PO 跟團隊不需要透過 SM 溝通，但 SM 必須確保 PBR 順利及定期地召開，才能有效地精煉需求功能。而 PO 必須成為溝通橋梁，與團隊及利害關係人取得共識，利用排序原則將產品待辦清單調整優先級，並且透過不斷地精煉以幫助開發。美國花旗銀行總裁約翰·里德（John Reed）曾說：「策略越精煉，就越容易被澈底執行。」因此，PO 與團隊必須理解排序優先級的重要與原則，如此將能更專注於開發，離成功產品更近！

好產品開發流程

🎯 推翻過去 挑戰未來 成為開創格局的 PO

PO 必須為產品負責

　　在傳統產品管理手法中，多半由多個角色分頭執行，如：產品行銷人員、產品經理及專案經理……等共同承擔，難免會造成產品經理與開發人員成為多頭馬車，彼此脫鉤，無法密切合作，但在敏捷精神中，PO 主要為產品當責，並且引領整個產品開發進行，如一條龍式全面監督及執行，因此，PO 不能只是開發角色，而是要兼顧行銷、幫助產品銷售一空。

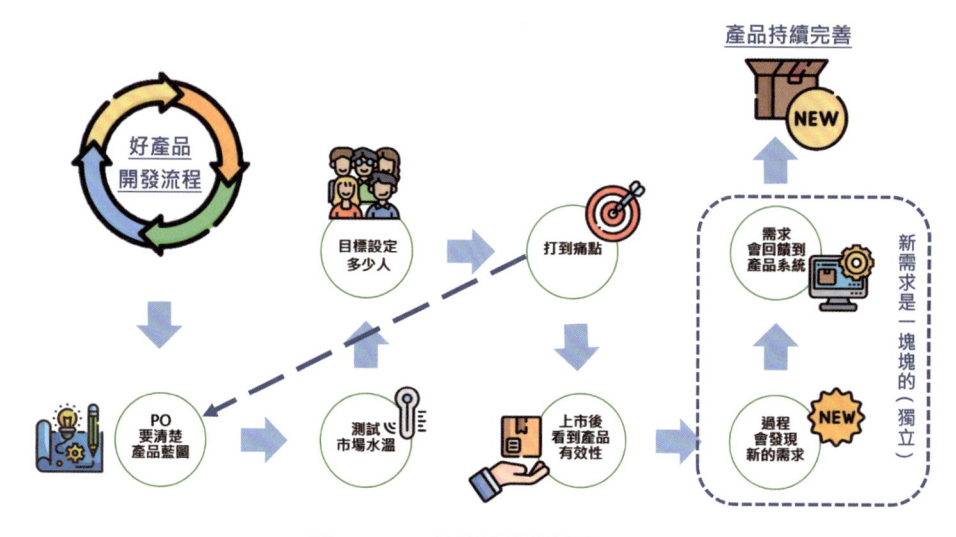

圖 4-2-1：好產品開發流程一頁圖

描繪願景 開創格局

　　「願景能夠驅使團隊更有力量往成功邁進。」因此，PO 必須有能力將產品藍圖清楚描繪，按照時間順序、產品生命週期分類與羅列，才能和團隊一步步照計畫完成。在敏捷理念中，PO 會與團隊一起完成藍圖，除了自己理念能與團隊共享，容易被團隊買單外，也能與團隊一起腦力激盪，讓藍圖更加周全。

PO 必須是「有遠見的執行者」，能夠預見產品的最後面貌、傳達願景；也能執行開發的藍圖，處理產品這一路上會遇到的問題、與團隊密切合作、帶領團隊開創格局。每個 PO 的特質不同，在《賈伯斯傳》（Steve Jobs, Walter Isaacson, 2011）中，賈伯斯在開發 Apple II 時就說：「我希望創造出第一部配備齊全、搬回家立刻可以用的電腦。瞄準的消費者不是自己去買變壓器、鍵盤回來組裝的電腦玩家，而是一般民眾。」從開發到銷售，賈伯斯自己獨立完成藍圖。而我自己早期的經驗也是如此，腦中就是所有產品藍圖與行銷發展，團隊是屬於執行角色，相較於過去，現在就相對民主，在產品開發上也符合敏捷理念。與團隊一起製作產品的過程中，不同的 PO 產品管理方式也不同，PO 能夠將其特質應用於企業的產品發展是最重要的。

吸引跟隨者（Follower）

「完整描繪出未來的明確性，才能吸引許多的跟隨者。」

如何讓願景越來越清晰？以下提供三種「共創型願景」工具：

1. **願景盒**：用立體的方式呈現產品的不同特徵、未來走向，讓願景呈現於上方。

2. **需求工作坊**：PO 做出骨架，並帶領團隊一起做出藍圖，非一次完成，而是不斷的層層疊加精進，一步步完整並呈現其樣貌。

3. **平面圖示化**：將腦中藍圖用手邊素材剪貼完成，透過剪貼雜誌或照片拼貼的方式，將腦中想法藍圖組裝使其越發清晰。

以上「共創型願景」的工具可以讓 PO 與團隊表達產品願景與良好溝通，因此雙向溝通也是很重要的一環，透過不斷地演說，各種故事與舉例說明，讓願景越來越明朗。

在過去的經驗中，我當時的願景是期望在三年內在台灣產生 1,000 位 PMP。PMP 是一個如此高的門檻，一年能增加 100 位就很不容易了，而我當時設定在三年內達成 1,000 位，當我喊出這個口號時，旁人都感到不可置信，但當我在不到一年半就完成 500 位，大家就覺得：「天阿！真的很厲害！或許有機會達成！」再透過不斷地對外演說，告知 PMP 證照考取的可能性及重要性（願景），引發學員參與興趣。最後完成 1,000 位只花了二年三個月！這就是當你做出成果後，市場就越來越有信心，跟隨者（Follower）就越來越多，

可以讓效果越來越加乘，以等比級數成長，當願景越發清楚，大家的反應就更能正面呈現！

讓產品熱賣！打中市場消費者的痛點

想方設法 切中市場需求

當初創業時，PMP 是非常難考而且很小眾的證照市場，在推行時我用盡心力在產品行銷上，特別運用成功案例——101 大樓專案的 PMP 專案經理人——曾英斌先生，將其故事做成報導，推行給大眾知道，並且蒐集更多成功考取資料，從外包拍攝並在電視台行銷到爾後做出《專案經理雜誌》，甚至成為「華人最有影響力的專案管理雜誌」，利用這些完整的產品行銷與規劃，找出目標市場的客戶需求，最後讓 PMP 這個本來難以觸及的高難度認證考試，成為大家熟知的國際證照。這不僅讓 PMP 產品獲得市場青睞，我努力的成果更改變了台灣的生態，現今專案經理求職時都被要求必須擁有 PMP 證照！

發揮最大效能

PO 必須要有精確的直覺，能夠知道商品從開發到行銷整體走向，以企業來說，就需要一位非常精明能幹的 PO，那要如何延攬這樣的人才呢？除了合理且吸引人的報酬外，能有與公司相同的理念，並且能夠讓他專注在執行單一專案，才能發揮最大效能。若能夠打中消費者的痛點，消費者就會買單，如同前文提到的魏德聖導演，以先天的 PO 特質將其「想法與電影元素結合」，即打中了市場消費者的痛點，如同《海角七號》到《賽德克巴萊》，是如此的感動人心且部部賣座。

要開發也要大賣　內外兼顧哲學

對內做好產品、對外做好銷售

就敏捷觀點，PO 不能只是開發產品，也要能夠了解行銷、幫助產品暢銷，所以必須「對內做好產品、對外做好銷售」，清楚了解客戶花錢是想要買什麼樣的商品。

產品開發與行銷息息相關，一個好的 PO 在開發產品時，應該要回頭來看產品的行銷——「好的產品其實要反過來設計」，像賈伯斯在開發 iPhone 時，腦中除了手機的形象之外，更想到要如何銷售這支手機，發表第一支 iPhone 時，將史無前例的創新簡潔說明：「將可觸控操作的 iPod、手機和網路集於一身的裝置。」最終產品打破傳統市場的界線，造成**轟**動且令消費者趨之若鶩。

設計出暢銷的產品

「好的產品不一定是從最好的設計出發，而是要設計一個最暢銷的產品。」在智慧型手機領域，Apple 並不是第一個，但「多觸點」螢幕設計則是首發，以往都只是觸控筆單點點擊，但「多觸點」的開發，讓螢幕可以使用手指點擊、縮放，使得智慧型手機有了更多玩法，重擊了傳統手機市場，更加奪人眼球。賈伯斯知道這樣的設計能夠造成**轟**動，因此在產品開發時，便將此做為 iPhone 的賣點之一，把未來的行銷賣點置入設計中，引起話題便能拔得頭籌。

一個健全的 PO 應是「產品開發經理」加上「行銷經理」，這也是我這本書想要給未來許多企業家所借鏡的。在傳統上總會覺得專業分工最好，但事實上產品的 PO 應是「產品開發經理」加上「行銷經理」，但這樣對其工作量實在是太過沉重，也很難找出這樣能力兼顧的人選，所以企業可以給 PO 開發團隊和行銷團隊，PO 在這之中是主導者、團隊的核心與腦，但實踐想法及開發產品的過程則可和團隊一起執行，如此不僅工作量能夠負荷，亦能強化工作效能，但要注意，這兩個團隊必須是可以相互溝通、互通有無，開發（內）、行銷（外）能合而為一，便能同時兼具產品開發與行銷！

🎯 測試市場水溫 PO 該學會的清晰思維

成為客戶的知己 創造出正確的產品

賈伯斯曾說：「It's not the customer's job to know what they want.」

PO 除了是產品負責人之外也是產品使用者，因此，不是顧客知道自己要什麼，而是身為 PO 應該了解顧客想要什麼。

相信每位 PO 都想開發出暢銷且令眾人滿意的商品，但在我多年的經驗當中，發現許多 PO 容易在開發晚期，與團隊陷入商品好壞與挑選的困境中，也常一昧地開發自己所謂的「好商品」，在傳統「瀑布式管理」由上至下發展，一股腦地開發後，在產品測試、發表後期才收到客戶的回饋，如果產品成功，就算是大好，但若最後產品沒有獲得市場青睞，所有從頭到尾投入的時間與成本都是極大的損失，而敏捷原則：「及早交付有價值的產品、定期且頻繁地交付。」是希望客戶最終能夠滿意地接受產品。在這之中，良好地溝通、不斷地調整，與透過最小可行性產品（Minimum Viable Product, MVP）去市場試水溫就十分重要，產品透過此方式，讓開發人員即時而有效地檢查與調整，滿足客戶的期待。

1. **測試回饋**：測試後可以證明哪些產品引起迴響，幫助你挑選或調整出適合銷售的產品，並且讓目標受眾感興趣，產生連結，更加支持之後產品的發表。

2. **分門別類**：透過分類回覆的方式，可以知道不同族群對產品有何不同想法，例如：性別、年齡……等，有助於做出更符合市場的商品。

線上文件儲存廠商──Dropbox 在一開始發跡時，用一則 5 分鐘的影片，測試用戶是否有「文件同步」的需求，並且在影片中講述品牌的服務與理念，當測試影片發布後便吸引了許多用戶註冊，人數從 5,000 名飆升至 75,000 名，從人數可以反映出文件同步、共享的確有市場需求。Dropbox 後來更不斷改進和新增功能，甚至推出商業版 Dropbox，就是利用最小可行性產品測試水溫。由此可知，Dropbox 便是一個極佳的成功案例！

已故美國總統西奧多‧羅斯福（Theodore Roosevelt）有句名言：「It is hard to fail, but it is worse never to have tried to succeed.」所以不應害怕犯錯，而是不斷地試錯、調整，勇敢地面對問題，也是敏捷中很重要的精神。

利用「調適性手法（Adaptive Approach）」，就像教練必須依照選手今日身體狀況、場上發揮、手感隨時調度一樣，因應市場變化而修改計畫，靈活地調動，提早發布試水溫，促使客群盡早提出對產品的回饋，更進一步降低整個開發方向錯誤的風險，如此精準、即時性，是敏捷的重點，也才能讓產品因應隨時變動的市場且屹立不搖。

湧浪規劃法

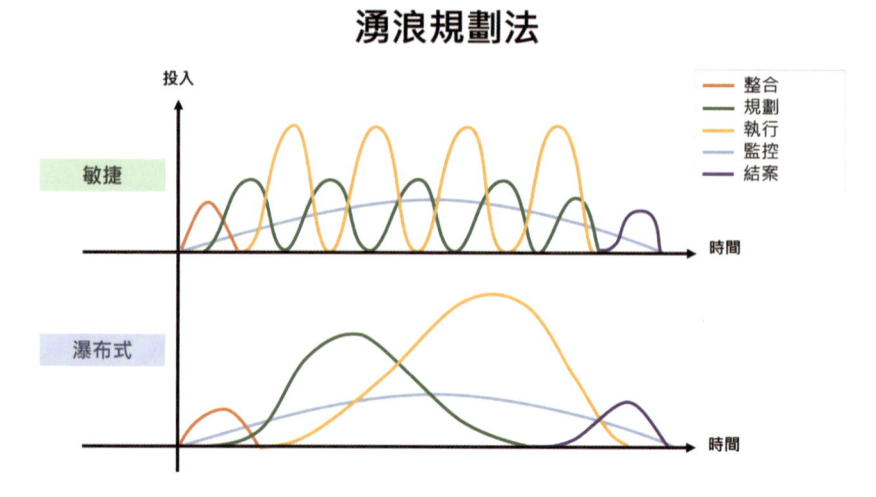

圖 4-2-2：敏捷與瀑布式手法差異

市場範圍在哪？看見你的顧客群

「定義市場範圍」是區隔市場的重要步驟，做對了才能找到目標市場行銷，某些失敗的案例往往是將市場定義為「產品導向」，而非從顧客的角度出發，導致產品不受歡迎。

許多 PO 利用行銷策略中的 STP 要素，確認產品在目標市場中定位，同時結合敏捷思維運用：

- **S（Segmentation）市場區隔**：PO 和開發人員在專案期間必須每日持續的互動，討論溝通，了解每個市場的不同屬性，理解特定區隔與受眾偏好做出不同策略。

- **T（Targeting）目標市場**：及早且持續地交付有價值的產品，是最高的優先順序，因此必須透過精準細分後，以評估哪個市場最適合發展，才能產出高價值產品以滿足客戶。

- **P（Positioning）市場定位**：又稱「行銷定位」，市場隨時在變動，以「顧客導向」是在產品開發的任何階段都「歡迎變更」，轉化為客戶的競爭優勢進而塑造出成功的定位策略，使產品在目標市場中站好站穩。

敏捷無所不在，保持團隊的高度清晰與調適性，即能看見客群，定義市場範圍，找到產品新價值！

跳脫框架 擁抱變更

宋朝思想家張載曾經說過：「學貴心悟，守舊無功。」

品牌若只沉溺於現在，而不考量新市場的變動，總有一天會遭到市場淘汰，好比現今電商的蓬勃發展，加上全球疫情影響，若只守於現場的面對面銷售，市場可能大幅萎縮，最終無法生存。

敏捷準則之一說到「歡迎變更」，即是要明白變更會是常態；大環境變遷、客戶喜好改變……等各種因素，都必須隨時反映在產品中。任何變更都是為了讓消費者買單，所以團隊會用迭代（Iteration）及增量式開發，讓交付產品能有穩定的步調，透過不斷測試與回饋，讓客戶得到真正價值。（請參閱圖 4-2-3：敏捷宣言四大核心價值）

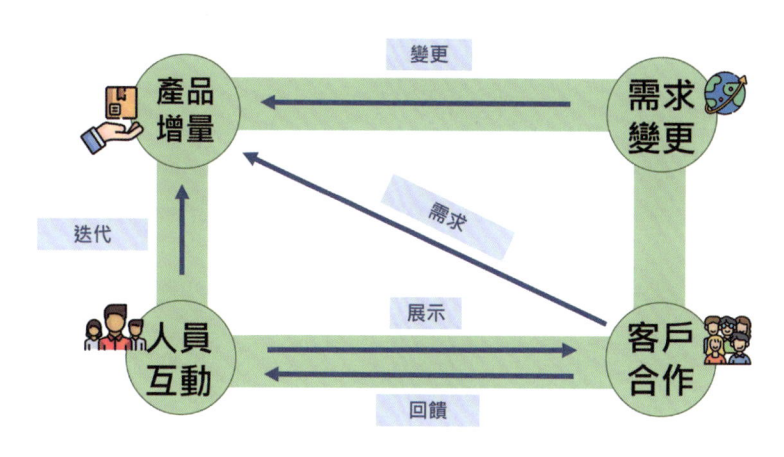

敏捷宣言四大核心價值

圖 4-2-3：敏捷宣言四大核心價值

麥當勞是大家所熟知的速食龍頭之一，但你能想像麥當勞現在也賣「素食」了嗎？近幾年，因為素食主義者（Vegetarian）越來越多，相關的素食市場也越來越大，人造肉的開發造成了前所未有的話題，更激發了麥當勞有不同的做法。2019 年麥當勞與美國人造肉公司

Beyond Meat 合作，於加拿大安大略省 28 間分店推出全素漢堡新產品，測試民眾對於素食肉排的想法，跳脫原本大眾對於「速食＝薯食炸雞」的傳統定義，更加健康環保、符合市場新脈動。而後也影響了其他速食同業，如：Subway、肯德基⋯⋯等品牌都對植物肉展開測試，在在顯示麥當勞即使現有發展極佳，但仍不願守成的開放思維，也唯有此，才能創新麥當勞的面貌。

在敏捷裡 PO 絕不能閉門造車，而是要與時俱進，隨時注意市場的脈動，與團隊歡迎任何需求變更、發現新客群，拓展出更大的需求！

魔鬼藏在細節裡 過程帶領成效 商品暢銷的不二法門

隨時調整創新 讓品牌獨一無二的藝術

UNIQLO 在 1974 年由日本企業家——柳井正創辦，主打「LifeWear 服適人生」，從一家名不見經傳的服飾店，到拓展全球的成功服飾品牌，許多突破與創新的概念手法，打破了大眾對日本企業較為保守的刻板印象。

柳井正在經營 UNIQLO 時便下了經營方針：「以合宜的價格，為每個人提供適合於任何時候及場合穿著的時尚、高品質基本休閒服裝。」、「為創造一個理想的企業環境，摒棄官僚主義，建立理念相通的團隊，並致力於創新的工作，讓人才樂於其中。」、「永不停息質疑」⋯⋯等，有趣的是，這些理念其實都與敏捷思維不謀而合，如：「以顧客導向滿足所需」、「團員成員順暢溝通，保持工作的透明化及高度的自管理」、「隨時調整創新」。在 UNIQLO 經營作法中，不難發現許多敏捷思想，也很適合 PO 們參考其脈絡。（請參閱圖 4-2-4：敏捷思維中團隊健康能滿足產品價值、強化團隊能力及提高交付效能）

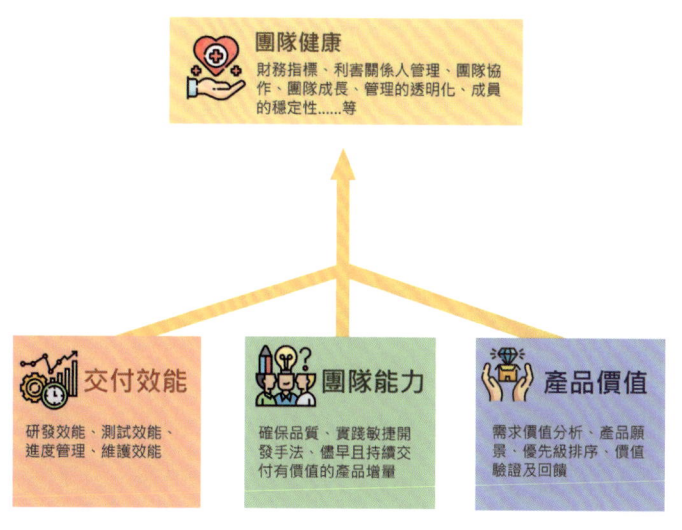

```
                    ┌─────────────────────────┐
                    │  ❤ 團隊健康              │
                    │  財務指標、利害關係人管理、│
                    │  團隊協作、團隊成長、管理的│
                    │  透明化、成員的穩定性……等 │
                    └─────────────────────────┘
                              ▲
              ┌───────────────┼───────────────┐
    ┌─────────────┐   ┌─────────────┐   ┌─────────────┐
    │ 交付效能     │   │ 團隊能力     │   │ 產品價值     │
    │ 研發效能、測試│   │ 確保品質、實踐│   │ 需求價值分析、│
    │ 效能、進度管理│   │ 敏捷開發手法、│   │ 產品願景、優先│
    │ 、維護效能    │   │ 儘早且持續交付│   │ 級排序、價值驗│
    │              │   │ 有價值的產品增│   │ 證及回饋      │
    │              │   │ 量            │   │              │
    └─────────────┘   └─────────────┘   └─────────────┘
```

圖 4-2-4：敏捷思維中團隊健康能滿足產品價值、強化團隊能力及提高交付效能

　　「顧客導向」是許多企業成功的重要因素之一，UNIQLO 也不例外。在產品上市後，通常要確立其有效性，而產品有效性不單只是最終有沒有熱賣這麼簡單，其過程指標也非常重要，PO 必須認知產品要「藉由回饋去探索需求」，也因此 UNIQLO 強調「為客戶做衣服」，依照客戶的意見去做調整，當然為了吸引顧客認真填寫回饋，不論是賣場上店員主動詢問的問卷調查，或是官網的「顧客心聲大募集」，甚至是透過回饋贈送商品券……等方式，就是希望能從客戶手中取得可用的產品使用資訊。之後待收到客戶建議後就立即反應至企劃部、原料開發、生產部，以及店面來改善，在過程中就不斷進行修正。2019 年，UNIQLO 甚至在日本推出了「半客製商品」，顧客在店內挑選半成品，再進一步選擇衣服尺寸、顏色、以及如衣領、袖口……等細節處，製作後買到最適合自己的衣服，柳井正覺得必須改革整個服飾產業，「以改變和顧客的交流方式，讓生產更符合全球每位顧客的個人需求。」不論是商品的優缺點、服務的好壞、店面擺設的美感與直覺性……等，這些過程指標都有利於品牌的進化，最後達成實現高商業價值的最終產品。

敏捷與行銷相互輝映 思維＋作法＝成功！

　　隨著大數據時代來臨，加上近年來疫情影響了全球經濟體，原本的行銷 4P 已不敷使用，而轉變為「新行銷 4P」，而新行銷 4P 的主體概念是——「以人為本」，與敏捷「重視客戶根本需求」相符，可見得敏捷思維一直走在時代前端！

- **People 人**：在大數據時代，以「人」為核心，顧客的變動性難以掌握，因此特別注重「分眾行銷」，利用顧客動態模型將顧客分類，以便知曉顧客喜好，並且隨時按照市場狀態更新模組。而在敏捷準則第二項：「歡迎客戶需求的變更。」在任何階段，即使是晚期皆是。敏捷流程將「變更」轉化為客戶的競爭優勢，隨時擁抱變更，才能擁有高效率反應機制，隨時保持靈活性和調適性。

- **Performance 成效**：PO 必須保持開放心胸，建立協同合作的團隊空間，如敏捷準則第六項：「團隊不論對內或對外，最有效率及效能的資訊傳遞方式就是面對面對話。」因此人員及互動比流程與工具重要，讓團隊成員彼此激勵，且有勇氣提出問題，隨時調整與檢視，而成效也可以說是顧客動態，產品成功及獲利是企業的共同目標，不同產品或分店都應提出不同的策略，不只是制定數據、個性化設定 KPI，團隊更要透明化、雙向溝通，才能看見成效。

- **Process 步驟**：掌握計畫的優先順序、價值導向，有層次的執行方法，敏捷準則第一項：「及早且持續地交付有價值的產品以滿足客戶需求」，過程中找出優先處理的問題、改善既有的內容，或是制定新的方向，有效地將資訊與高價值產品送到消費者面前。

- **Prediction 預測**：「讓店家對顧客說正確的話」，是行銷在預測顧客走向中的關鍵，PO 除了需要「相信專業」，讓專業的團隊帶領開發分析產品，給予良好、透明的環境，充分授權讓團隊完成產品之外，更不能忘記難以預見的各種變化，都必須在開發過程中隨時檢查、學習、調適，不讓產品在尾聲才遭到挫折，導致產品失敗。

「有用才算數」 客戶的信心來自於產品有效

在我創辦長宏，開發台灣 PMP 市場經驗中，也特別重視過程指標的展現，當顧客購買長宏課程後，最終指標莫過於是考取 PMP 證照，學員的錄取率與否也關係於他對產品的信心，所以我當時便知道，提升及掌握過程指標與詢問度是有必要的。在長宏這麼多年的經營下，我們的學員有 80% 是來自於學員的推薦，這是其他品牌或同業鮮少達到的，這代表了學員對我們產品的信心足以推薦他人加入。

有用才算數（Working software is the primary measure of progress）是敏捷思維的重點之一，也是我在產品推行中所重視的，不只是賣出產品，更要可以解決顧客當初購買產品時

的痛點，如此就必須在產品設計上更加用心，如：透過共好文化，讓學員互相鼓勵切磋、並安排專業的輔導教練引導協助、在學習過程中成為學員及企業的橋梁，能即時發現問題且有效地釐清與解決……等，這樣的做法能讓學員因感受到長宏的用心而產生信心，而這份信賴感推使他們能正確使用產品及配合課程教學，最終順利取得證照。

除此之外，我也利用多種行銷管道和說明會……等方式，推廣 PMP 的重要性，在高度曝光下，提高能見度及詢問率，從中也可以看出哪些產品內容需要修正，來達成最終目標。而後在推廣敏捷人才培訓時，我創立了「台灣敏捷部落」，邀請知名敏捷實踐者、高階主管，每月上線與大家分享敏捷思維，這些敏捷大師的人氣也帶來不少話題，同時也形成口碑，因此吸引更多人詢問，達到不錯的成效。

因此，只有客戶認可過且可實現商業價值的功能，才是評估進度的重要指標，而 PO 也必須帶領團隊在開發中持續的修正，才能創造高價值的產品與維持其有效性。

失敗又如何？在失敗裡汲取經驗 創造新成功

我們每天都看到成功的產品在市場流通，有的熱銷造成轟動、有的受顧客長期青睞，但其實有更多商品因為各種原因而黯然退場。Apple 在 1993 年推出 Apple Newton，是一款如同掌上型電腦的個人數位助理（Personal Digital Assistants）商品，雖然商品發布中做過許多修正，卻仍不敵當時手寫系統技術不足、找不到市場定位……等因素，在 1997 年正式停產。

「反省求進步」是敏捷準則中重要一環。我們強調在專案過程中，與團隊不斷的省視自我、反覆找出需要改善的方向及目標，比起專案末期或結束後才檢討，能更掌握學習改進的契機，以 Apple Newton 的案例來說，若是能在產品開發過程中找出問題，發現無法進入市場銷售且停止開發，定能即時止血，減少各種損失，過程中持續追蹤改善、確認成效，這也是敏捷中很重要的思維。

失敗又如何？

「失敗為成功之母」絕不是老生常談，省思並調整（Reflect and Adjust）這項敏捷準則適用於所有產品開發，PO 必須認知不要害怕失敗，與團隊勇敢地試錯，再不斷地精進，即使現下這個產品失敗了，這些正向循環也必定替未來帶來新成功！

需要工具／技術

🎯 用心看見需求 帶領組織前進 PO 如何見樹又見林

專注品質 維持品牌高度 PO 必須堅持的事

在敏捷工作中，產品在開發過程會不斷地修正，並且最終交付最有價值的商品。「有價值」的商品不僅包含客戶買單、具有效益、讓企業獲得高報酬，更涵蓋了產品本身的品質良好，所以才能在投入市場後獲得迴響、得到肯定，進而創造品牌價值與高度，因此，將品質做到最好，絕對是 PO 必須堅持的事。

捷安特（GIANT）便是專注將品質做好的表率，捷安特可以說是台灣驕傲的全球品牌，即使在市場上有眾多競爭者，仍然屹立不搖，銷量更是蒸蒸日上。從早期代工生產美國自行車，到將捷安特推向國際，一直秉持著「對品質與品味的堅持，始終如一。」的理念，猶如敏捷準則第九項：「持續注重在專精的技術及良好的設計，不只是交付客戶產品，更要時時確保產品的功能與設計是簡潔而有效率的，並且保持靈活性，才能產出具有高品質的產品，受到顧客喜好。」

巨大機械工業（捷安特）在 1980 年遭 Schwinn 無預警撤資後，便決定自創品牌以捷安特（GIANT）做為插旗全球的品牌名。對捷安特而言，進軍歐洲是一個很大的挑戰，一開始的產品完全沒辦法達到歐洲消費者的需求，創辦人——劉金標致力改善產品，實踐敏捷思維裡的持續整合、頻繁驗證確認，特別成立 IA（Industry Art，工藝）生產線，集合廠內表現最好的技術工，以「創造藝術品」的工藝精神，讓捷安特在國際站穩腳步。如同捷安特一樣，PO 必須帶領團隊時時專注於品質的維持與改善，唯有好的產品，才能維繫品牌價值的聲譽！

積極獲得回饋 獨立檢視需求 帶領團隊展現效能

產品進入市場後，會在流通過程中看見不同的需求與回饋。PO 須引導團隊正視這些需求，並且針對產品再做改善加強，除了完整產品本身外，更是 PO 身為產品負責人的義務！

如同敏捷思維：「商業價值不是一時的，能夠在未來迅速反應並修正，才能維持品牌信任。」捷安特以「一地購車，全球服務」的理念，創建了完整的售後服務系統（包含選車資訊、維修、租賃……等），藉此了解客戶意見調整新的需求與服務。

因此每個產品進入市場後，得到的意見與顧客需求，都必須視為獨立的狀態去解決，才不會讓問題互相干涉，導致混亂。好比捷安特當初進入自行車市場，希望能夠給騎乘者更輕更快的體驗，開創性地利用碳纖維開發自行車，自行車從此不再笨重，搖身一變成為輕便休閒的高質感配件，讓市場為之轟動，但全車體碳纖維價格實在太高，無法達成高銷售，在市場的反應下，捷安特團隊便利用鋁合金加上碳纖維結合開發，符合市場上想要輕薄車身又不想要價位太高的需求。

隨著市場需求改變，捷安特也不斷地做出調整。專業公路車、競賽車款上各種不同的配備改造加強，配合不同領域使用者的需求，2008 年還成立了 Liv——全球第一個女性專屬的單車品牌，以女性的角度，打造量身訂做的自行車產品。這些顧客需求和想法不一定會同時間出現，但捷安特認知到「顧客導向」的重要性，並且將各種需求獨立檢視再對車體進行改善，敏捷強調專注開發產品的核心與必要性、單純不繁複，團隊必須展現自管理能力，透明且有效率地面對問題、解決問題。捷安特的企業經營，能讓 PO 們窺見如何解構顧客需求、符合期望以及開發團隊高效能的展現！

品質決定價值 價值取決於品質

對於 PO 而言，如何設定產品價格與市場取向是一大課題。若競爭者以價格戰試圖打亂市場，要如何維持品質又要同時掌握客群非常重要。若是貿然跟隨降價，可能會進入削價競爭的紅海之中，但堅持價格，又是一番取捨與抉擇。

當初我在推行 PMP 時也遇到相同問題：部分同業以低價策略行銷，但我從不認為打低價的策略是長遠之計，必須回到源頭，將課程本身盡善盡美，主動關心並發現學員需求，讓學員有所成效，成功考取證照，如此反而能產生市場區隔，讓市場清楚產品品質與成效的差異，這才是品牌價值的真諦！

敏捷思維提到：只有客戶認可過且能夠實現商業價值的功能，才是評估的主要基礎。顯見開發產品必須是「客戶想要且需要的」，迅速得到客戶的回饋與認同，這樣的高商業價

值產品不僅不需要降價求市場接受，甚至能創造價格區間，建立不同屬性客群的需求，並維持品牌本身的高度。

實踐敏捷思維 確立產品價值最大化

捷安特前總經理——羅祥安曾說：「一個組織需要各式各樣的人才，領導者的責任是做人才的後勤部隊，並且秉持協同合作創贏。」指的是集團的每一人有共同目標、同心協力，創造贏的局面，讓個體能充分發揮，又能達到集團綜效最大值。就如敏捷思維中，PO 必須是產品負責人更是整個組織的後盾，身為 PO 要塑造的是全員逐步完善的文化，針對需求迅速回應、獨立檢視解決問題，給予組織充分的信任與授權，不論職務高低，全體通力合作，確立產品價值的最大化，促進企業成長。除了開發產品更要重視組織裡的每個人、隨時檢視市場需求與調適，敏捷思維不是教條，而是能夠落實於任何經營團隊的協同合作方式！

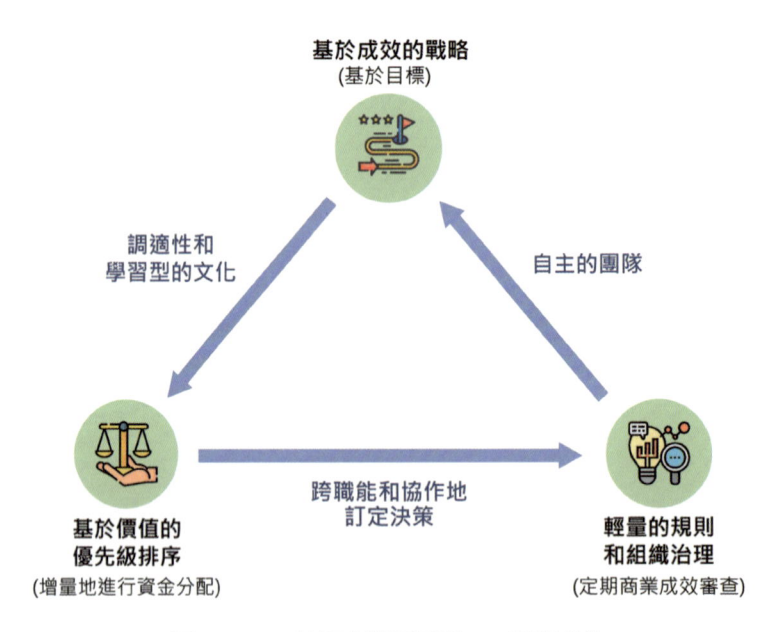

圖 4-3-1：敏捷自管理團隊——引領成效

🎯 綜論開發流程注意要點 讓產品正中紅心！

前文中提到許多開發流程的要項，但最終 PO 及團隊的目標，都是為了開發出具有商業價值、解決顧客痛點的產品，但在過程中有一些要點值得留意，本節將一一分析。

創造好產品的前提＝正確的願景＋團隊齊心合作

正確的願景會不斷提醒大家正在做的是什麼事，以及這件事為何重要。這些願景能喚起成員的內在動機，跟隨願景一同做出成績，並且激發組織上下所有人，讓每個人理解自己所做的事對組織的願景有何貢獻。

Apple 創辦人賈伯斯曾在紀錄片《遺失的訪談》中說道：「正是因為團隊合作，這些精英相互碰撞，以辯論、對抗、爭吵、合作，相互打磨，磨礪彼此的想法，才能創造出美麗的『石頭』。這很難解釋，但顯然這並不是某個人的成就。人們喜歡偶像，大家只關注我，但為 Mac 奮鬥的是整個團隊。」因此整個團隊齊心合作非常重要，而 PO 也必須創造出自管理文化，讓成員互相磨礪彼此，創造出美麗的石頭。如同敏捷準則中：「激勵專案團隊自動自發，提供給他們所需要的環境與支援，相信他們會使命必達。」、「最佳框架、需求與設計是來於自管理的團隊。」

Apple 的開發團隊極度重視細節，就連設計也常讓人驚呼連連。Apple 系列產品設計能夠獨樹一格，主要也是透過團隊互相磨合、吸取彼此專業而成。他們讓工業設計師坐在字體設計師旁邊，也可以讓音響設計師、運動圖形專家、色彩設計師、軟材料開發專家……等共同密切合作，連 iPhone 包裝盒的外包裝設計，也讓成員思考要如何確保開箱體驗？容易撕開嗎？材料環保嗎？團隊反覆激盪，利用自管理文化和敏捷流程，不斷地調整，才能讓產品有如今的成就。

「Plan to Replan」 滾石不生苔

傳統的瀑布式開發是 Defined Processes（預定義的流程），而敏捷則是 Empirical Processes（經驗主義的流程），在規劃手法上前者重視「精確的事前規劃與估算」；而後

者更重「過程中逐步細化計畫與估算值」。「經驗主義的流程」藉由回饋來探索真需求，並且不斷地檢查、學習、調適。

敏捷重視規劃，但並非強制按照計畫（Enforce the plan）且控制變化（Control change），因此在事前規劃上希望能「Plan to replan」，因應市場變化，在不同的細節層次上進行規劃，而且不只進行一次，以下幾項重點可讓 PO 們參考。

沒有能絕對事前了解全貌的計畫

一般 Defined Processes（預定義的流程）強調 Plan in details（詳細規劃），但敏捷理念中認為開發過程中機會與威脅是「難以預見的」，全然透過事先詳細計畫照本宣科，容易導致產品不具靈活性，很可能直到開發完成投入市場後才發現產品失敗，敏捷工作流程盡力避免這樣的狀況發生，因此只在早期產生部分的規劃，而非嘗試要在一開始就產生所有的規劃細節，才能在事前規劃與即時規劃之間取得良好平衡。

保持意見開放、調整與重新規劃

敏捷注重透明化、扁平化組織，PO 與團隊成員間能夠保持良好的溝通，並且時刻保持開放心胸看待任何意見，因而在規劃上也能與時俱進，許多失敗產品追根究柢是因為太重視事前詳細計畫，反而忽略了「持續規劃」，團隊為了遵循繁瑣的計畫書開發，一旦發現實際狀況與計畫有所出入時，卻無法根據變化反應，最後停滯不前。因此，我們要認知——「明白實際地形永遠比地圖來得重要」，遵循 Scrum 原則，著重針對變化做出回應所帶來的價值，並且能夠重新修正事前擬定的計畫，持續發現及填補落差。

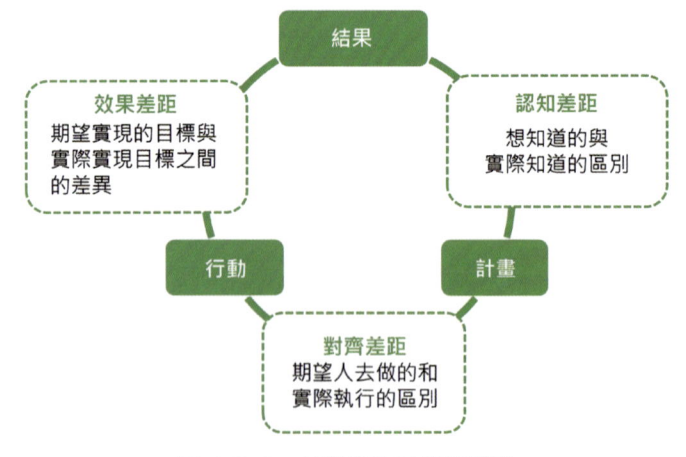

圖 4-3-2：持續發現及填補落差

小型且頻繁的版本發布活動

藉由小型且頻繁的發布，能讓開發人員以輕鬆、低成本地回應變化和不確定性，提供更快的回饋資訊，並改善產品的投資報酬率。敏捷強調要能頻繁地交付可見的、可用的成果，並且持續地去優化成果，利用漸進式地開發，完成市場接受的部分功能，甚至藉由多次版本發布的方式，比起單一產品版本發布更快達到損益平衡點，提升各週期的獲利！

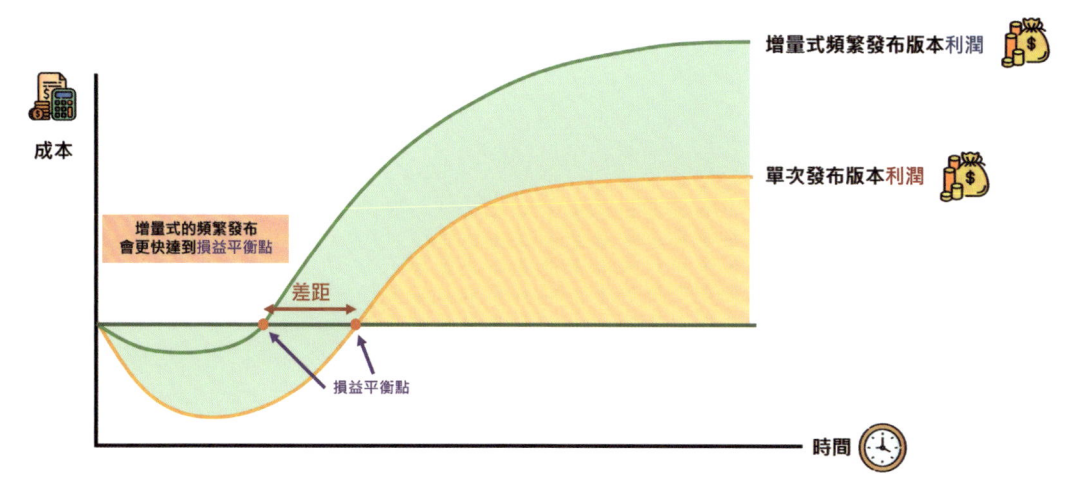

圖 4-3-3：頻繁的版本發布經濟考量

規劃是為了邊前進邊學習，並且快速應變

Learn as we go（邊前進邊學習）是經驗主義流程的原則之一。我們建構的計畫以學習為關鍵，透過取得回饋來做出應變，或重新設定目標。未來永遠充滿不確定性，因此股神巴菲特（Warren Buffett）說：「不確定性是長期價值投資者的朋友。」變化必然會發生，也能讓人透過學習到的知識來轉換方向，敏捷團隊必須保持靈活調適力應變一切，以校訂專案的初期設定，朝客戶心中修正的理想前進。

以客戶為中心 打到痛點 擁抱變更

打造能夠解決客戶痛點的產品、實現客戶的商業價值，是每個開發團隊的最終目標，敏捷工作流程強調團隊專注在交付客戶可以實現價值的產品，並且確保相關品質，最重要的是，必須具有強大調適力、擁抱變更，才能在市場中求新求變、站穩腳步。

網路零售商龍頭──亞馬遜公司（Amazon.com, Inc.），本來只是線上二手書銷售平台，如今發展成全球市值最高的公司之一，亞馬遜怎麼辦到的？

「客戶至上」（Customer Obsession）即是他們的最高原則，在動盪的市場中，亞馬遜仍堅持此信念，靈敏且彈性地調整現下目標。2002 年年初亞馬遜破天荒的對訂購金額在 100 美元以上的顧客實行「超級免費送貨服務」（Free Super Saver Shipping），雖然投入巨額的物流成本，卻因此解決了顧客因運費高昂而猶豫不決的痛點，亞馬遜銷售金額翻倍成長，遠遠超越投入的物流成本，更帶來了大量新客群，創辦人傑夫·貝佐斯（Jeff Bezos）從此決定將此列為永久性策略。

除了線上銷售之外，亞馬遜也展現對線下銷售的野心，善於觀察市場的貝佐斯曾說：「如果我們的思路發生轉變，也許亞馬遜會開設實體店。」根據 Worldpay 發布的《2016 年消費者行為和支付行為報告》，39% 消費者認為，「排隊結帳」是實體消費經驗中最不愉快的一環，甚至比在店內尋找商品及比價還來得令人煩躁。因此，「拿了就走」的無人商店 Amazon Go 正中消費者紅心，貝佐斯曾說：「科技趨勢不難發現，只是對大企業來說，擁抱趨勢並不簡單。機器學習和人工智慧是當前的重要趨勢，也是亞馬遜這幾年來努力的方向。」Amazon Go 內使用的大量智慧科技也體現了亞馬遜從不停下腳步，迎向趨勢、與時俱進。

亞馬遜企業原則之一是「持續學習並隨時注意新的潛在機會」，如同敏捷經驗主義流程強調的透明性（Transparency）、檢視性（Inspection）、調適性（Adaptation）。一項成功產品的開發需要重視許多細節，利用工具與方法能夠有效辨識出目標，而最重要的是，PO 與團隊必須具備靈活性、隨時應變，進而擁抱成功！

Chapter 5

多重 Release 的策略目標

敏捷開發的用意就是價值導向交付，但面對瞬息萬變的市場，產品在正式上市前，會不斷透過階段性發布來完善產品功能，此舉不僅能測試使用者的接受度，同時也能因應環境變化調整，PO 如何掌握時機及競爭優勢就是致勝關鍵。本章將帶領 PO 領會改變的精髓，透過「Release」的過程，並結合策略目標及創新思維，為產品帶來真正的商業價值。

為何要完善產品

如何完善產品 創造商業價值？解析開發方式的箇中技巧

產品難以一步到位！開發的最佳方式——Scrum

敏捷中很重要的理念是「擁抱變更」，因為我們無法預估在產品開發過程中，充滿變動性的市場會有什麼改變，以及產品在一開始被列為需求的項目功能是否受到客戶滿意。因此，採用迭代與增量的開發手法，能更有效率的完善產品，並讓有價值且受歡迎的產品進入市場。這裡將針對如何完善產品的方法詳細介紹，讓我們一起了解敏捷與傳統工作流程的差異與運用技巧吧！

傳統的瀑布式是計畫導向的開發，假設能在事前規劃好一切，然後一路開發到底，產品各個部分到後期就自然拼湊完成，但敏捷專案交付原則是「漸進與調適性規劃方式」

（Progressive and Adaptive Planning），Scrum 的基礎是迭代式與增量式開發（Iterative and Incremental Development），並且可以同時存在，但這兩者仍有一些差異，以下分別說明之。

迭代式開發（Iterative Development）

　　Iteration（迭代）是重複回饋過程的活動，其目的通常是為了接近所需的目標或結果。每一次對過程的重複稱為一次「迭代」，而每一次迭代得到的結果會作為下一次迭代的初始值。迭代長度約 1~4 週，通常是越短越好。因為可以降低失敗風險，也能趁早發現問題、調整方向及提前實現客戶價值，有助於利害關係人的持續參與即時回饋。在展示漸增性成品給客戶時，客戶會看到他所要的功能 IKIWISI（I Know It, When I See It），讓客戶進一步回饋，找出其真正的需求，同時也可以調整下一個迭代的使用者故事優先順序。

　　所謂「人非聖賢，孰能無過」，迭代式開發認定一件事實──「成功前我們一定會先出錯」。在把事情做好前，必定會遇到許多挫折，所以，就其真正的意義來說，迭代式開發是一種有計畫性的重工策略（Rework Strategy），透過不斷試驗，改善我們正在開發的產品、提煉出一個好的解決方案。以雕刻為例，雕塑家選擇一塊大小合適的石頭進行雕刻，也許可以在過程中看見頭部與軀幹的雛型，並且判斷要完成的是一個人的身體。接下來，雕塑家透過添加細節來完善他的作品。好比為了了解不熟悉的產品內容，建立一個原型（Prototype）來獲取相關知識，然後修改這個版本讓它變得更好，最後就有機會得到令人滿意的版本。敏捷利用迭代的開發手法，定期審視規劃的內容，也就是「Plan to Replan」，視情況將其細緻化與修正完善。因此，迭代式開發是產品在開發時進行改善的絕佳方式。

增量式開發（Incremental Development）

　　增量式開發的基礎建立於──「先建構一些，再建構全部」，開發人員避免在開發快結束時出現一個龐大的項目，最終把分散的各部分拼湊成一個完整的產品，應該是將一個產品分解為數個較小區塊，讓我們能夠先建構一部分的產品，再根據我們學習到的進行調整並建構更多。

　　增量式開發可再分為兩種：

- **全部完成才能使用**：如圖 5-1-1 增量式（Incremental）的畫作，只完成部分區塊是無法販售的，唯有全部完成才是完整畫作，也才能正式發布（Release）販賣。

- **已做好的可以先使用**：好比開發一個 WORD 的專案，首先開發出文件管理（保存與讀取文件）、基本編輯功能……等，即可先發布使用，其他不太常用的功能可以後續再開發。

同樣以雕刻為例，在增量層面而言，雕塑家會選擇其作品的一部分，完全專注直到完成。例如：一個小的增量（首先鼻子、眼睛而後嘴巴……等）或大的增量（頭部與軀幹及手臂……等），但無論增量大小如何，雕塑家都盡可能完成該增量工作。

增量式開發的優點是能夠清楚開發的進展，過程中也能調整開發工作，並改變進行的方式。每一步增量都實現了一個或多個功能與用戶需求，包含所有早期已開發的增量加上一些新的功能，讓整個開發在逐步累積的增量中增長。

迭代式開發的最大缺點是：「當存在不確定性時，事前很難規劃要改善的次數。」

增量式開發最大的缺點是：「因為都是分段建構，所以有遺失全貌的風險。」

以圖 5-1-1 為例，迭代式能看見畫作先有草圖而後慢慢精緻化，進而逐步完成，但在這之前很難確認要改善的次數及所需時間；而增量式則是一個一個區塊完成畫作，但分段建構無法得知全貌，只有部分區塊的畫作是無法販售的。

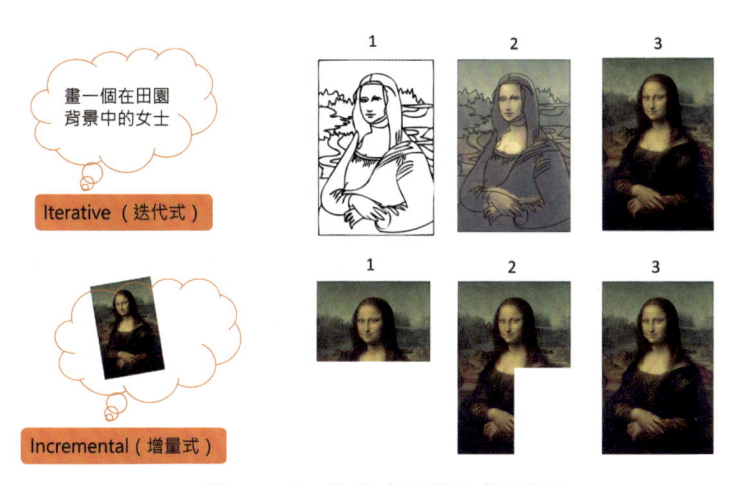

圖 5-1-1：迭代式及增量式示意圖

圖片參考來源：Jeff Patton

表 5-1-1：迭代式及增量式開發比較表

	迭代式開發（Iterative Development）	增量式開發（Incremental Development）
特點	1. 有規劃地修正策略 2. 定案前多方嘗試 3. 透過不斷實驗以改善產品	1. 先建部分，再建全部 2. 化整為零，分批交付 3. 依照所學習到的調整
說明	建立一個試用模型，來取得相關知識再修改，使其變得更好。	能夠調整內部的開發工作，並改變進行的方式。
缺點	當存在不確定性，很難確立改善的次數。	分區塊建構，會看不見全貌及各區塊整合問題。

但 Scrum 兼具了迭代與增量式開發的好處，也避免了兩者獨立使用時的缺點，利用一連串可調整且時間長度固定（Time Boxed）的迭代進行。每次的迭代稱作 Sprint，每一次的 Sprint，都會完成部分產品功能，並且確立一部分的分析、設計、建構、整合與測試工作，這種一次性完成的方法，有利於快速驗證開發產品功能時所做的假設是否有效。

「橫切不如縱切」 創建有價值的產品增量

敏捷交付原則中提及：「在每個 Sprint 以端到端思維建立增量並專注高品質」（Build quality in every sprint with end-to-end mindset）。簡單來說，Scrum 並非每次做一個階段的工作，而是每次做一個客戶可用的功能（增量），這樣一來，在 Sprint 結束時就可以創建一個有價值的產品增量。在收到 Sprint 的回饋（迭代）後，再進行調整，並且在接下來的 Sprint 中選擇開發其他功能或是修改並建構下一組功能特性。

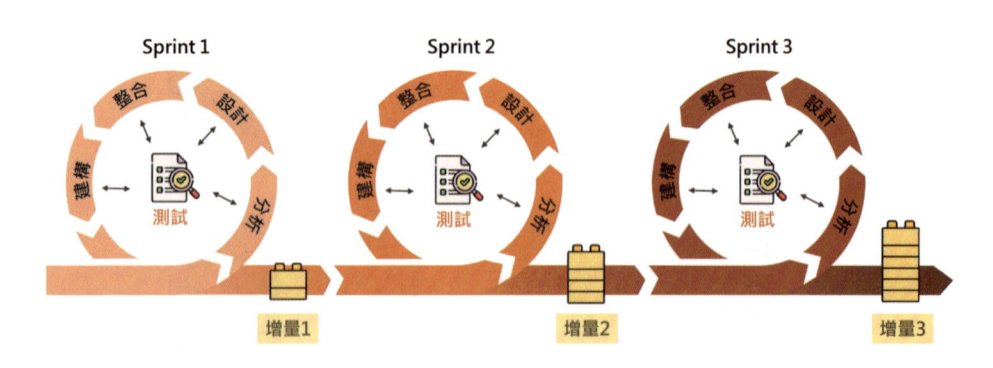

增量：Sprint 審查跟回顧做回饋，回饋意見會到下個 Sprint 的待辦清單。

圖 5-1-2：迭代式＋增量式開發模式

Scrum 的增量是每個迭代都可使用的，但傳統瀑布式則無法，在 Scrum 的工作流程下，假設做的網頁只有基礎功能，但做完即可馬上發布，讓客戶看見產品價值，再透過回饋調整修正，但瀑布式若沒有開發到底，無法看見產品成果與價值。因此我們以切蛋糕（如圖 5-1-3）比喻兩者差異，最有利於產品開發的成效是——「橫切（傳統）不如縱切（敏捷）。」

傳統 vs. 敏捷
橫切 vs. 縱切

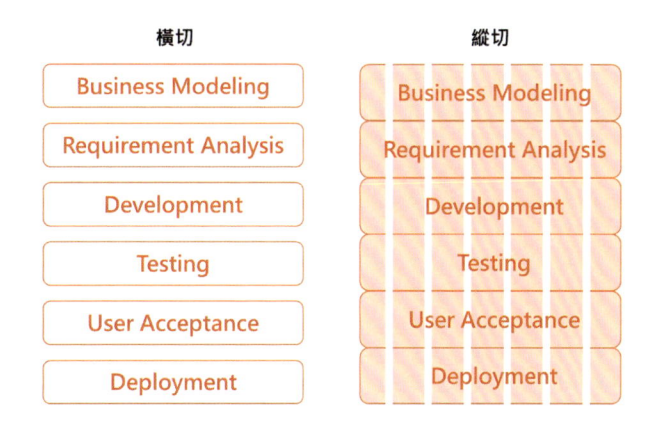

橫切	縱切
Business Modeling	Business Modeling
Requirement Analysis	Requirement Analysis
Development	Development
Testing	Testing
User Acceptance	User Acceptance
Deployment	Deployment

圖 5-1-3：傳統（橫切）vs. 敏捷（縱切）

及早發布「可用的」產品 站穩開發優勢

在完善產品的過程中，敏捷強調「與客戶、使用者頻繁直接交互及共創」以及「及早且持續地交付有價值的產品以滿足顧客所需」。因此會透過「可用的」產品進入市場，讓客戶回饋後再持續進行產品優化，對比傳統瀑布式工作流程，能有更多開發優勢，以下讓我們來分項討論。

- **找出客戶需求、及早發現問題**：如前文所說，Scrum 的工作方法能夠讓迭代與增量式開發同時存在，因此能夠及早將最小可行性產品投入市場，除了試水溫之外，更能透過此找出客戶需求、及早發現產品問題並且盡快改善。

外送平台 DoorDash 是美國市占率第一的外送平台，創辦人 Tony Xu 一開始與夥伴只用 45 分鐘創建了一個 MVP（最小可行性產品）測試網站，先針對 Palo Alto 地區（史丹佛大學所在地）了解客群屬性與需求，進而發現商家因無法預估人力，十分需要

合作的外送人員；買家也希望能夠在短時間內得到所需的商品，因此 DoorDash 透過客戶回饋與探索需求，不斷地修正改善，至今成為美國最大的外送公司。

- **搶佔市占率**：傳統瀑布式開發是層層分工，每個階段都必須各別全部完成，再將各部分拼成完整的產品，因此直到開發真正完成花費甚久，無法快速占取先機，好比與我們生活已緊密結合的 LINE，如果用瀑布式方式開發可能要花費三年以上的時間，這樣的速度以現今變幻莫測的市場，市占絕對會被其他通訊軟體搶走甚至被淘汰。因此，LINE 利用敏捷工作流程，平均每三至四週發布一個新版本，客戶可以及早下載使用，越多人下載就更加提高 LINE 的市占率，才能不斷地成長，成為市值 65 億美元的資訊服務公司。（以用戶人數看，LINE 全世界用戶 1.86 億，LinkedIn 則是 7.4 億人；而微軟以 262 億美元收購 LinkedIn，因此換算 LINE 的市值上看 65 億美元。）

- **創造極大化商業價值**：極大化的商業價值絕對是開發產品的最終目標，能夠提升價值的產品才能替公司帶來營收；能夠滿足客戶需求、解決痛點，才能增加產品的價值與利潤，因此商業價值與客戶需求息息相關。但唯有良好商業價值的產品，才能讓 PO 與團隊繼續針對市場需求調整與優化。好比當初 LINE 創辦人李海珍與團隊開發 LINE 時，無非是希望能夠產生商業價值，若只是一昧符合眾人需求卻無人下載使用，到頭來只是一場空，LINE 也絕對無法像現在一樣不斷地在版本上精進與延伸商業觸角。因此任何產品開發都要基於商業觀點出發。那麼，什麼樣的開發流程，能夠快速看見商業價值？敏捷，絕對當仁不讓。

用對工作方法 永遠要比競爭對手學習得更快

商業理論學者艾瑞・德格斯（Arie de Geus）曾說：「唯一持久的競爭優勢，就是比你的競爭對手學習得更快的能力。」因此，我們必須持續不斷地學習改進，才能將產品開發盡善盡美，而開發團隊如何獲得這樣的能力呢？透過使用的工作方法十分重要，利用敏捷開發，能夠讓 PO 與團隊看見其優勢，更能掌握運用技巧！

越簡單 越有效！完善產品必知——「簡潔至上」

「簡單是美」看似是一個易懂的原則，但我們往往都未能真正理解；而簡潔（Simplicity）更是打造易於使用的最小功能產品的指標，甚至是現今許多經典商品，都具備了簡潔特性，接著便著重於簡潔對完善產品的重要性與其延伸重點。

簡單是美 造就工作流程良性循環

敏捷準則第十項：「簡單是美，如何將不需要的工作項目數量最大化是重要的。」（Simplicity - the art of maximizing the amount of work not done - is essential.）但在現實狀態下卻容易被忽略，我們應注意簡單本身的意義如下：

- **遺忘「簡單」＝浪費與缺乏效率**：團隊可能花了太多時間詳細描述需求與構建，最終卻發現沒有達到目標，缺乏效率且浪費成本。理解需求並構建滿足該需求的最簡單解決方案，必要時逐步建構，直到客戶滿意為止，這才是敏捷的核心。

- **落實「簡單」＝最大化不需要的工作項目**：PO 必須認知，給予團隊產品的願景與靈魂，讓團隊集中於目標與產品需要，並且能夠專注於「簡單性」，最大限度地減少不需要的工作，就越接近能夠提供最高商業價值的產品。因此，我們必須回到開發的基本原則，試想每個功能是否都是需要的？這樣做是否能增加商業價值？極限編程（Extreme Programming, XP）的創造者肯特‧貝克（Kent Beck）曾說：「如果簡單是好的，我們應始終提供當前功能的最簡單設計。」識別基本的、最低限度的元素，消除不必要的浪費，才能做出更好的產品。無論有哪些新功能或需求的構想，都要以產品的成功為宗旨，這樣才能夠打造出不繁雜的簡潔產品，並且與工作效率呈現良性循環。

因此，「簡單且將不需要的工作項目數量最大化」是必不可少的。簡而言之，為了達成有效且有價值的產品，利用最簡單但不斷精益的方式執行工作，逐步地改進和擴展，直到完善產品為止。

確保簡潔而有效率 只開發客戶想要的！

敏捷強調──「除了專注在努力工作以交付客戶可以實現價值的產出物外，開發人員也要確保相關產品功能的設計是簡潔、有效率的，而且要保持相當的靈活性。」

Standish Group 的 Jim Johnson 發表了一項研究，發現在系統中使用的功能，從未或很少使用的功能總數高達 64%，而有時、經常及總是的比例分別佔 16%、13% 和 7%（如圖 5-1-4），所以其實過半數以上的軟體功能與相關特性，對用戶而言完全無法展現任何的商業價值，這些幾乎沒有實現商業價值機會的功能與相關特性，反而造成開發的複雜性與難度，進而減低整體產品的可靠性，增加後期需要維護的成本。換句話說，我們的大部分精力通常都花在創造客戶不使用或不想要的東西上。

典型系統中常用的功能與特性

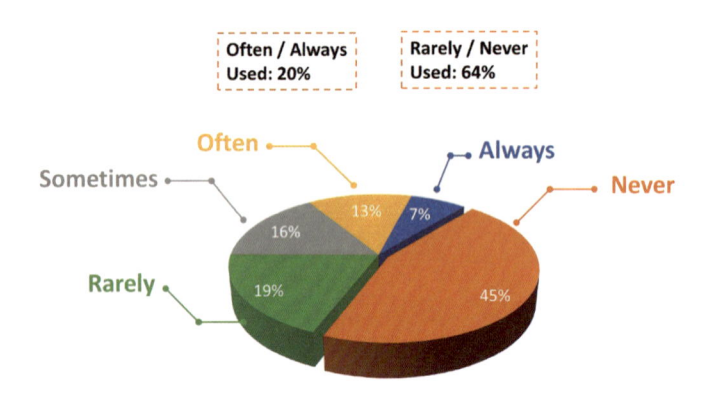

Often / Always Used: 20%
Rarely / Never Used: 64%

- Always 7%
- Often 13%
- Sometimes 16%
- Rarely 19%
- Never 45%

Standish Group Study by Jim Johnson, Chairman

圖 5-1-4：典型系統中常用的功能與特性

因此，「簡單不繁複」是敏捷很重要的準則之一，我們應該專注開發這些「經常使用和始終使用的功能」，才能真正創造最大商業價值的商品。

極限編程有五大價值觀，其中之一即是簡潔：「強調產品開發要專注在降低複雜性與減少不必要的浪費。」

簡潔（Simplicity）這個字的意義就是要專注與開發真正的核心必要功能與特性，太過複雜的專案及產品需要更多的時間與心血完成，且會面臨更久與更多的不確定性，當然就會有更高的機率造成不必要的成本浪費。

敏捷希望從最簡單且最核心的功能與特性出發，打造成功的產品。這並不是為了想省事，或是完全不考量未來可能延伸的功能與需求。相反的，此準則強調的是從產品最簡單的核心功能開始，就如上文所提及的：「最大化不需要的工作項目」，這樣的做法，不僅可以降低過度投入與方向錯誤的風險，也可藉由產出核心功能的機會，強化客戶對於整體開發人員的信心。

因此，簡潔可促使打造出具備易於使用的最小功能產品，且有許多開發上的優勢，請參閱圖 5-1-5：越簡潔越有效趨勢圖，說明詳列如下：

越簡潔越有效

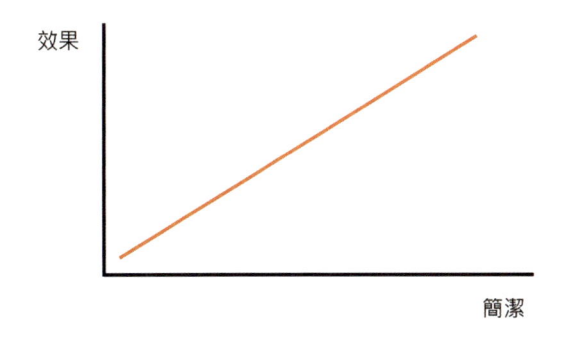

圖 5-1-5：越簡潔越有效趨勢圖

- **讓產品更加卓越**：敏捷準則第九項：「持續注重在專精的技術及良好的設計，可強化敏捷的優勢。」好的設計應該擁抱變更，甚至駕馭它，而「簡潔」即是達成目標的原則之一，因為更簡單的設計將具有更高的品質，能夠適應變化。敏捷是不斷地持續改善，讓品質、設計及功能……等越趨完整。所以，越簡單的設計越靈活，越有機會完善且卓越。

- **穩定的步調、更聰明的工作**：敏捷準則第八項：「敏捷工作流程強調穩定發展。PO或客戶代表、開發人員與用戶應合作並保持長時間的穩定步調。」我們需要的是開

發人員更聰明的工作，而非只是努力工作。過度繁複的產品規劃與長時間工作，會造成團隊失去向心力，導致產品開發不良，而簡潔道理運用在此，即是讓團隊步伐穩定且協調，正是因為更簡單的設計更加容易、可預測及可維護，並且更不易產生技術債。

- **持續交付有用的產品**：敏捷準則第七項：「可正常運作的產品是主要衡量專案進度的指標。」敏捷強調要專注的是已交付的商業價值，只有客戶認可過且可實現商業價值的功能，才是評估進度的主要基礎，為了持續達成「有用才算數」，簡潔能打造易於使用的最小功能產品，也讓團隊更有效且確實地交付結果。

- **頻繁交付有價值的產品**：敏捷準則第三項：「不論週期是數週或是數月，要定期且頻繁地交付正常運作的產品，其週期越短越好。」敏捷的首要任務即是透過頻繁交付工作產品來滿足客戶，因此越簡潔越能讓團隊快速完成迭代，持續的分享與展示工作成果，並獲得常態性回饋。這種機制，是一盞幫助釐清方向且永不熄滅的明燈。因為「簡潔」，才能頻繁交付、滿足客戶所需。

看見簡潔創建歷久不衰的暢銷商品

綜觀上面幾點，可以發現「簡潔」幾乎貫穿著敏捷工作流程，它是開發產品中不可或缺的原則，而我們也能看見市面上歷久不衰的高價值產品，通常都具有「簡潔」的特性，讓我們來看看這些暢銷商品的簡潔原則吧！

Apple

曾經有人說：「Apple 的奢華語言是簡潔，簡潔是最極致的複雜。」自 2001 年代「口袋裡裝 1,000 首歌」的 iPod，一直到 2007 年代簡約設計的 iPhone，Apple 向來執著於簡潔，俐落外形與使用方便是簡潔的必要元素。因為賈伯斯相信，人們與物品的互動產生火花時，品牌忠誠度就會增加。

好比 iPod 的點按式轉盤，按鈕在選盤之中，設計簡潔又同時能提供所有必須功能；iPhone 向世人介紹觸控式螢幕：「我任你滑」，簡單卻富有力量；Apple 替 PowerBook 選

擇鋁殼，鋁比其他多數材質輕盈，不僅讓機身更輕薄，熱傳導也較佳，而且鋁殼外型更有特色，如同某支 iMac 廣告所言，Apple 科技「就是這麼酷，就是這麼簡單。」

Google

Google 也明確地將「簡潔至上」作為使用者的體驗原則。其使命是「匯整全球資訊，供大眾使用，使人人受惠」，因為能讓所有人「易取得且有用最重要」，並認為：最佳設計是只包含人們達成目標所需要的功能特性，而非以打造功能特性豐富的產品。

「Google 首頁的介面簡約俐落，網頁載入速度飛快。」也是他們的理念之一，從 1998 年創立至今，仍然保持其設計的簡潔與效能，因為簡潔，讓 Google 更加易用、也讓廣告服務產品相對成功，才能成為全球最大的搜尋引擎之一。

YouTube

YouTube 於 2005 年從簡陋的車庫中誕生，現今搖身一變為全球最大影片搜尋和分享平台，其風靡全球的要因也正是因為簡潔，「既方便又全面」，介面易懂易操作，利用最需要的三個元素做為搜尋優先考量——「相關性、參與度及質量」，讓人可以簡單的在網站上搜尋任何相關影片甚至進行創作上傳，這樣的簡潔原則也投射於 YouTube 的使命中——「讓每個人都有發言權，並向他們展示這個世界。」正因簡潔，YouTube 躍上頂尖。

簡單並不簡單 掌握簡潔 專注品質

我們看了那麼多簡潔的優勢，會發現簡潔看似容易，實則不然，達文西（Leonardo da Vinci）曾說：「簡潔是細膩的極致。」（Simplicity is the ultimate sophistication.）簡潔指的不是開發過於簡化的產品，而是假設在功能相當的設計中進行選擇，應選擇最簡潔的設計，它不僅關乎產品的美感，還需專注於產品的本質。只打造真正需要的項目，並可以輕鬆地調整和擴展產品。一個簡潔又合宜的產品是易於使用且品質良好，如同愛因斯坦（Albert Einstein）說：「一切都應該盡可能簡單，但不能太簡單。」掌握簡潔、專注品質，越能向完善產品邁進。

因應環境變化 創造最高價值 敏捷讓產品與時俱進！

如何完善產品我們在前面文章中提及許多方法，綜上所述，我們可以說：敏捷是一種用增量發現客戶真正需求的迭代式手法。因此，能以敏捷的工作流程來創造有價值的商品，利用小週期的增量，提供可用的產品回應客戶需求，除此之外，因應環境的變化，敏捷能在產品不斷地演進之下，依據市場、客戶做不同的調整，接著讓我們來討論產品演進與因應變化的重要性。

提供可用的增量回應需求 創造更高商業價值

敏捷在交付客戶價值時，以定期的方式增量交付，在定期交付的方式下，針對價值優先的考量，要了解客戶到底會為了什麼而買單？此外，在開發產品的過程中，對於功能特性的不明確，要如何在最不浪費的情況下得到最豐富的資訊，進而找出未來的方向？這些都是採用增量交付方式下，同時評估的必要事項。

增量式交付（Incremental Delivery），是一種讓客戶提早獲得價值，以提高專案產出時效性的作法，在整個專案生命週期，團隊用一到四週產出產品的增量式可交付成果（Incremental Deliverable），優先執行對客戶來說商業價值最高的功能（或階段性成品），可快速獲得客戶的回饋與認同，並提升其後續參與專案的意願與動力，進而增加成功的機率。相對於傳統瀑布式開發的專案環境下，得等到專案末期成果交付後，才有可能實現規劃中的價值。（請參閱圖5-1-6）

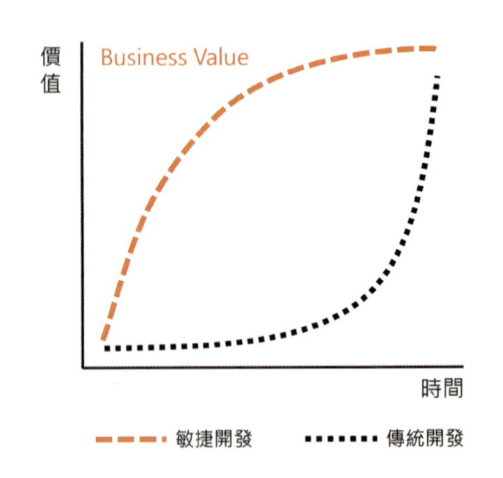

圖 5-1-6：商業價值──敏捷開發 vs. 傳統開發

以我們每天都在使用的 LINE 為例，每三至四週就會更新版本，提供可用的增量來回應市場需求，並且依據回饋進行修正改善，好比早期 LINE 還沒有 PC 版，當我們正在抱怨時，LINE 就推出 PC 版；當 PC 版沒有記事本功能，人們開始苦惱時，LINE 即發布此功能；疫情之下，大家開始使用 Zoom 進行會議時，LINE 也隨之端出團體視訊功能，LINE 不斷地在偵測社會脈動，調整它的功能，即是符合時代的敏捷產品開發。

甫於 2010 年成立的消費電子及智慧型製造公司小米集團，已成為全球消費型電子產業的龍頭之一，從一開始以手機為聚焦市場，而後不斷向外擴展，例如：行動電源（Power Bank）等手機周邊的智慧設備與空氣淨化器（Air Purifier）……等。如今，小米甚至將觸角延伸到牙刷、行李箱等生活產品。早在 2013 年，小米就抓住了物聯網（Internet of Things）發展浪潮的契機，預計在 5 年之內投資 100 家硬體新創公司，啟動了小米生態鏈計畫，秉持著「研製質優價廉的產品」的理念，壯大品牌與打通管道，讓同為生態鏈中的企業共享「物有所值」的好口碑，小米也是利用敏捷手法，掌握脈動與客戶需求，讓產品不斷擴張，形成小米生態鏈，培養出大量的「米粉」，產品與消費者更有黏著度，並且創造極大的商業價值。

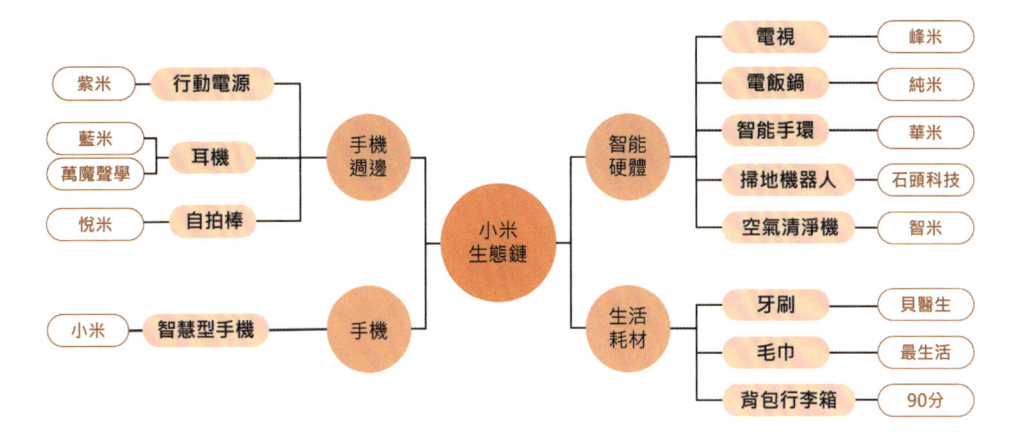

圖 5-1-7：小米生態鏈

產品演進看見環境變化 市場變動挑戰開發靈活性

外在環境不斷變化，產品也會在不同的階段發展演進，初創的產品與成熟的產品都有不同的指標。好比 Apple 的 iPod 即是一個很好的演進案例，iPod 可說是 Apple 當前 iPhone 與 iPad 等行動裝置產品的起點，它甚至是讓 Apple 起死回生的關鍵商品，從一開始的單純音樂播放，演進至靜態相片播放，而後更有動態影片播放功能，產品不斷地因技術及客群需求而演進，雖然 iPod 之後因定位變得越來越模糊，讓 Apple 決定正式停產第 7 代 iPod Touch，但 iPod 的確為音樂產業帶來極大的變革，更是一個產品演進的絕佳範例。

如上述所說，市場不斷地在變動，因此開發商品也必須具備靈活性、與時間賽跑、持續精進改善。也正因如此，敏捷強調「擁抱變更」。

LOUISA COFFEE（路易莎咖啡）在台灣咖啡市場為了打敗競爭對手「星巴克」，而對產品做了一系列的調整，商品鎖定中產階級對於消費升級的需求，提升性價比且滿足期望後，進而有機會占據「星巴克」原本的市場。

受全球疫情影響，鴻海集團也因應市場，研發家用唾液 PCR 快篩機，達到便宜且好用的目標，民眾在家就可自主管理健康，這無非也是因市場應變調整開發的案例。

若開發沒有缺少靈活性，勢必無法像這些例子一樣針對客戶、市場、或是競爭者……等隨時應變調整，而唯有善用敏捷工作流程，才能發現客戶真正的需求、與時俱進地彈性調整產品，實現高商業價值的目標！

怎樣做到這些事

掌握發布的策略目標 創建成功商業價值指南

當團隊開發產品時，什麼時候才能讓客戶將產品拿到手中並產生價值？便是當產品確實發布（Release）給客戶的時候，客戶能否確切將拿到手裡的產品加以利用，並且使得產品價值最大化，這一直是敏捷開發的最終目標，因此我們必須先了解發布的意義與重要性，才能善加運用。

發布是什麼？先釐清才能有效運用

　　敏捷中的發布是指在完成多次迭代或 Sprint 後交付的產品，發布可以是產品的初始開發，也可以是向現有的產品添加一個或多個功能，意指有可能是一個 Sprint 或是一系列的 Sprint 後的交付，迭代開發中的發布應為需時不到一年就能完成的產品，在某些情況下可能只需幾個月，也會依產品規模與功能特性區分為「內部版本」與「外部版本」（如圖 5-2-1：發布的定義），但不論如何，都必須確保其品質是可以交付到客戶手上的有價值產品。

一系列的Sprints (或者一個Sprint)
保證"可交付"的品質

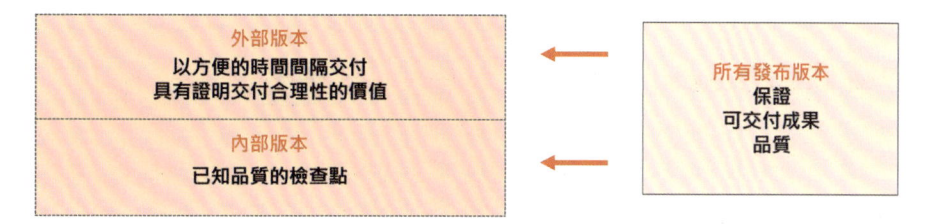

外部版本
以方便的時間間隔交付
具有證明交付合理性的價值

內部版本
已知品質的檢查點

所有發布版本
保證
可交付成果
品質

圖 5-2-1：發布的定義

團隊能善用發布的優勢

- **確立切實的目標**：不讓團隊盲目地投入專案之中，持續在客戶價值與整體品質上取得平衡，並且必須以「範疇」、「時程」及「預算」進行約束，以此來劃分重要里程碑與功能特性等，使專案與商業價值達到一致性。

- **明確客戶的要求和願景**：發布的目的是滿足客戶的要求與願景，並且達到商業需求，通常在專案初期即排定好，並在整個專案生命週期中持續的更新，雖然發布需持續執行，但也不能過於頻繁，否則容易造成新功能乏善可陳，不足以吸引客戶或市場，好比 Apple 在發布 iPhone 時，不會每更新一個版本就出一支新手機，而是平均一年推出新品，對生產者 Apple 而言，具有穩定頻率且不過度頻繁地發布，能讓生產更加完整不零碎，同時提升產量；對消費者而言，維持一個時間的新品亮相，能讓產品保持神祕感與期待性，更能讓消費者期待新品的功能與樣貌，更加提升購買的欲望。

- **讓一些迭代後的產品或版本能夠初步發布**：發布最後移交於使用者手中，屬於功能特性導向（Feature-oriented），每個組織透過適合自己的模式進行發布（如圖5-2-2：發布的不同模式），好能將「每次 Sprint 後產出的可用交付給客戶」。以 Microsoft 為例，其每三週為一個 Scrum 開發的 Sprint，每次 Sprint 結束後要釋出一個版本，試用一週後就發布給使用者；而「多次 Sprint 後的成果採一次性發布」，就像是手機品牌大廠平均一年推出一支新機，以保持消費者的期待感與生產者的各項優勢；另外，不等 Sprint 結束，而是「當一個功能完成就立即發布」，例如前面提及：LINE 平均三至四週便會進行一次功能或版本更新，利用持續交付的方式維繫與使用者的黏著度。這些不同模式，不外乎都是為了將產品拿到客戶手中，實際讓消費者使用並產生商業價值。

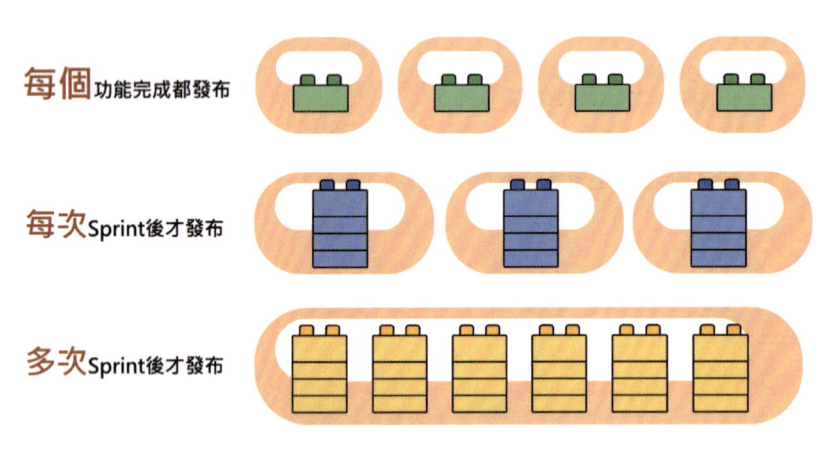

圖 5-2-2：發布的不同模式

確保產品朝著正確方向──發布計畫（Release Planning）

發布計畫目的是確保產品始終朝著正確的方向發展。它不是一次性的事件，而是一個頻繁的、每次 Sprint 都要進行的活動。因此是一項長期規劃，能夠釐清「什麼時候能完成？」或是「今年可以完成哪些功能？」、「需要多少預算？」……等問題。產品發布計畫必須在顧及範疇、時程和預算這三個條件下，平衡客戶價值和產品整體品質。在開發一個新產品時，這個最初的發布計畫不會是最精確的，反而會在一段時間的驗證與學習之後，進一步更新發布計畫，它可以在每次 Sprint 審查會議中，或在準備進行下一次 Sprint 的正常過程中進行修改。

發布計畫前的準備

在 Scrum 中，發布計畫並非一個人負責，而是整個團隊與利害關係人一起參與，因此發布計畫開始之前，所有人必須先有所準備，幫助計畫的組成：

- **Release 目標**：確切將目標聚焦在客戶價值，以利發布符合期待之產品。
- **User Story 清單**：使用者故事由團隊與 PO 根據商業價值優先級排序。
- **Release 目標相關的風險回應措施**：任何開發都會有風險，先行將發布目標可能會發生的風險與回應措施釐清，並非全部的細項統整，而是能讓團隊有能力隨時依據當下情況彈性反應。
- **User Story 大小**：團隊可依咖啡杯分法（小、中、大、特大）、T-shirt size（S、M、L 及 XL……等）或費氏數列（Fibonacci）數字分類，以協助計畫的準備。
- **目標的發布日期或條件**：發布計畫在範疇（Scope）、時程（Date）等條件約束下，能讓利害關係人與團隊更有共識確立發布計畫的內容與執行。

製作與展開發布計畫會議──發布計畫會議（Release Planning Meeting）

在 Scrum 中，若需要製作發布計畫，可以是一則簡單的算術題，利用故事點數來比較大小，能夠快速而清楚地比較出差異（舉例如表 5-2-1：Story Points 範例），再進一步確認需要幾個 Sprint 來交付所有的使用者故事，而發布計畫會議時，由團隊共同產出發布待辦清單（Release Backlog），會議時團隊需要統整相關內容，以期有效執行。

將 Epics 或大型使用者故事和風險回應措施，分解及切割成更小的使用者故事。取得排序的清單並檢視使用者故事的已知大小，若有需要則重新調整大小。將使用者故事分類且放入發布待辦清單中，包含：目前的發布、下個發布和未來的發布。

表 5-2-1：Story Points 範例

Total # of Story Points (or # of small stories) Estimated	300
Low Velocity	30
High Velocity	50

除了以上的項目之外，發布計畫也常利用「燃盡圖」、「燃燒圖」來協助發布工作，以下說明這兩者的差異。

- **燃盡圖（Burn Down Chart）**：燃盡圖是敏捷開發中常見的一種工作量的觀察指標之一，通常使用的時機是用於表示剩餘工作的數量上，燃盡圖可反映出故事點數的變化，適合預估項目比較穩定的觀察，理想情況下，圖表會呈現向下的曲線，隨著剩餘的工作完成，而「燃燒」至盡。（請參閱圖 5-2-3：燃盡圖範例）

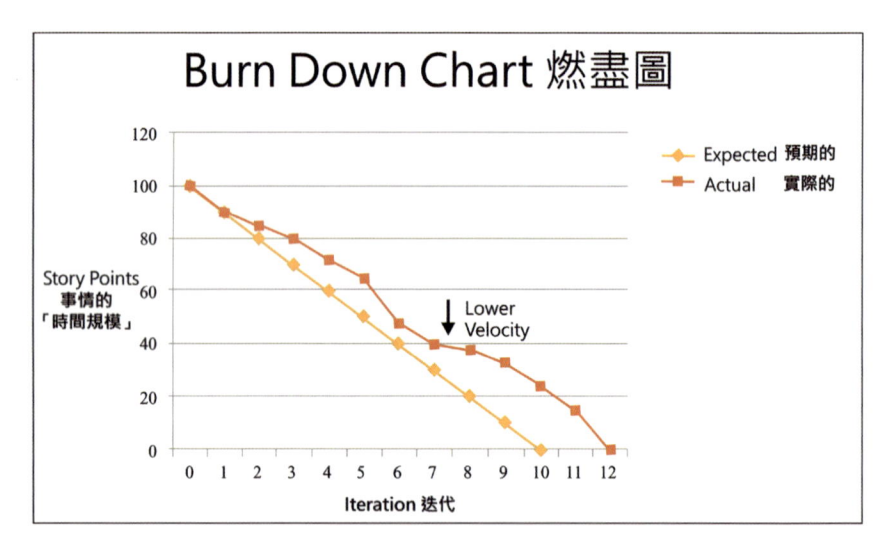

圖 5-2-3：燃盡圖範例

- **燃燒圖（Burn Up Chart）**：它能夠清楚展現項目時間與已完成的工作，根據每天完成項目顯示工作成果的曲線。因為燃燒圖可以區分不同角色的工作量完成狀況，表示總體工作量和團隊現在已經完成的工作量，因此更易使團隊理解與跟進完成狀態。（請參閱圖 5-2-4：燃燒圖範例）

Burn Up Chart 燃燒圖

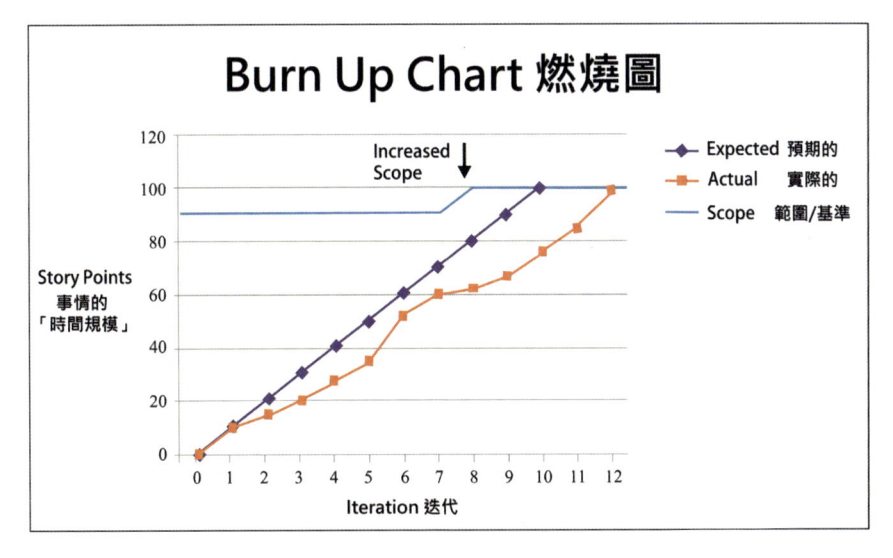

圖 5-2-4：燃燒圖範例

　　同一個項目中,「燃盡圖」很難看出一個團隊在項目進行中完成的工作,但是可以肯定的是項目最後是被完成的,但「燃燒圖」可看出項目的總體目標和團隊從一開始到最後完成的任務,包含這整個過程中項目任務總量可能會隨著修正而有所變化。

　　「燃盡圖」簡單易瞭,但缺點就是容易隱藏許多重要訊息,好比專案範圍(Project Scope)變化對整個專案帶來的影響,當然,「燃盡圖」並非不可取,當一個專案範圍不變動(不會在開發過程中新添加或刪減),「燃燒圖」能顯示任務總量變化的優點便不存在,即可選擇「燃盡圖」,更加簡潔易懂。(請參閱圖 5-2-5：燃盡圖容易忽略隱藏的變動訊息)

　　「燃盡圖」及「燃燒圖」可使發布作業變得更加簡潔透明,定期審查進度,再進一步根據現實狀況做調整。但曲線是衡量團隊進度的工具,不能過分依賴它做為所有考量或監督的依據,否則會造成團隊只把重點放在表現出漂亮的曲線,而非完成項目本身。

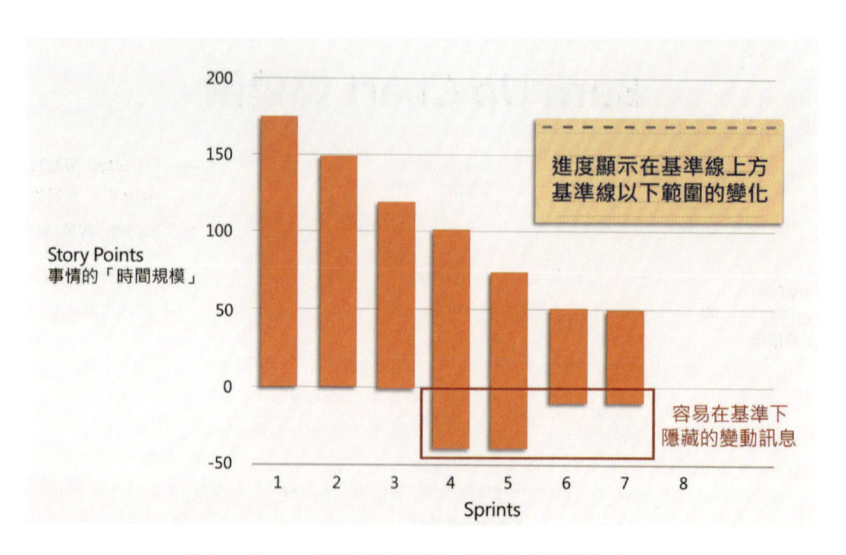

圖 5-2-5：燃盡圖容易忽略隱藏的變動訊息

貫穿專案的成功條件 與團隊掌握發布策略

發布支持著成功的產品開發、貫穿整個專案，因為團隊需要傾聽與回應客戶與使用者所提出的回饋，不論是針對內部或是外部發布，有效利用即能完善產品，達成商業價值。而 PO 也必須擁有清楚概念，並且有意識地帶領團隊向正確方向前進，賈伯斯曾說：「我的偶像是披頭四（The Beatles）。他們這四個人相互排斥，卻又相互牽制，所以達到了一個最棒的平衡，整個組合大過於四個人相加之和，這就是我對工作的看法。最棒的產品，往往不是出自一人之手，而是一個團隊。」因此，PO 與團隊有共識地合作，利用敏捷工具，不斷傾聽與修正，才能向最棒的產品更進一步！

🎯 你不可不知的完善產品藥方——「不創新，即滅亡！」

一項成功的開發專案核心在於最大化產品的商業價值，也體現於產品與服務等優化的持續性；而產品的核心在於有效解決客戶痛點，才能帶來利潤，客戶購買產品是為了滿足自身需要的效用和利益。因此如何持續完善產品，就必須回到產品與客群需求，去檢視產品

優化的不同層面，前面文章中有討論到如何完善產品的工具，可供 PO 與團隊參考運用，而這裡會針對如何完善產品的策略、案例，以及其他管理方法進行說明。

將想法轉為改進的商品 分解創新要領

　　管理學之父彼得・杜拉克（Peter Drucker）曾提出：「不創新，即滅亡（Innovate or Die）」創新是產品運轉的動力，更是商業利益的良性循環，一旦產品不再進行優化與改革，最後必然會被時代與客戶所淘汰，因此產品的創新十分重要，更是持續完善產品的關鍵，學者安娜希塔・巴雷赫（Anahita Baregheh）在 2009 年與其他學者說明：「創新是一個多階段的過程，組織將想法轉化為改進的產品、服務或流程，以便在市場上取得成功、競爭和差異化」，敏捷很重要的觀念便是「擁抱變更」，尤其處於瞬息萬變的快節奏世界中，PO 與團隊必須調整其創新以保持靈活性和相關性，Scrum 也利用產品開發中會有的變化與不確定性，建立創新的解決方案。而產品創新也有不同分類屬性，創新管理大師克里斯汀生（Clayton Christensen）提出了創新理論為全球無數企業帶來巨大影響，也進一步說明了三類創新，以下分別敘述，以便 PO 與團隊理解其要領。

持續性創新

　　持續性創新是一個迭代的過程，以現有產品逐步完善，在流程、產品設計、服務和技術方面結合適度、漸進和澈底的改進。因為重大的設計和新產品、服務都是透過不斷創新來實現的，持續性創新不僅尋求滿足期望，還尋求創造出更好、出乎意料的革命性變化的產品和服務，其關鍵便是能夠「改進市場上現有的方案」，所以這類創新通常是鎖定需要更好的產品或服務的顧客。

　　百年品牌英國消費品公司聯合利華（Unilever），旗下的茶業品牌立頓（Lipton）於 1890 年由 Thomas Lipton 在英國成立，1972 年聯合利華全線收購，加速了全球佈局的腳步，其茶包近乎壟斷市場，尤其是紅茶茶包更有全球 80% 的市場占有率，在 1999 年，立頓營業額就已接近 30 億美元，在全球飲料品牌中的影響力僅次於可口可樂。而它又是如何一步步邁向市場龍頭呢？靠得便是「持續性創新」──從最初一次性茶包的革命性創新，到不同的品牌口味，擁有最多樣化的茶系列，不論是水果冰茶到辛辣薑黃口味，風味多到難以計數，持續為現有的產品開發新風味，不斷持續地改善並推出新產品，迎合不同客群喜好與

修正客戶回饋；就技術層面也不曾停下腳步，立頓金字塔茶（Pyramid Tea）將立體茶包的開發更加完善，讓客戶都能享受到茶葉釋放出的好滋味。因應環保呼籲，從 2020 年開始，立頓也成為了 100% 再生循環的品牌，開發 100% 再生 PET（RPET）包裝，讓社會責任與品牌價值融入其中，更加拓展了消費者的市場，因為不斷地接收市場需求、解決顧客痛點，持續創新產品，讓立頓成為茶葉與即飲茶的領導者，其全球市場營業額甚至是競爭對手的三倍，能造成這麼大的差距，站上頂峰，也不難看出品牌的持續創新堅持。

效率型創新

提升效率的創新，用更少的資源做更多的事情，當公司盡可能從現有和新獲得的資源中獲取價值時，其根本的商業模式和產品鎖定的目標客群維持不變，通常效率型創新是針對流程創新，焦點放在產品如何製造。

美國零售商沃爾瑪（Walmart），其連鎖超市在全球有近萬家百貨超市或俱樂部營運，截至 2022 年財報有近 140 億美元的淨利，不斷擴張龐大的業務，要如何讓運轉有效率但又不使產品原地踏步呢？沃爾瑪透過不斷的調整供應鏈、倉儲……等，不停地提升效率，降低價格。消除多餘的人力與工作，也讓更多資金因效率的提升而轉移到更多投資與開發，如此呈現更好的完善產品循環。

而近幾年開始流行的線上看房，透過 360 度環景影片線上檢視房子的各個角落細節，大大節省出外看房的時間，現在更有業者開發出 3D 裝潢模擬，即時呈現不同風格的裝潢樣貌以及 AI 語音認識周邊生活圈，尤其在疫情時期不方便的情況下，線上看房完全是效率型創新的重要一環。

創造市場的創新

顧名思義就是創造新市場，但不是任何新市場，是指服務無產品可買的顧客，原來負擔不起或不易取得的眾多顧客（稱之為零消費者），重點是把以前某些客群獨享的產品和服務加以普及，變得更大眾化。

此種創新的成功需要高層支持的明確願景和目標、必須鎖定目前沒有購買能力的零消費者，努力創造更低成本和更好性能的產品或服務，並且要能持續學習並因應環境變化調整

策略，放在敏捷理念上也是相輔相成，PO 必須塑造明確的願景，並且支持團隊隨時應變，因應客群變化與回饋，開發出更適切的產品。

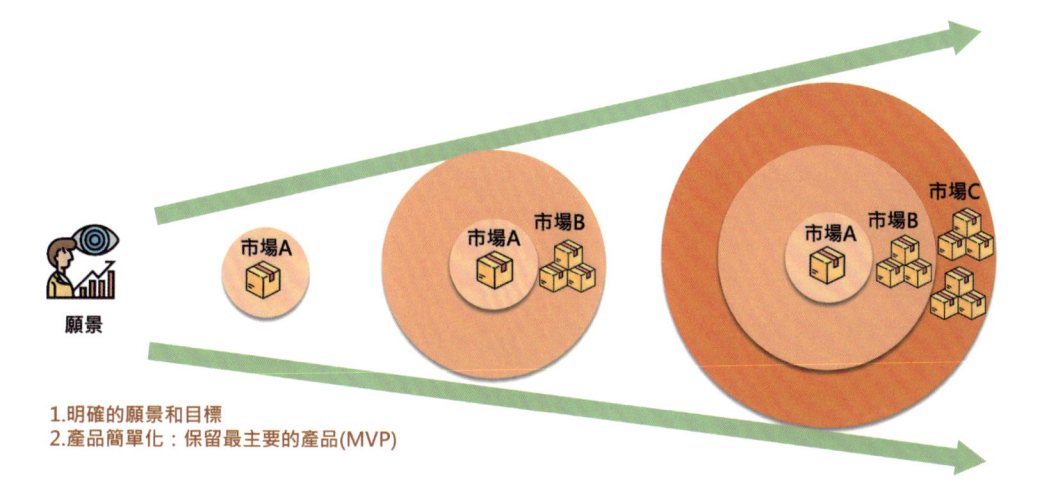

願景
1. 明確的願景和目標
2. 產品簡單化：保留最主要的產品(MVP)

市場A　市場B　市場C

行銷市場策略 X 敏捷產品開發，就能創造更多新市場的可能性，產品也能被更多消費者所接受。

圖 5-2-6：結合行銷及敏捷創造產品新市場的效應

在日常中近乎包辦大小事的便利超商，形成台灣獨特的超商文化，幾乎所有事都能在超商完成的特色，讓許多國外觀光客驚呼連連，而首先打破一般消費者想像的便是超商龍頭——「統一超商」，統一超商從 1978 年成立至今，在全亞洲已擁有近萬家分店，其企業願景是「成為最卓越的零售業者，不斷提供生活上最便利的服務，朝世界一流努力」，許多我們熟知的口號，好比「您方便的好鄰居」、「Always Open, 7-Eleven」，都是統一超商創新的痕跡，從早期推出「思樂冰」，鎖定青少年等大眾族群，造成轟動，到茶葉蛋、國民便當及大燒包……等我們熟悉的平民美食，直到現在，統一超商也沒有因為穩坐霸業而停下腳步，更便利的 Open Point App 讓大家更樂於參與活動、走進消費，在指定店面引進博客來、無印良品，甚至還有現壓啤酒……等，前統一超商董事長徐重仁曾說：「走舊路，到不了新地方。」都印證了統一超商不斷的「創造市場的創新」，努力讓所有服務與產品大眾化，才能連續數年榮登「全球營收前 250 大零售業者」，創造更大價值與利潤。

同步敏捷流程與創新發展 讓產品滿足顧客 突破重圍

這些創新的角度，放在敏捷也都不謀而合，「持續注重在專精的技術及良好的設計，可強化敏捷的優勢」、「擁抱變更」、「團隊定期省思如何提高效率，並依此調整其做事方法」，政治經濟學者約瑟夫．熊彼得（Joseph Alois Schumpeter）認為創新是：「將原來的生產要素重新組合，改變其產業功能，來滿足市場需求從而創造利潤。」因此創造利潤無非是最終目標，PO 必須與團隊達成共識，建立良好且透明的組織，進而一步步解決客戶痛點，創造高價值、高利潤。

🎯 在工具中看見效率 掌握技巧與實踐的要領！

前面我們提到了創新的必備，因此，不停下腳步的創新，是為了完善產品，我們會透過不斷的「發布」來因應顧客、市場所需與調整產品，但在過程中，也必須進行有系統的管理及專注重要指標，才能讓專案工作順利不延遲，接著即會針對 Scrum 中，工作管理的要點與注意指標探討，提供給各位參考。

清楚何謂 WIP？什麼是 WIP Limits？

進行中工作數（Work in Process, WIP）指的是已經開始但尚未完工的工作項目。在產品開發期間，一定要注意並適當地管理 WIP，就像高速公路上的閘道管制，適當限制 WIP 的數量，以暢通工作的執行，發揮最大工作效能。

太多的 WIP 會有以下問題，所以需要被限制：

- **綁死資源，但看不到價值的產出**：資源完全集中在某項工作，但卻不斷累積問題，導致開發停滯，看不見價值的產出。

- **隱藏工作瓶頸、阻礙因素與低效率**：想像只有單項進行中的工作，若做不出來，是否很容易看出瓶頸？若同時有十項工作進行中，則不容易看出哪項工作造成瓶頸。

- **無法更有彈性地調整待辦事項**：若此時出現變更，大量正在進行中的工作會變成白工，進而造成團隊需要重工才能完成專案，最後使得成員負擔過重，失去組織向心力。

進行中工作限制（WIP Limits）

建立拉式系統（Pull System）的思維，辨識工作瓶頸，提高工作效益。堆積如山的 WIP，表示管理不善，許多的成本因此增加，例如：交貨的前置時間（Lead Time）會因此變長，積壓資金也會成為成本的一部份，同時品質問題因此不能及時顯現……等，太多 WIP 會降低工作產出的流量，因此上述說的實施高速公路閘道管制（WIP Limits）讓流量暢通，產能效率才能最大化。

那麼，我們可以使用哪些工具或技巧有效控制 WIP 呢？

- **看板（Kanban）**：看板能幫助團隊直觀、視覺化管理工作流程，可明顯看出 WIP 有多少，有效限制 WIP 的數量、測量與優化工作流程，這也可以當作是專案的管制界線（Control Limit），為確保週期時間（Cycle Time）的最小化，團隊通常會在看板的卡片寫上開始日期及結束日期。

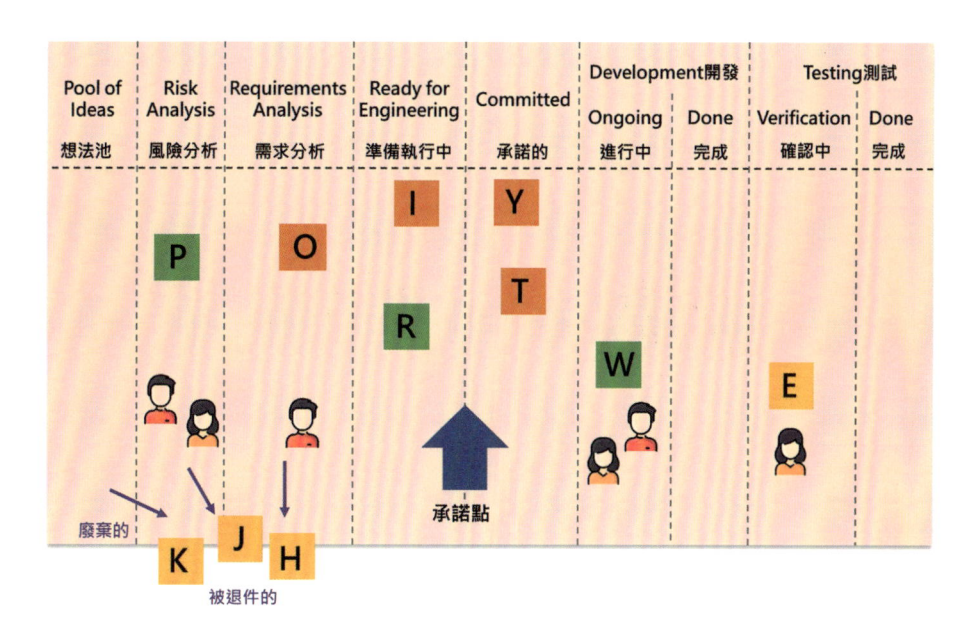

圖 5-2-7：看板（Kanban）工具

- **專注**：如何避免 WIP 過多，導致開發困難，除了使用看板來管理之外，最好的解決方式便是讓團隊「專注」，而非不斷地分散團隊任務，最後造成各項都缺一些、少

一點，成員一直無法完成工作，也會士氣低落，不斷惡性循環。因此，專注在現有的工作上通常更容易、更有效，好比完成一項任務後，接續完成同一個故事中的另一項任務，按照這樣的流程循環，直到完成所有工作，這種工作手法不僅能加快回饋的速度，同時也能提高品質與效率。

- **蜂擁而至（Swarming）**：在傳統的專案開發中，工作通常是獨立進行的，容易導致不平衡和效率下降，但敏捷認為客戶價值交付不是一個人的貢獻，重視團隊與優化整個系統的性能，因此，蜂擁而至是敏捷團隊中具有適當技能的成員，協作完成遇到困難或無法自行完成的任務。好比當團隊遇到停滯時，若一項工作任務拖拖拉拉，並且出現團隊無法按時完成的危險，那麼其他成員即加入協作完成工作，以此確保連續的工作流程並有效控管 WIP。

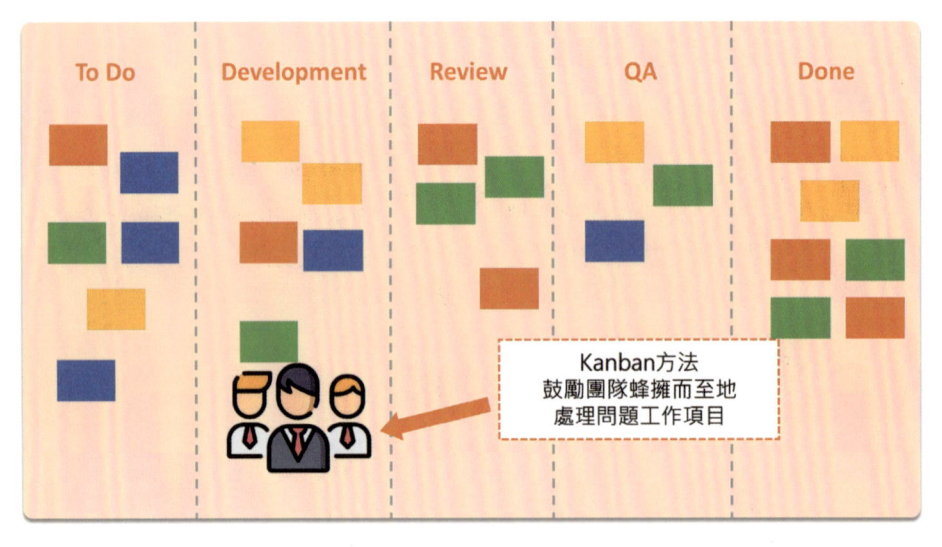

圖 5-2-8：Agile Swarming

關注進度與效能 PO 與團隊該注意的事

開發過程中，透過不斷地精煉工作項目，但也同時必須關注進度（Progress）與效能（Performance），以下針對此說明其分別需重視的要素。

進度（Progress）

　　Scrum 是以交付與驗證的增量來衡量進度，而非如何照著計畫與階段來衡量。因此我們必須注意以下幾點：

- **保持彈性並依即時狀況進行調整或重新規劃**：傳統瀑布式工作流程通常是計畫導向，遵循計畫硬性執行，但這樣的過分堅持往往會造成開發缺少彈性，甚至開發尾聲才發現整個計畫方向錯誤，因此，在 Scrum 的開發工作中，並非一味遵循計畫或預測，而是透過開發期間中不斷出現的重要經濟面資訊，來快速地重新規劃與調整流程。

- **透過驗證來衡量進度、重點在交付價值**：在傳統開發流程中，進度代表的是一個階段完成，並准許進入下一個階段，但到了最後，完全遵循計畫所開發的產品，其所交付的客戶價值，也許遠低於當初的預期，如此，即使完成的每個階段的工作，卻不是成功開發產品。因此，在 Scrum 的開發工作中重點在於交付客戶價值，開發正常運作的成品，用來交付價值並以此驗證進度，此外，價值最高的功能會持續建構並交付，如此一來，客戶能更早、持續地獲得高價值的功能。

效能（Performance）

　　開發過程中，團隊一定希望能看到一些特定的、與效能相關的特性，但在執行的過程中，我們必須格外注意以下幾點：

- **快速但不急切**：Scrum 的核心目標是靈活、調整以及速度。透過快速前進，我們可以快速交付、快速得到回饋，而且我們可以更快地把價值交付到客戶手上。更快地學習並回應，也加快收益與減少成本開支。但，這絕非是急躁趕工，敏捷中也強調工作流程中必須維持長時間穩定的步調，急忙趕工可能會犧牲品質，亦可能造成人員負擔過多。因此，靈活快速但不急躁是 PO 必須帶領團隊的工作技能之一。

- **最簡單的模式、最高的品質**：傳統工作流程遵循計畫，導致工作流程繁複、以大量文件為中心，而敏捷不同，「簡單是美」，刪去不必要的流程，除了不浪費之外，也能將省下來的成本，投入在真正產出價值的工作上。除此之外，團隊必須謹記效能的展現，也必須持續「注意品質」，每次 Sprint 都必須驗證其品質，才能讓每次增加的產品內容及價值，都能有自信地立即交付給客戶。

用對方法 做好事 讓團隊成功水到渠成

英國政治家約翰・莫利（John Morley）曾說：「僅僅做好事是不夠的，還必須採取正確的方式。」這些原則與要素都是使工作流程更加順暢的方法，掌握方法能夠更有效率地完成工作，最重要的是，PO 必須建構透明組織，讓團隊成員彼此合作，如同美國福特汽車創辦人亨利・福特（Henry Ford）所言：「若所有人都能一同向前邁進，成功便會水到渠成！」

創造價值與效益

為產品創造競爭優勢 成為遙遙領先的翹楚！

賈伯斯曾說：「If we don't cannibalize ourselves, someone else will.」（如果我們不蠶食自己，別人就會。）顯見創新在組織中有多麼重要。然而，除了創新之外，要能適當地管理與持續地維持產品競爭力，方能替顧客帶來有價值的產品，並獲得最高的商業價值，這些即是開發的最終目標。

因此，當我們利用策略方法發布（Release），讓產品進入市場中，若能與其他競爭商品拉開差距，就能帶來更大的效益。《孫子兵法》〈謀攻〉篇裡提及：「知己知彼，百戰不殆。」唯有清楚地了解自己與對手，並且創造競爭優勢，才有機會在這變化多端的市場中具有一席之地。接著將介紹如何讓產品發布後更具競爭力，以及掌握要點。

何謂競爭優勢？替產品建造堅固的「經濟護城河」

競爭優勢（Competitive advantage）是與競爭者比較起來，擁有比較好的能力或站在比較好的位置。擁有競爭優勢的目的當然是為了持續地獲利（Sustainable Superior Profit, SSP），促使公司永續經營，並帶給員工及股東金錢回報與幸福感。

股神巴菲特曾說過「經濟護城河」（Economic moat）。他提到：「可口可樂和吉列刮鬍刀近年來由於他們的品牌力量、產品屬性及銷售通路都在全球市場的持續增加占有率，這

些優勢使得他們擁有良好的競爭力，就像在經濟城堡外圍建立了一道圍繞城堡的護城河。」所以「經濟護城河」代表著企業擁有其他同業競爭者難以模仿甚至超越的競爭優勢，擁有強大的護城河穩固市場地位，使企業能夠長久生存。雖說在這日新月異的時代，隨時會有不同的衝擊出現，但創新必須與護城河兼具，方能維持競爭力，而這些理論也有許多與敏捷核心不謀而合之處。

無形資產（Intangible Assets）

指沒有形體存在於營業用的資產，包含品牌、專利及法規特許經營權等。許多無形資產的價值取決於未來所能創造的效益，因此評估無形資產價值，如同衡量未來發展前景及競爭力。若品牌價值深植人心，即使價錢較高也依舊讓人買單，好比星巴克與 Apple，都有一群死忠擁護者，絕不會因其他品牌低價策略而轉移消費，原因不外乎其保持高品質，讓品牌價值呈現一定高度，品牌忠誠度牢牢抓住這些客戶。就如敏捷準則第九項：「持續注重在專精的技術及良好的設計，可強化敏捷的優勢。」並且強調「有用才算數」，唯有維持高品質，才能產生正向循環的品牌價值，進而產生競爭優勢，拉開與競爭對手的距離。

轉換成本（Switching Costs）

轉換成本指的是客戶對產品的黏著度高，已經習慣使用某產品，若要換成另一個產品時所需付出的成本，像是金錢、習慣的改變……等。例如：使用 Apple 手機的用戶，已習慣 iOS 作業系統，若要他轉換到 Android 系統，必須花時間重新習慣與學習。因此，轉換成本高，表示產品與客戶間具有緊密的結合。當客戶很難轉換其他產品時，就容易創造出高度的競爭優勢。因此提早占領先機，與客戶產生黏著度非常重要，傳統的瀑布式流程開發，往往都在開發尾聲才發布產品確立成敗，早已毫無修正空間，且因較長的開發時間反而失去取得市場先機。敏捷重視「及早且持續地交付有價值的產品以滿足顧客所需」，越快解決顧客痛點，越能早一步占領市場。

網絡效應（Network Effect）

「越多人用，越好用」，當產品越來越多人使用，串聯更多新的使用者，使產品價值提升並且形成強大的網絡效應，讓競爭對手難以超越。例如：當身邊的人都在使用臉書，不知不覺中形成一種群聚效應，吸引更多的人紛紛加入，而近幾年在年輕世代間竄起的

TikTok 也是如此。這些效應的產生回到源頭來看，都在於領導者能夠建立一個透明且健康的組織。臉書創辦人馬克・祖克柏認為：「讓員工學習共處，互相熟悉成員們的思維邏輯，從而實現有效交流、創造自管理文化。尊重員工的點子，並在充分信任的基礎上授權員工去實踐。」當領導者充分授權、團隊能專注在開發，並且產生自管理文化，必然能夠對組織更有向心力，依市場隨時應變，開發出熱銷產品，進而產生網絡效應，強化產品競爭力。

成本優勢（Cost Advantage）

價格是客戶決定是否購買的依據之一，因此具有成本優勢也是其中關鍵。如果能比競爭對手擁有更低的生產成本，自然能夠創造更多的利潤。全球最大的零售商沃爾瑪澈底發揮「效率型創新」概念，在採購、運輸、銷售和存貨……等環節降低成本，造就它在零售業領先的地位。敏捷強調「簡單是美」（Simplicity），專注開發真正的核心必要功能與特性，降低風險與成本的浪費，正是如此，讓產品更具有成本優勢。

有效規模（Efficient Scale）

在有限的市場當中，若只有少數幾家占有市場，形成類似壟斷的現象，會使其他想加入的競爭者因為必須付出更高成本，或是因利潤相對降低而無法進入市場，因此擁有有效規模的企業，競爭對手相對較少。例如：全美國最大的鐵路網路聯合太平洋鐵路（UNP），營運的區域為美國西部及中部共 23 個州，涵蓋的路線規模超過 31,900 英里，像這樣的產業規模，很難有其他競爭者參與。而堪稱台灣護國神山的台積電，是全球規模最大的半導體製造廠，在 PwC 發表的「全球頂尖 100 家公司」排行榜中，依公司市場價值名列全球第 37 名，身為世界晶圓代工產業領頭羊，而追趕在後的三星、英特爾……等，不論營業額或市場占有率都相差甚遠，只要台積電不斷進步，便能繼續維持有效規模的競爭力。在敏捷理念上同理可證，領導者 PO 必須讓組織穩定發展，與客戶、團隊及利害關係人都維持長時間穩定的步調，並且專注在開發品質良好、有價值的產品，累積下來便能將產品推向有效規模。

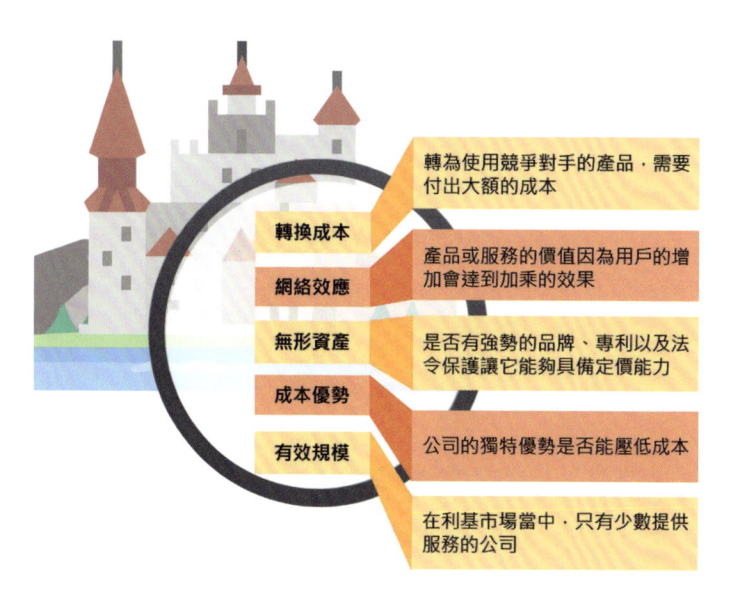

圖 5-3-1：經濟護城河（Economic Moat）
圖片參考來源：華倫‧巴菲特（Warren Edward Buffett）

引領團隊成為領頭羊 與競爭對手遙遙相望

從上述概念中，我們可以理解競爭優勢的差別，若能與其他競爭商品拉開差距，就能帶來更大效益，但要如何與對手拉開差距呢？這些企業或產品有什麼特色？身為 PO 又該秉持怎樣的心態視之？以下讓我們來分項討論。

技術及專利領先同業

如同前文提及的台積電，晶圓代工營收居全球第一、市占率過半，遙遙領先排名第二的三星三倍，能夠稱霸晶圓代工絕非容易之事，台積電在高階晶片（10 奈米以下的先進製程）保持絕對領先，更展現優異的生產製造能力，在 7 奈米、5 奈米晶片都是全球第一家量產廠商，卓越的製程技術降低晶片功耗，讓晶片效能更佳。

洞悉市場趨勢順勢而為

在台灣，想到電動機車一定首先想到 Gogoro。有鑑於全球環保理念，電動機車的市場也在台灣這個「機車王國」逐漸興起，但各大機車品牌開發出的產品都讓人們興趣缺缺，

Gogoro 在 2015 年甫發表 Gogoro 1 Series，嘗試擺脫大眾對於電動機車過往的外觀與充電困難等負面印象，流線型的設計與更好的性能引起市場轟動。成立初期，因為台灣市場普遍沒有換電動機車，因此選擇了以製造並銷售自有品牌電動機車，再推動 Gogoro Network 發展的策略，推動 PBGN 聯盟（Powered by Gogoro Network，即表示車款使用 Gogoro Network 電池），與其他機車製造商（YAMAHA、宏佳騰……等）合作。透過提供合作夥伴電動機車的開發套件，讓他們能快速推出電動機車並且共用換電系統的電池，如此一來 Gogoro Network 的訂閱用戶基數就能快速發展。目前全台路上 95% 以上的電動機車都為 PBGN 聯盟車款。如此洞悉市場趨勢順勢而為，讓 Gogoro 策略在台灣非常成功。

全球性規模經濟及強力供應鏈

能夠與競爭對手拉開差距，其中一項關鍵還包含：足以擁有規模經濟與強力的供應鏈，才能穩定提供給客戶所需的產品。現今數位科技浪潮下，數位世界的扁平化已是趨勢，數位化供應鏈正在持續實踐。美國著名新聞工作者——湯瑪斯・費里曼（Thomas Freeman）於 2005 年宣告「世界是平的」的預言也逐漸成真，尤其近幾年疫情影響全球，如何掌握供應鏈整合與規模經濟是一大挑戰，好比微軟打造的供應鏈，透過數位整合，與製造代工廠建立多層次規劃策略，將研發、生產、採購等各部門的流程與系統整合在單一平台，成功降低了 2 億美元的庫存水準，更節省了超過 1,500 萬美金的採購成本，建立強大而穩定的供應鏈，取得競爭優勢，創造最大價值。

不斷升級維持優勢的核心——「永遠以顧客為中心」！

若產品想要維持長期競爭優勢，必須不斷地升級，創新與護城兼具。管理學大師彼得・杜拉克曾說的經典三個問句：「我們的使命是什麼？我們的顧客是誰？顧客在乎的是什麼？我們追求的結果是什麼？我們的計畫是什麼？」以及「真正的行銷並不是跟顧客說：『這是我們所提供的產品或服務。』而應該說，『這些是顧客追求、重視及需要的滿足』」面對無疆界的世界市場，維持優勢必須擁有全球觀點與策略，但核心永遠離不開敏捷理念：「解決客戶痛點」、「以客戶價值為中心」，PO 必須建立願景，秉持中心思想領導團隊，才能創造不斷向前的組織與堅固的護城河！

如何打造獨一無二的產品？推動產品價值的齒輪！

前面我們寫到創建競爭優勢，讓對手遙遙相望，然而溯及源頭，在開發產品時，每位 PO 與團隊都希望能夠打造獨一無二的產品進入市場，不僅讓市場轟動、產品熱銷，更能讓競爭對手望之興嘆，但獨一無二卻是難上加難，究竟要如何打造獨一無二的產品呢？讓我們來一起研究吧！

以價值主張為中心 從鼎泰豐看見品牌價值

《獲利世代》（Business Model Generation）的作者亞歷山大・奧斯特瓦德（Alexander Osterwalder）與其團隊所創立的「商業模式圖」（Business Model Canvas），拆解商業模式為九大相互有關聯的元素，並以視覺化方式加以呈現，透過這樣的框架幫助理解商業模式，同時也幫助思考自身產品的定位。在下圖九大區塊中，你會發現其最重要的中心為「價值主張（Value Proposition）」，這是為什麼呢？很顯然地，因為「產品價值」才是核心——「顧客要的是什麼？」、「如何解決客戶痛點？」能夠滿足所需，即能創造價值，進而替公司帶來效益，成為獨一無二的產品。

Key Partners 關鍵合作夥伴	Key Activities 關鍵活動	Value Propositions 價值主張	Customer Relationship 顧客關係	Customer Segment 目標客群
	Key Resources 關鍵資源		Channels 通路	
Cost Structure 成本結構		Revenue Streams 收益流		

圖 5-3-2：商業模式圖（Business Model Canvas）

換句話說，獨一無二的產品未必是市場全然沒見過的，而是如何優化改革，讓客戶滿足，就是替客戶創造價值，才能與競爭對手產生差距，建立無可取代的品牌價值。

創立於 1958 年的鼎泰豐，從原本的油行轉為販賣小籠包，最初流行而於 1970 年代起兼賣小籠包，卻因此造就現在的榮景。不同於其他同業的是，鼎泰豐對於細節非常堅持，我們甚至可以從鼎泰豐的企業經營模式，看出如何塑造獨一無二的品牌價值——「服務與品質是生命」。

以客戶需求為第一優先，期許所有細節都能累積出鼎泰豐的服務理念與品牌價值，每一個環節都謹慎面對、層層把關，才能將這份信念送到客戶的餐桌上。每項產品從原料處理、擀皮、成型、完成，計算出每一個步驟所需要花的時間，對所有流程做控管，並設有每十五分鐘負責抽查，幾乎是其他競爭對手難以辦到的工序。嚴格把關品質，並且讓產品有系統地產出，也如同敏捷強調的重視品質與效率，讓顧客感受到產品的高價值。

從鼎泰豐的崛起中，我們不難發現看似簡單的街頭小吃，其實一點都不容易，堅持品質與整體流程的改善，讓鼎泰豐插旗國際，不僅曾經獲得米其林一星的肯定、讓《紐約時報》推薦「世界十大美食餐廳」之一，更是每個外國觀光客來台必吃的台灣標誌，這也呼應了前面文章提到的「創造產品競爭力」，因為產品解決顧客痛點，吸引顧客對品牌忠誠，進而產生「網絡效應」一傳十、十傳百，並且不斷地進步使得品牌價值獨一無二，這些皆是環環相扣的要素，缺一不可，但最重要的核心絕對是「掌握顧客所需」，才能創造持續高價值、高效益。

PO 如何面對團隊歧見 引導與解決問題

以上提到了這麼多讓產品發揮最大效益的技巧，但當產品在開發過程中，若團隊有歧見，身為 PO，應該如何溝通與決策，便是很重要的課題。敏捷重視創造自管理文化，透明化資訊與平行溝通很重要，因此當產品開發時成員有不同想法，順暢溝通是必備工作，因為 PO 是決定產品待辦清單的唯一人物，他必須與團隊充分討論後再做決策，而要如何有效率地溝通討論，找到重點與解決歧見呢？

焦點討論法（ORID）

焦點討論法（ORID）是一套國際知名且簡單易用的提問方法，透過四個層次的提問，能夠幫助使用者更結構性地思考與回應問題，尤其在進行團體討論時，通常每個人的觀點不盡相同，透過 ORID 引導集體思考的過程，加深對話關係，且不會淪為個人意識形態的表達，並在最後統整大家的最佳見解。

- O「Objective」：觀察外在客觀、事實。如：看到了什麼？記得什麼？發生了什麼事？

- R「Reflective」：重視內在感受、反應。如：有什麼地方讓你很感動／驚訝／難過／開心？什麼是你覺得比較困難／容易／處理的？令你覺得印象深刻的地方？

- I「Interpretive」：詮釋意義、價值、經驗。如：為什麼這些讓你很感動／驚訝／難過／開心？引發你想到了什麼？有什麼重要的領悟嗎？對你而言，重要的意義是什麼？學到了什麼？

- D「Decisional」：找出決定、行動。如：有什麼我們可以改變的地方？接下來的行動／計畫會是什麼？還需要什麼資源或支持才能完成目標？未來你要如何應用？

ORID-焦點討論法
Askats. Yang

O	R	I	D
客觀、事實 Objective	感受、反應 Reflective	意義、價值、經驗 Interpretive	決定、行動 Decisional
了解外在客觀事實的問句： • 看到了什麼？ • 記得什麼？ • 發生了什麼事？	喚起內心情緒與感受的問句： • 有什麼地方讓你很感動／驚訝／難過／開心？ • 什麼是你覺得比較困難／容易／處理的？ • 令你覺得印象深刻的地方？	連結解釋前述感受的問句： • 為什麼這些讓你很感動／驚訝／難過／開心？ • 引發你想到什麼了？有什麼重要的領悟嗎？ • 對你而言，重要的意義是什麼？學到了什麼？	找出決議和行動的問句： • 有什麼我們可以改變的地方？ • 接下來的行動／計畫會是什麼？ • 還需要什麼資源或支持才能完成目標？ • 未來你要如何運用？

圖 5-3-3：ORID 焦點討論法

PO 做為一個溝通的引導者，可以透過 ORID 來逐一對團隊成員提問，先從了解客觀事實→進而喚起內在情緒與感受→並且尋找前述的意義與價值→最後找出決議與行動。以下是我實際與團隊的 ORID 對話討論與各位參考：

- **O（了解事實）**：當我們在推廣 2022 年 Regional Scrum Gathering（簡稱 RSG）活動時，發現早鳥票的販售狀況不好，一週也只賣不到十張。

- **R（讓成員的發表情緒與感受）**：與行銷處開會請大家陳述感受，認為市場不接受也是無可奈何，或許是時間太早，客戶沒有意願買票。

- **I（由此找尋問題的本質與價值）**：從這些事實察覺到，本活動的本質是將敏捷推廣到每個角落，但發現所有行銷內容都是針對低價行銷或是贈品精美……等，而非針對活動本身的價值（例如：邀請四位全球具有影響力的敏捷當代大師，這是十分難能可貴的機會），但我們的行銷方向並沒有打到客戶痛點，無法讓客戶感受到 RSG 的價值。

- **D（找出決議並且行動）**：大家達成共識，將行銷策略轉為讓客戶感受到 RSG 的本質，將這些大師陣容以完整且有故事力的方式推廣出去。行銷團隊重新擬定文稿方向，以動容的敏捷故事與內容做為新的行動，確認市場回饋，再持續不斷地修正。

「問一個好問題，比得到答案本身還重要」，因此，PO 也必須學會如何與團隊溝通，善用引導技巧，更有效率將團隊歧見整合，並且歸納出最好的解決方法。

然而，別忘了在 Scrum 中，PO 的角色是產品的負責人，除了與開發人員協同合作外，也要與利害關係人緊密溝通，PO 必須對產品的成敗負責、對組織做出承諾，因此，當開發過程中，PO 對於某些環節或流程有定見時，應該先說明理由讓團隊討論是否有盲點，但 PO 必須評估產品的全面角度，不論是商業或技術層面，因此最終決定還是以 PO 為主，以減少對其他產品或開發過程中的衝擊及影響。

成為一個「強而有力且尊重他人」的 PO

　　Uber 聯合創始人格瑞特・坎普（Garrett Camp）曾說：「一切都始於出色的想法和團隊合作。」若要打造獨一無二的產品絕非一己之力可完成，而領導者 PO 必須擁有「強而有力且尊重他人」（Forceful and respect others）、「和所有人協同合作」（Collaborates with everyone）等特徵，優秀的 PO 是「夢想家與行動派」（Visionary and Doer）有遠見、有目標地領導組織，一步步驅動產品帶來效益、邁向成功！

Chapter 6

在 Scrum 與多重利害關係人合作

在整個敏捷開發過程中，溝通絕對是 PO 最花時間的工作，同時也是開發成敗的重要關鍵之一，因此怎樣在有限的時間內跟團隊及利害關係人有良好的互動，考驗 PO 的軟性技能。當然不同的 PO 都有自己的特色，找出適合自己的溝通方法，掌握好敏捷開發的特性及原則，就能提高團隊執行效能，打造超高績效團隊。

學會 Scrum 33355 與關係人合作

想搞懂 Scrum 框架？先認識「33355」（上）

產品做出來沒人用？計畫總是趕不上變化？相信這是大多數採行瀑布式產品開發的商業組織都曾遇過的瓶頸，Scrum 自 1993 年問世以來，澈底翻轉科技業工作生態，也掀起許多創新與變革，大幅提升團隊的效率和績效，實際上，任何以專案和團隊為導向的工作型態都能適用 Scrum 工作法。

Scrum 源自於「經驗主義」，強調我們處於一個多變且複雜的環境，一口氣規劃一個完善且長期的計畫並不可行，我們必須快速推出產品、丟到市場上試水溫，實驗過後再根據結果調整後續的計畫和產品走向。Scrum 是一個輕薄短小的架構，可以輕易地把開發流程放進去，再搭配喜歡的工具，比方說：任務板、使用者故事，就能打造最適合你的運作方式，這也是企業界爭相學習 Scrum 的主要原因，如今 Scrum 在業界市占率已突破 70%。

你看過電影《星艦迷航記》嗎？這部電影中，男主角 Spock 的經典手勢恰巧可以呈現 Scrum 的框架「3、3、3、5、5」，將食指與中指併攏、無名指與小拇指併攏，意指 Scrum 當中的 3 個支柱、3 個當責、3 個工件、5 大價值觀、5 個事件，比出這手勢代表我們是一個 Scrum 的實踐者，如圖 6-1-1，你也可以一起試試看！

圖 6-1-1：Scrum 框架「3、3、3、5、5」

圖片參考來源：電影《星艦迷航記》，2009

Scrum 的 3 大支柱與 5 大價值觀

透過展開經驗主義，可以建構出 Scrum 的 3 個支柱，分別是透明化（Transparency）、檢視性（Inspection）、調適性（Adaptation）。簡單來說，就是把事情透明化並檢查它，再來調整你的計畫和產品，簡稱「TIA」。

在 Scrum 開發裡，將你的專案進度、產品過程以及所有看得到的東西通通透明化，包括專案或產品的長期目標、短期的 Sprint 目標、團隊協議、專案流程、產品待辦清單（Product Backlog, PB）裡即將開發的產品功能、專案團隊即將投入的 Sprint 待辦清單（Sprint Backlog, SB）……等，以便利害關係人在開發進行的過程中，可以隨時檢視。

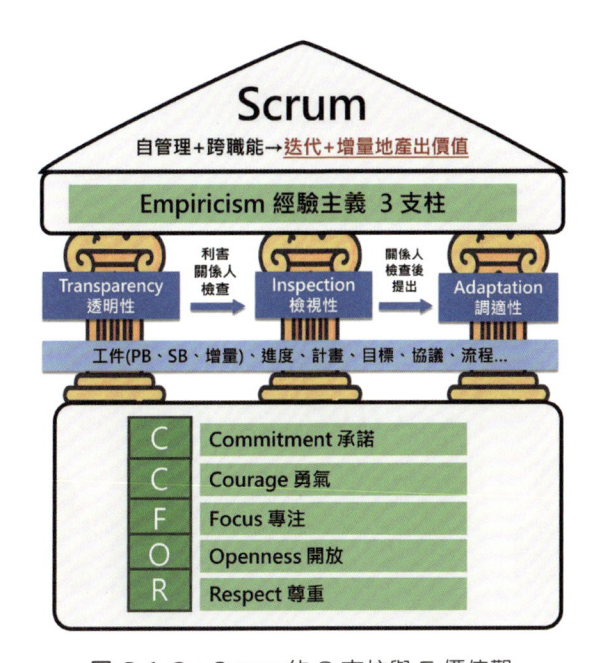

圖 6-1-2：Scrum 的 3 支柱與 5 價值觀
（Scrum 透過經驗主義建立起「透明性」、「檢視性」、「調適性」3 大支柱，
並形塑 CCFOR 的 5 大價值觀。）

　所謂利害關係人，對內可以是專案團隊，對外可以是客戶或對這專案感興趣的功能主管或高階主管，最重要的是，他們不是來檢查報表或簡報，而是實際把產品拿起來摸摸看、用用看，用完以後可能產生新的需求或是認為哪邊需要修正，Scrum 團隊收到客戶回饋後，再來調整計畫、精進產品，進入 TIA 的良性循環。

　Scrum 真正的價值所在，不單只有它的流程，更重要的是讓團隊形成正確的價值觀與思維，進而引導團隊做出正確的行為模式，正因團隊被授權為自管理團隊，確保所有人員擁有共同價值觀是非常重要的第一步。Scrum 的 5 個價值觀分別是承諾（Commitment）、勇氣（Courage）、專注（Focus）、開放（Openness）、尊重（Respect），可以簡稱為 CCFOR。

　Scrum 團隊成員會對彼此互相承諾，鼓勵大家勇於挑戰現況、勇敢做對的事情、挑戰舊思維，藉此凝聚團隊向心力，同時確保所有人都能在這個開放的環境中發表意見、參與討論，共同投入在產品開發，不會淪為一言堂。在研發產品的過程中，所有的問題、需求、議題通通都透明化，儘管團隊成員可能因意見不同、性格不同出現摩擦，但一定互相尊重，透過 CCFOR 形成開放、可溝通、共創的敏捷文化。

3 個當責：PO、開發人員、SM

接下來，我們來談談產品開發的核心「人」，Scrum 團隊是由 3 個當責所構成，分別是 Product Owner（PO）、開發人員和 Scrum Master。PO 的角色有 2 個面向，其一是類似我們熟知的產品經理，其二是客戶代表，他可以每天和團隊一起工作，正因 PO 要擔負產品成敗之責，勢必要握有產品決策權，每次也只專注於一個產品，凡是沒有決策權的 PO 都是假 PO。

圖 6-1-3：Scrum 的 3 個當責

其次是開發人員，也就是一群專業人士，每個人都具備跨職能的能力，可以互相代理、分擔工作，首要工作就是專注本身的專業工作和協同合作並為品質把關，確保每一次增量都符合一定品質，我們稱之為完成之定義（Definition of Done, DoD）。

第三個是 SM，他是敏捷團隊中的核心人物，也是領導者和教練，他透過謙卑的僕人式領導協助團隊解決碰到的障礙，主要為團隊的效能負責。舉例來說：原本團隊的生產力只有 10 個單位，SM 就如同團隊的教練，負責讓團隊發揮最大的績效，將生產力提升到 20 或更高。

當一個專案展開後，上述 3 大團隊成員必須針對客戶需求凝聚共識，並將「共識」這個抽象的概念，轉變成為具體的目標，也就是 Sprint 目標或產品目標，正因具備「自管理」及「跨職能」的特性，更能全力以赴、專注地往目標邁進。

3 個工件（Artifacts）：PB、SB、增量

凡是 Scrum 團隊經手的專案，都能夠帶來 3 大重要產出，也是團隊其工作價值所在，我們稱之為 3 大工件，包括 PB、SB 和可交付的產品增量。

產品待辦清單（Product Backlog, PB）

在多數情況下，PB 會以「看板」的形式呈現，上面貼滿一張張便利貼，每張便利貼就代表一個需求功能，也就是產品待辦清單項目（Product Backlog Item, PBI），通常我們會運用「使用者故事」來撰寫，產品在開發過程當中只要想到新的，就可以寫下來、貼上去。

一面牆 產品待辦清單

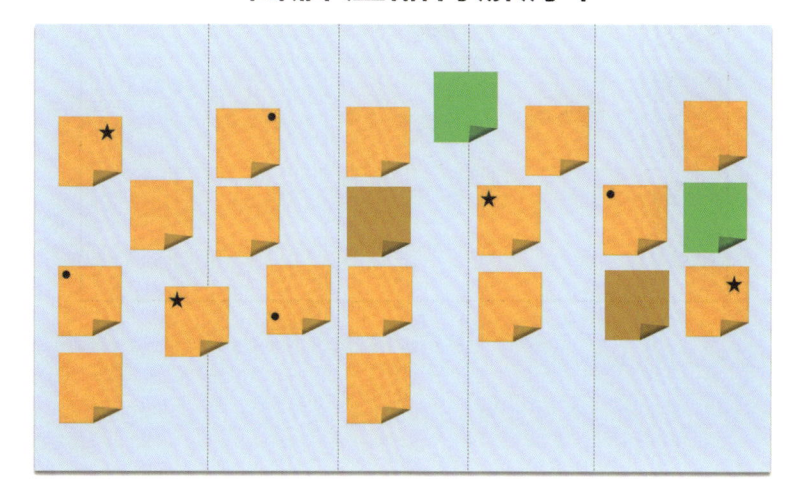

圖 6-1-4：產品待辦清單

PB 是由 PO 負責管理，將 PBI 依照價值進行排序，排在越上面的便利貼，代表價值越高、急迫性也越高，每個需求必須盡可能地小且規格詳細；假如 PO 想到一個粗糙的想法，執行起來要花 3 個月，相當於 6 個週期，這時 PO 及開發人員就要把想法拆分成更小的單位，開發人員才能在每個週期產出增量，因此會呈現「上細下粗」的樣子。

PB 存在的用意就是達到產品目標，例如：這次的開發長達一年，在產品研發的過程當中，每個週期都會推出新版本或新產品，隨著客戶一次次給予使用後的回饋，PB 也會不斷納入新想法與新方向。

Sprint 待辦清單（Sprint Backlog, SB）

SB 通常以表格的方式呈現，其中包括 Sprint 目標、PBI 以及 SBI，由開發人員所負責。我們可以看到下方表格最左手邊的 Story A、B、C 三張卡片，就是 PO 交給團隊開發的功能，也就是 PBI；開發人員會將卡片展開來，變成 Sprint 週期當中的工作事項，也就是 SBI；接下來最重要的是，在每一次 Sprint 之後，我們能夠產出什麼樣的增量、客戶價值，讓客戶可以使用，便是 Sprint 目標。

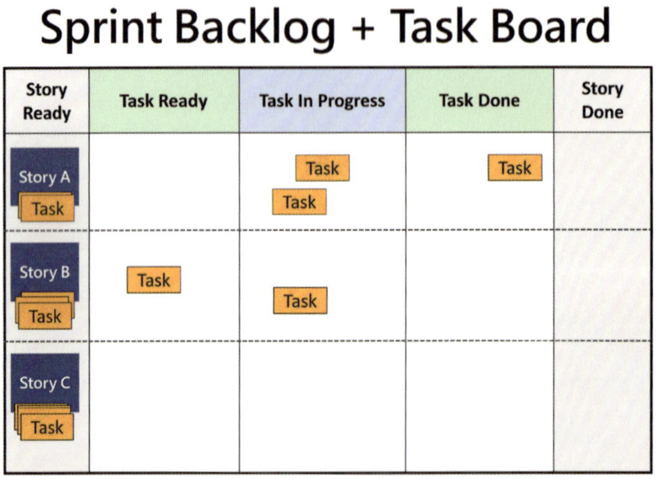

圖 6-1-5：Sprint 待辦清單

Sprint 目標是開發人員在一個週期裡，預期將產出的客戶增量。假設我們要在 2 個禮拜內蓋一間會議室，這就是 Sprint 目標，會議室需要的設備如桌椅、投影螢幕、影音設備……等就是 PBI，儘管 PBI 的細節會變動，但「蓋一間會議室」的目標無論如何都不會改變，這就是 Sprint 目標。

可交付的產品增量（Increment）

在 Scrum 裡我們期望每一個 Sprint 週期都能做出可用的產品給客戶，所謂「可用的產品」就是滿足品質要求標準（DoD），是由開發人員和 PO 共同訂定，開發出來的產品就算沒有 Sprint 審查會議也可以直接上線使用。我們可以想像每一次增量都是一塊樂高積木，只要產出的積木是成型、可用的，就符合 DoD 品質要求，交付越多、客戶可以使用的積木就越多。（請參閱圖 6-1-6：可交付的產品增量）

每個Sprint開發出的產品都必須滿足DoD，
如同一塊可用的積木，隨交付越多，可用的積木就越多。

圖 6-1-6：可交付的產品增量

很多人不解：「短短 2 週可以做出什麼產品給客戶？」可想而知，2 週能夠做出的產品自然是很陽春的版本，但透過客戶實際使用，開發人員就能獲得很多回饋，才能再去修正計畫和產品，就像通訊軟體 LINE 的第一個版本只能傳送文字，第二個版本才依照客戶需求加入圖片功能，第三個版本再擴增記事本，這種拼拼圖、疊積木的概念就叫做增量。

想搞懂 Scrum 框架？先認識「33355」（下）

認識完 3 大支柱、3 個當責、3 個工件以及 5 大價值觀，接下來將介紹 Scrum 中最核心的 5 個事件（Events），究竟 PO 在不同事件及會議中扮演怎樣的角色、需要特別注意哪些眉角，我們一起來看看！

Scrum 的 5 個事件包括：Sprint、Sprint 規劃會議（Sprint Planning）、每日 Scrum（Daily Scrum）、Sprint 審查會議（Sprint Review）以及 Sprint 回顧會議（Sprint Retrospective），每個事件都如同大小各異的「時間盒」，各自訂有執行時間的上限，每次 Sprint 最多不超過 1 個月、Sprint 規劃會議 8 小時、每日 Scrum 15 分鐘、Sprint 審查會議 4 小時、Sprint 回顧會議 3 小時。

為每個事件訂定時間盒可以造就 3 個優點，首先是「降低失敗成本」，正因每個 Sprint 週期不超過 1 個月，我們必須把一個大專案切割成好多個以「月」為單位或更小的小專案

來執行，即便有失敗成本，頂多也只會浪費 1 個月的人力與時間成本；相較傳統瀑布式專案，如果專案執行 1 年的時間，一旦執行完畢才發現專案失敗，損失的可是一整年的人力、物力和時間成本。

第二個優點是增加和客戶之間的密集互動，你希望每個月和客戶互動一次，還是每 3 個月互動一次，取決於你如何切割 Sprint 週期；第三個優點則是克服人性「總是到這一刻才做事」的弱點，也就是俗稱的「學生症候群」，時間盒的特色在於每個事件的時間都不長，更能夠促進團隊在一定時間內交付增量，將可減少拖延工作等類似問題發生。

Scrum 的容器：Sprint

Scrum 的靈感起源於橄欖球，而 Sprint 就像是球賽中一次次「短衝」，每次只要前進幾十碼，一次次達到短期目標，最後就能夠順利達陣得分，同樣概念套用到產品開發，就成了 Scrum 的增量式工作法，每一個 Sprint 都建立於前一個 Sprint 的成果上，讓產品逐步完善，最後成功上市。

Sprint 通常是不超過 1 個月的週期，如果 PO 與團隊評估可以 2 個禮拜內完成，也可以縮短時間，時間越短、失敗成本就越低；在業界，大部分的 Sprint 週期都訂在 2 個禮拜，在這短短半個月內，開發人員一定要產出客戶可用的產品，並確保「增量」滿足 DoD，因此在 Sprint 正式開始前，PO、SM、開發人員務必一起為「增量」定義，像是每個增量必須滿足的品質、納入具體目標，當所有人都同意後再以文字紀錄下來貼在辦公室明顯的地方，確保團隊在整個專案期間都能看見。

Sprint 就像是 Scrum 的「容器」，將 Sprint 規劃會議、每日 Scrum、Sprint 審查會議、Sprint 回顧會議通通包裹在內，首先規劃 Sprint 目標，並透過每日 Scrum 在整個迭代過程中提供穩定的節奏，產出增量後向利害關係人展示實際產品，最後針對這次 Sprint 進行回顧與改進，檢驗工作執行的方式、找出可能問題與原因，避免同樣錯誤一犯再犯，每一個會議都有助於增加團隊互動、聯繫、分享與協同合作，缺一不可。

Sprint 規劃會議

Sprint 開始的第一步就是召開「Sprint 規劃會議」，運用 3 個步驟規劃未來 2 個禮拜的工作內容，讓開發人員了解 Sprint 目標並對這個目標作出承諾，藉此奠定自管理的基礎，一個新團隊可能需要 2 到 3 個 Sprint 過後，才能了解如何做出可履行的承諾。（請參閱圖 6-1-7：Sprint 規劃會議示意圖）

圖 6-1-7：Sprint 規劃會議示意圖

- **第一步：訂出 Sprint 目標**：由 PO 跟開發人員一起討論，讓開發人員清楚自己「為何而戰」，找出「Why」。

- **第二步：由團隊選出所要做的產品待辦清單項目（PBI）**：開發人員挑選在這次 Sprint 所要做的產品待辦清單項目（What），以滿足 Sprint 目標，每張卡片或便利貼代表一個 PBI。

- **第三步：釐清具體工作內容**：開發人員挑選 PBI 後，將 PBI 展開成工作事項（Tasks），變成所謂的 Sprint 待辦清單項目（Sprint Backlog Item, SBI）。如何完成（How）由開發人員自行決定。每項工作事項需小於一天，如此才能呈現透明化的精神。

PO 有責任在 Sprint 規劃會議開始前，妥善精煉 PB 中項目的優先順序，並詳細描高優先等級的項目，Sprint 規劃會議召開期間才能協助團隊理解哪些工作必須完成，一一釐清並回覆團隊提出的疑問。

在 Sprint 規劃會議當中，開發人員會評估自身產能與能力，對每次 Sprint 能夠應付的工作量上限做出承諾，以建立穩定的步調，身為 PO 並沒有權限命令團隊在 Sprint 中該完成多少工作，也無權確認要做哪些任務，這都是團隊的職權與責任。確實，PO 會期待開發人員能夠在每次 Sprint 中完成大量工作，但實際上，在一次 Sprint 中達成過於宏大的目標，只會讓團隊快速失去幹勁，在後續 Sprint 期間感到筋疲力竭，若是進度真的太慢，不妨試試召集所有人一起找出健康又有創意的解決方案，而非逼迫團隊花更長時間工作，我相信這麼做絕對是利大於弊。

每日 Scrum

每個 Sprint 雖然以 2 個禮拜為週期，但開發人員每天還是要抽空 15 分鐘召開日會，由於這會議經常是站著開，又稱為「每日站立會議」，在這會議中可以沒有 PO、沒有 SM，是專屬於開發人員的會議，除非 PO、SM 兼任開發人員才需參與，主要目的包括同步工作進度、規劃今天的工作內容、提出遇到的障礙。

Scrum 的開發人員是一個扁平化的組織，沒有主管、下屬之分，開發人員可以利用每天 15 分鐘的會議，彼此報告自己的工作進度，尤其部分開發人員的工作存在上下游關係，每天稍作同步能夠讓工作進度更加透明，隨後共同規劃今天要做的事情，確保每天的工作都朝著最終目標邁進，避免團隊迷失方向。

更重要的是，團隊成員能夠提出工作上遇到的障礙、共商解方，若解決不了則向 SM 反應，SM 會以教練的方引導開發人員找出解決方案，處理問題看似延誤專案進展速度，卻能避免日後發生更大的問題，造成更嚴重的延誤。在 Sprint 進行當中，PO 們也可以隨工作成果逐步進行即時審查，讓團隊在 Sprint 期間有機會對成果進行調整。

Sprint 審查會議

　　正因每一次 Sprint 都會產出客戶可使用的產品，因此 2 週的 Sprint 結束後將由 PO 召開 Sprint 審查會議。審查會議屬於一個非正式的會議，它沒有形式、不做簡報，只會展示開發人員在這次 Sprint 期間做出的產品，準備工作應越少越好，畢竟會議的目的不是要譁眾取寵，而是透明呈現產品真實資訊。實際產品可以由開發人員或 PO 負責展示，甚至可以將產品實際裝在測試電腦或客戶手機裡試用看看，讓所謂的「產品進度」不再只是一份簡報、一張甘特圖，而是實際可以用的產品。

　　參與會議的旁聽者可以包括對產品有興趣的客戶、真正的使用者、各部門的功能經理及公司高階主管……等，藉此讓 Scrum 團隊和利害關係人協同合作，共同檢視實際成果，了解利害關係人對產品增量的回饋，例如：是否喜歡目前的增量？產品應該如何調整才能更好？有沒有缺少哪些功能？功能會不會太多？產品外觀與風格有哪邊需要調整嗎？聽取利害關係人的回饋後，PO 可能發現新的需求或發現原有 PBI 已不合時宜，再進一步對 PB 進行調整，藉此減輕團體迷思的風險。

　　在 Sprint 審查會議開始前，PO 務必充分審查產品增量、確認滿足驗收準則，才能接受團隊所承諾達成的 PBI 並召開審查會議，同時也別忘了將產品增量的實際情形與 Sprint 目標、最終目標進行比對，才能客觀地對專案進展進行綜合研判；如果沒有完成或有缺陷，千萬不可視同驗收完成，必須放回 PB 裡，以免讓產品開發進度模糊不清。

　　每一次的 Sprint 都是開發人員共同努力的成果，PO 向團隊提出回饋時應尊重團隊的努力，以誠懇、坦率的態度提出清楚且有建設性的建議，如果對成果感到滿意、別吝於讚美團隊，若感到失望也要誠實以告，並詢問該如何幫助團隊前進。

Sprint 回顧會議

　　「反思是改善的第一步。」Sprint 審查落幕後，PO、SM、開發人員將進行 Sprint 回顧會議，共同檢視工作執行的方式，像是產品開發流程有哪些部分做得很好、哪些不好需要改善，每次挑選出一個「效能最大、最好解決」的問題優先改善，共同思考怎麼做才能讓工作更加有效，PO 可藉由定期參與回顧會議提出改善措施，同時強化和 Scrum 隊員間的關係。

再強大的團隊都有值得精進的地方，回顧會議中 3 個當責需專注於找出讓團隊停滯不前的問題點以及潛在原因，訂定可行的改善措施後，立即在下一次 Sprint 中確實執行。假設我們將迎來為期 1 年的產品開發，每 2 個禮拜進行一個 Sprint，1 年下來就有 26 個 Sprint，可以解決 26 個問題，這樣豈不是很好嗎？

開發產品猶如跑馬拉松，必須維持穩定的步調才能穩健抵達終點，這 4 個會議就如同我們在專案中踏出的每一步，形塑出 Scrum 的框架，透過落實透明化、檢視性、調適性的 TIA 原則，不僅能逐步開發出客戶真正需要產品，也才能找出不同產業、不同團隊適合的流程，同樣是 Scrum 流程，各行各業跑出來都長得不一樣，這才是 Scrum 的真精神。

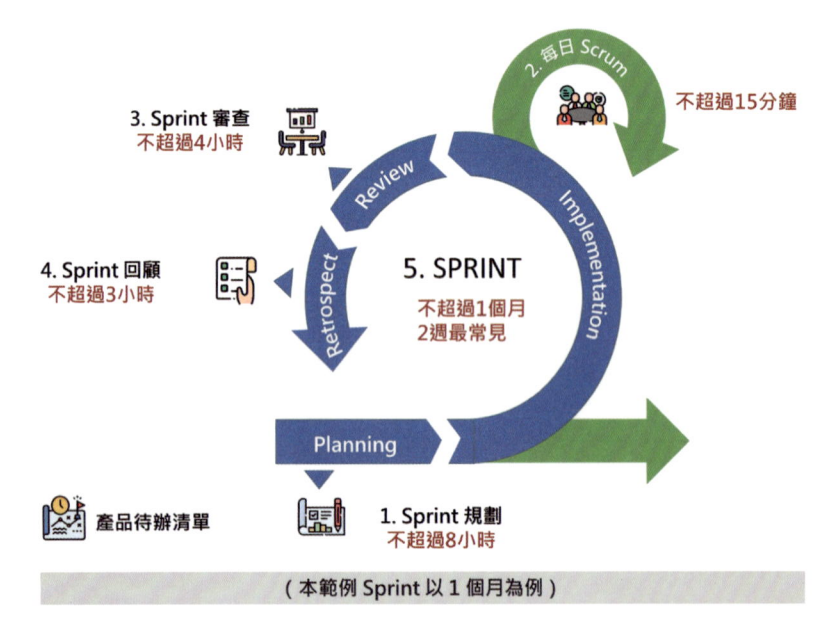

圖 6-1-8：Scrum 的 5 大事件

（Sprint 如同 Scrum 的容器，包含 4 大事件，每個事件都如同「時間盒」各自訂有執行時間的上限，有助於促使團隊在一定時間內交付增量。）

好 PO 的領導風格應是什麼

🎯 掌握溝通力＋領導力！與多重關係人共創產品價值

　　PO 身為產品開發的靈魂人物，主導著開發過程中跨出的每一步，儘管很多 PO 天賦異稟、擁有獨到眼光，甚至早已預見產品最終的樣貌，卻很少有人能夠單靠一人之力成就創新之舉。國際間神經科學研究顯示，即便是最優秀的人，當獨自一人進行決策時，也可能做出錯誤的決定，藉由一個團隊來幫助 PO 實現願景將是更為明智的選擇。

　　2022 年登上「全球首富」寶座的伊隆‧馬斯克（Elon Musk）從小就夢想著能夠探索浩瀚的太空世界，他以這個夢想做為願景創立美國太空公司 SpaceX，憑藉個人魅力與獨到的領導思維，吸引各界菁英加入團隊，一路克服重重障礙，成功率領團隊研發出全球第一款可回收火箭。他曾鼓勵自家員工：「永遠不要認為你只是替團隊工作，實際上，你是在替整間企業工作！」

　　你是否也好奇，人稱「矽谷鋼鐵人」的馬斯克是如何兼顧 SpaceX 和特斯拉這兩大企業巨頭？關鍵之一就在於「扁平化溝通」。在偌大的 SpaceX 組織當中，所有員工都視彼此為同位階的工作夥伴，只要有人認為目前面臨的問題必須和主管、公司高層甚或是總經理溝通，即便是最基層的技術人員都能直接聯絡總經理，這種以「扁平化的溝通思維」取代傳統的命令鏈的溝通方式，成了 SpaceX 一大特色。

　　有趣的是，SpaceX 的組織結構也被外界形容為「無邊界」模式，所有工作都比照專案的管理模式，SpaceX 的副總裁們就如同 PO，直接帶領著不同專案組進行研發，並指派一名領導工程師管理具體事務，就連馬斯克也經常參與技術團隊的討論。當一次專案結束後，所有人都能自由投入其他團隊專案，不但減少人員閒置成本，也能避免各部門間的相互防範，提高團隊合作效率。

不只安內更要攘外 PO 扮演 Scrum 團隊溝通橋梁

有一天，3 位工人在同一個建築工地裡，做著一樣的工作，有人問他們都做些什麼，第一個人說：「我在砸石頭」，第二個人說：「我在賺錢糊口」，第三個人卻說「我在建造教堂」，凸顯「願景」對於工作團隊而言有多麼重要。奇異（GE）公司的前董事長兼首席執行長傑克‧威爾許曾說：「優秀的企業領導者創造願景，並不遺餘力地推動直到實現為止。」

在 Scrum 團隊中，PO 正是扮演著領導者的角色，見證願景從開始到實現，並在過程當中傳達產品願景、描述需求，和團隊成員緊密溝通協作、決定驗收或否決工作成果，關鍵時刻則要擔負起重大決策的責任。PO 既是產品「領頭雁」又身兼團隊一員，對內要尋求團隊的共識並運用團隊創意與知識，訂定更佳的策略；對外則要和利害關係人對話，確保專案有節奏地進行，才能引領團隊帶往成功的道路邁進。在我看來，「溝通力」與「領導力」是 PO 必備的兩大技能，缺一不可。

PO 要溝通和協調的對象百百種，包括開發人員、Scrum Master（SM）、使用者、行銷人員、銷售人員、服務部門、營運部門、管理層……等，PO 不僅要扮演利害關係人與 Scrum 團隊之間的橋梁，也是管理層與開發人員之間的橋梁，避免認知落差；另外，由於 PO 同時代表「顧客的心聲」，和利害關係人建立良好關係至關重要，當不同的利害關係人需求出現衝突時，也要主責協商並建立共識，在在凸顯 PO 必須擁有良好的溝通技能，透過適當地語言傳達出各個群體的資訊，以便從容地與跨職能的自管理團隊共事。

除了溝通，領導力同樣重要，PO 必須獲得足夠的授權，或有適當職級的管理層支持，才能做出各種大小決策，小至物色適合的團隊成員，大至決定產品增量中必須包含哪些功能，並且為團隊營造出能夠激發創造力的工作環境，領導團隊進行產品開發工作、協調各方利害關係人，保持展望未來的熱忱。

根據我的觀察，善於溝通的 PO 往往會展現出相同特質，像是對於產品及客戶族群有豐富了解、對於自己的想法有自信、值得信賴、能夠以淺白易懂的方式與他人溝通，更重要的是，儘管違背現狀也願意站出來發聲，確保產品開發走在正途之上。

個性形塑 PO 領導風格 5 大特質你中了幾項？

同樣作為產品走向的領導者，不同的 PO 也會因個性、職場經歷，形塑出不同的領導風格。比方說：Apple 創辦人賈伯斯、特斯拉兼 SpaceX 創辦人馬斯克、統一企業創辦人高清愿就是全然不同的領導風格。賈伯斯是聽從自己直覺的「權威型領導」、馬斯克是善用願景激發團隊的「轉換型領導」、高清愿屬於低調且務實的「謙虛型領導」，另外有一種屬於獎懲分明的「交易型領導」，後續我將逐一分析這 4 類領導風格特色。

依我多年觀察，好的 PO 領導風格通常具備 5 大共通特質，首先是「果斷」，PO 面對決策時不可優柔寡斷；其次是「善於傾聽」，了解現況與真正問題所在，也是溝通協調最重要的一環；第三是願意「給予協助並提供資源」，協助團隊解決問題；第四是「願意授權，但堅守中心思想」；第五是「外圓內方」，PO 必須有自己的主見，團隊才能有明確指令、朝正確方向邁進，若是缺乏主見，要求朝令夕改，豈不坐實「將帥無能，累死三軍」，雖然他人給予意見是好事，但仍要堅守心中那條線，凡是與中心思想相違背的都要堅決說不。

在我看來，領導風格沒有好壞之分，也沒有所謂的標準答案或靈丹妙藥，只要能夠了解自己的領導風格，並依照對象、需求適時調整，面對菜鳥採取任務指派、面對老鳥要多多激勵，如果是成熟、有一定歷練的團隊則給予授權，可獨當一面就讓他獨當一面，就是最合適的領導方式。

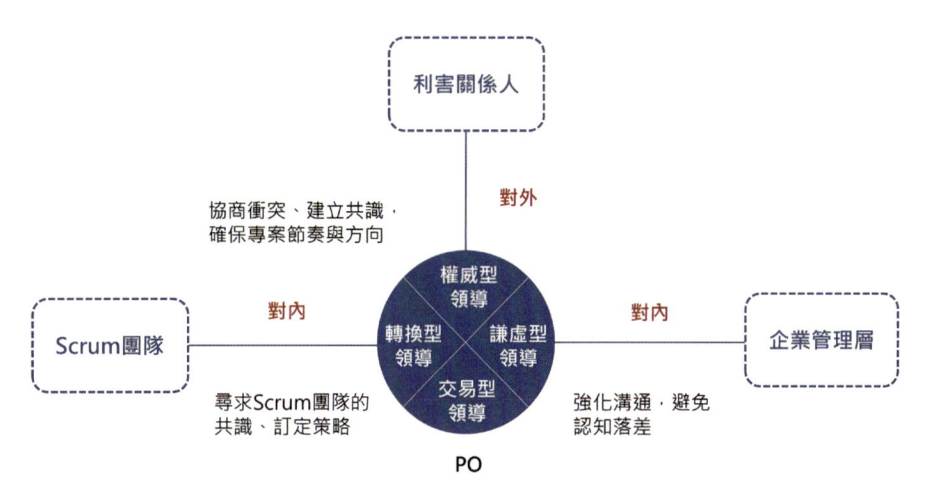

圖 6-2-1：PO 在對內與對外溝通之間扮演的角色
（PO 身為產品開發的靈魂人物，「溝通力」與「領導力」是 2 大必備技能，對內、對外都扮演溝通與協調的橋梁角色，主導產品開發過程中跨出的每一步。）

想成為下一個賈伯斯、郭台銘？先認識權威型領導！

在敏捷的工作流程中，PO 扮演著建立產品願景、主導產品研發的關鍵角色，能夠提早一步看見產品潛力及商機。放眼產業界，我們不難發現知名企業的創辦人絕大多數都屬於「權威型領導者」，舉凡 Apple 創辦人賈伯斯、鴻海集團創辦人郭台銘、台積電創辦人張忠謀、亞馬遜創辦人傑夫・貝佐斯（Jeff Bezos）……等，都是權威型領導的經典人物，同時也是天才型 PO 的代表人物。

在我看來，「權威型領導」非常適合行事果斷、具有強烈中心思想又能洞見未來的 PO。究竟「權威型領導」的獨門魅力何在？我們一起來看看！

什麼是權威型領導？

權威型領導顧名思義就是既「權威」又「獨裁」，也有人稱為「家長式領導」，這類型的 PO 往往擁有堅定的中心思想，腦中對於願景的藍圖也相當清晰，外人難以撼動，正因目標明確，他們一手掌握團隊方向、決定每個人所處的位置，並果斷地對於各種問題做出決策，指令也相當清晰。儘管這類 PO 獨裁且專制，但總能為團隊注入大量的靈感、推動團隊不斷向前邁進，同時又令團隊望而生畏。

權威型領導者已將角色融入自己的人格中，為了維護自己作為領導的尊嚴，必須以身作則，也會刻意與團隊保持一定距離，避免與團隊過於親近，也不輕易向人透露內心的感受，在他們看來，越正式、越不帶個人情感，更有助於發揮領導力，整個團隊將以 PO 的意志作為基礎，逐漸成型、茁壯。

在權威型 PO 心目中，團隊就像是他的家，而團隊成員就是他的家人和孩子，所謂「愛之深、責之切」，無論表揚或批評都是刀刀見骨卻又無比客觀。為了替團隊樹立典範，PO 務必以身作則、恪守信用，才能夠一步步建立起權威，雖然和團隊間有些距離，甚至有點上對下的味道，但更能讓團隊願意追隨，並照著 PO 決定好的成功脈絡一步步達到目標；反之，若 PO 無法以身作則、容易動搖，自然難以獲得團隊信任，想達成目標怕是難上加難。

郭台銘強人領導風格 打造鴻海代工帝國

　　《財星》（Fortune）雜誌去年公布「2021 年全球 500 強企業」排名，鴻海是唯一躋身前 100 名的台灣企業，這家以做黑白電視機旋鈕起家的本土工廠，如何一步步躍升為全球最大電子組裝製造工廠，平均每 3 個電子產品當中，就有 1 個出自鴻海之手，創辦人郭台銘正是靠著霸氣又霸道的領導風格，叱吒業界超過 40 個年頭，奠定鴻海代工帝國的不敗地位。

　　「進入鴻海前，要先把自尊心放在冰箱裡冷凍，離開後再拿出來解凍。」在郭台銘身邊打拼 25 年的老臣紀志儒接受《商業週刊》專訪時曾這麼形容，20 多年來，他親眼見證工作狂老闆郭台銘，從每天工作 12 小時一路暴增到 20 小時，隨時接受郭台銘的問題轟炸是幹部的最大挑戰，「你這單位出了什麼問題，你曉不曉得？」、「你成本是怎麼分析的？」只要答案讓郭台銘不滿意就得「罰站」，郭台銘也陪著幹部一起站，令幹部們不得不服氣。

　　郭台銘購買大量管理、財經書籍給幹部看，時不時抽問心得，幹部們上班時間幾乎被會議、工作塞滿，哪來時間看書？但外人不知道的是，郭台銘對幹部嚴格，對自己更嚴格。在紀志儒眼中，郭台銘是整個鴻海集團裡學習能力最強、最好學的人，遇到不懂的領域總是不厭其煩地請教、試驗，犯錯就修正，跟在他身邊工作就像是跑馬拉松，如果你跟不上腳步就可能被淘汰。

　　郭台銘的強人領導特色，即便在外人面前也絲毫不見內斂，2018 年郭台銘出席富士康 30 週年慶活動時，也因為發現簽到簿的品質、設計不到位，現場拍桌要求員工立刻重印，一絲不苟的領導霸氣展露無遺。郭台銘曾說，身為領導者既要負責做決定，也要承擔衍生而來的壓力與成敗，「如果一個老虎帶著一群綿羊，綿羊就會變成老虎，但若是老虎被綿羊帶領，就會變成綿羊。」

　　因著這份理念，鴻海內部彷彿一個大軍營，由郭台銘訂定目標、把遊戲規則說清楚以後，一切按表操課，所有人對於郭台銘的指示更是絕對服從，一旦答應就絕不能跳票；面對優秀人才與共同打拼的團隊，郭台銘花錢也不手軟，他曾花 3,000 萬元替員工買房，對於基層員工福利也很敢給。他堅信，「獨裁為公」才能讓企業生存下去，唯有「執行力」才能迎戰全球化激烈競爭。權威型領導模式看似不近人情，卻能讓員工心甘情願為他打拼賣命。

要效率還是創意？魚與熊掌難兼得

正因權威型領導著重紀律、按表操課，將權力通通握在手中以便管理，這類型 PO 能夠在緊迫的時間壓力下，快速完成專案，一切問題都由 PO 負責做決策，但前提是這名 PO 必須對於自己的中心思想相當堅定，不能隨意地被亂流所打亂，了解什麼該做、什麼不該做，並以身作則讓團隊信服。然而，每種做法都有一體兩面，在如此權威、獨裁的工作環境中，一切以 PO 說了算，恐難以激發創意，也可能被團隊視為控制欲強、專橫的領導者；更重要的是，這類領導風格一旦定型，也就難以再轉換為其他領導風格。

儘管我們能夠一窺郭台銘的領導統御之道，但能成為郭台銘、賈伯斯的人卻寥寥無幾，主要原因就在於這類型 PO 大多靠著與生俱來的天才及人格特質，只可意會、不可言傳，萬一接班人不如原本的領導者強勢，家長式領導少了「家長」，企業或團隊恐將走向下坡，並非人人都能輕易駕馭，未來傳承時也將大大考驗 PO 智慧。

權威型領導PO

代表人物：
- 郭台銘
- 貝佐斯
- 賈伯斯

維繫權威3要件：
- 以身作則
- 與團隊保持距離
- 不輕易透露內心感受

權威型PO

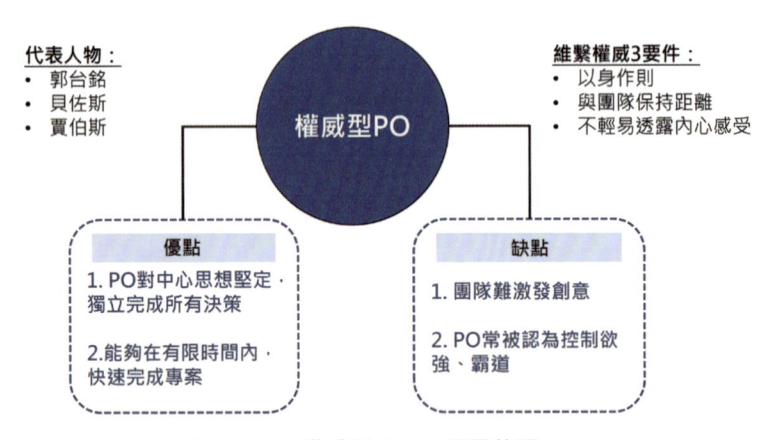

優點
1. PO對中心思想堅定，獨立完成所有決策
2. 能夠在有限時間內，快速完成專案

缺點
1. 團隊難激發創意
2. PO常被認為控制欲強、霸道

圖 6-2-2：權威型 PO 一頁圖整理

🎯 改變時代巨輪 轉換型領導激發團隊無限潛力

「一個人可以鼓舞國家、遠離大蕭條；一個人可以帶領世界，贏得世界勝利；一個人可以在所有人胸中，放一把火。」經典老車 Cefiro 廣告片段，以激勵人心的磅礴音樂訴說著已

故美國總統富蘭克林・德拉諾・羅斯福（Franklin Delano Roosevelt）透過獨有的領導風格，讓 1930 年代深陷經濟大蕭條的美國谷底翻身，走出危機，他也成為許多美國人心目中最偉大的總統之一。

羅斯福在就職演說中，強調「團結」是美國人民當時最神聖的義務，期盼領導者和人民之間建立一個「承認彼此依賴」的新契約，他承諾與人民共同面對困難，同時也希望人民化身一支訓練有素、忠心耿耿、願意為國家犧牲奉獻的軍隊。在願景的背後，是務實行動的筋肉與骨架，他上任後甫推行「百日新政」、「爐邊談話」，一言一行都傳達出明確的願景，更展現重建美國、復興自由精神的決心，為當時的美國注入一股生機，老百姓們也深信只要團結合作，富足就在家門外。

究竟是什麼樣的領導風格，能夠讓萬念俱灰的美國人重新燃起希望？

羅斯福曾分享他的領導心法：「一位最佳的領導者是一名知人善任者，挑選有使命感且能力強大的部屬。當下屬全心從事其職守時，領導者要自我約束力，敬重其專業，不插手干涉他們。」羅斯福總統傳記的作者伯恩斯（James MacGregor Burns），1978 年在《Leadership》一書中，將這位總統的特質描述為「轉換型」。藉由直達人心的「願景」造就團隊堅強「意志」，共同達成傲人的「成就」，在轉型領導 PO 的引領下，每個人都堅信是為了自己的成就而努力，不僅是時下最主流的領導方式，也是足以改變時代巨輪的領導風格。

埋下願景魔豆　發掘團隊成員心中的巨人

每個人心中都有一個巨人，而轉換型領導風格的 PO 正是在團隊成員心中埋下這顆願景的魔豆，帶領團隊發掘自身無限潛能。這類型 PO 在率領團隊時會利用願景激勵團隊成員，提升專案團隊信心及工作價值，進而改變他們的價值觀、態度、信念與行為，當團隊發自內心認同這項願景，就會發生本質上的轉變，將團隊願景視為自我實現的目標，更有使命感、更願意主動努力工作，創造超過期望的績效。

想改變一個人的想法、價值觀，何其容易？

因此，轉換型領導風格的 PO 在執行專案時務必落實五件事，這五件事分別又涉及五大重要層面。

1. **建立信任（Establish Trust）**：一方面分享願景、建立使命感，另一方面建議團隊自信，可望藉此獲得尊敬和信任，這部分涉及理想化特質的影響（Idealized Influence - Attributes, IIA）。

2. **誠信行事（Acts with Integrity）**：當 PO 說出自己的信念與價值，就要身體力行去實踐，唯有言行合一，才能博取團隊的信任，這是所謂理想化行為的影響（Idealized Influence - Behaviors, IIB）

3. **鼓勵他人（Encourages Others）**：說明為什麼要達成這個願景，並以此激勵團隊成員，將願景打造成大家的願景，意指激發部屬動機（Inspirational Motivation, IM）。

4. **鼓勵創新思考（Encourages Innovative Thinking）**：鼓勵團隊創新思考，同時靈活運用解決問題的能力，也就是智慧啟發（Intellectual Stimulation, IS）。

5. **擔任教練並培養人才（Coaches & Develops People）**：給予每位成員特別的訓練及建議，我們稱之為個別的關懷（Individualized Consideration, IC）。

轉換型領導 5 大關鍵步驟　強化專案成效

　　轉換型領導不僅幫助專案進行，還能造就出驚人績效。我在長宏期間也多次運用轉換型領導號召學員與志工，完成一次又一次不可能的任務。有一次，為了翻譯專案管理聖經──《專案管理知識體系指南》（Project Management Body of Knowledge, PMBOK），我以 PO 的角色號召 100 位志工，由關鍵的組長及副組長逐步完成各層級微觀轉型，在短短 3 個月內翻譯這部專案管理鉅作，親自實踐並驗證轉換型領導的獨特魅力。

　　在招募團隊之初，我將文宣發給 1 萬多名 PMP 學生，明確告知這是沒有報酬而且週期非常長的「史詩級專案」，有 PMP 證照或英文不錯的學員都能參加，但不承諾任何回饋，只說明此專案能帶來學習與成就感，並強調團隊的努力結果勝於個人利益，是第一步「建立信任」。此後，我們成功號召 100 名志工，就在第一次啟動會議時，我向核心幹部、審查委員及志工說明為什麼要翻譯這本書，期盼成為「台灣業界最高翻譯品質的專案管理聖經」，並在整個專案中不斷重申這次專案是締造台灣的里程碑，當專案完成後，我們都能以 PMBOK 翻譯志工一員為榮，替團隊打造願景同時以身作則，達到第二步「誠信行事」。

在每週的週會裡，我總會以積極樂觀的精神鼓勵核心幹部，同時也要求各組組長與團隊建立共好情誼，同時安排團隊組建活動，讓共好氛圍能夠發酵，有效凝聚士氣、激發團隊的熱情，這便是「鼓勵他人」；在專案過程中，我們只給予明確目標與結果要求，同時保留自由的發言空間，激發團隊更多新想法與創意來達成目標，與「鼓勵創新思考」不謀而合。長時間參與專案任務，志工們可能歷經低潮，或認為影響個人工作，興起想離開的念頭，每當接獲類似狀況，我便會逐一和志工深談、給予支持，讓他們回到正軌，這就是「擔任教練並培養人才」。

靈活運用微觀、鉅觀轉型 創造龐大綜效

除了上述 5 步驟，轉換型領導的轉化過程還可以再細分為「微觀」及「鉅觀」的轉型，所謂「微觀」指領導者激勵團隊中關鍵成員，透過這名成員的轉型、提升能力，增加對專案的貢獻度；當關鍵成員人數增加，就會慢慢塑造起更正面的組織文化，進而激勵其他成員突破能力限制，讓專案表現得更亮眼，這便是「鉅觀」的轉型。

大企業的轉型領導大多從微觀轉型著手，找來外部專業 CEO 協助訂定企業願景，並整頓內部、汰舊換新，替企業注入活血，逐步建立新的組織文化，進入鉅觀的轉型期，但因這次百名志工翻譯專案是全新籌組的團隊，因此採取完全相反的順序，我在設定好組織願景後才號召志工加入，建立起鉅觀的轉型領導，隨後由各組組長或幹部再對志工們進行微觀轉型。

專案開始時，我刻意保留 1 個半月做為團隊組建期，讓「共好」發酵，並激盪出 4 個階段的轉型，第一層轉型領導是由 PO 激發組長的責任感、使命感與成就感，第二層轉型領導是經過組長的催化，每天和組員互動、塑造正向的文化，讓組員變得積極及團結；第三層轉型領導是審查委員透過嚴格的審查程序，考驗小組的品質水準，逐步將翻譯專案的流程最佳化；最終第四層轉型領導則是由 PO 訂定階段性目標，力拼最短時效、最好品質達成專案願景，讓百名志工在 3 個月完成翻譯的最終目標。

轉換型領導的 PO 們要特別注意的是，微觀轉型的過程當中一定有衝突、有質疑，這些都是讓志工產生質變的重要養分，即使是在我所領導的 PMBOK 專案當中也不例外，譬如當時就有志工質疑「開讀書會為什麼要做簡報，增加額外工作量？」，當反對的聲音出現後，各組開始自行討論舉辦讀書會的原因，發現這些事前準備看似增加負擔，卻能讓日後

翻譯更加順利，儘管最後不是人人都有做簡報，但每位志工都有唸書，有助於翻譯品質的提升，也證明了真正的轉型領導，並不會在組織風平浪靜的時候產生，卻能在風起雲湧的環境下，造就更多的可能性。

轉型領導能夠後天培養　付諸實踐強化專案成效

說也奇怪，在這個零預算的專案裡，百位志工沒有任何報酬卻能產生這麼多的質變，不僅從專案正式啟動到最後結束，除了少數一開始就因不適應而離開的志工，過程中幾乎沒有任何志工流動，更有人為了如期交件熬夜到凌晨 3、4 點，或犧牲連續假期參加線上會議，甚至有人一邊在國外旅遊，一邊和團隊小組工作，這些志工們自願做出的額外努力，專案始終維持高度生產力。在專案結束後，每位志工的名字都被留名在書籍，甚至是維基百科當中，我們也將這次專案故事撰寫成新聞稿發布，讓志工感受無比的滿足與成就感。

實際上，轉型領導特質能夠藉由訓練來加強，像是如何說明清楚且動人的願景、解釋如何達成願景、展現自信與樂觀……等。有趣的是，現在每當長宏有專案要啟動，員工總能自行號召 PMP 學員擔任志工，正是他們學習了我的行為模式，藉由轉型領導來發揮影響力，也證明轉型領導的確可以學習和訓練的。

這些年下來，我們完成了無數個志業專案，一步步形塑台灣的專案管理氛圍與環境，不禁令人感嘆，轉型領導真的是改變時代巨輪的一種領導風格！

2022/08：與 50 位志工共同翻譯 Esther Derby Retrospective 聖經《Agile Retrospective》。
2022/04：與 52 位志工共同翻譯 Lyssa Adkins SM 聖經 《教練敏捷團隊》。
2021/09：與 100 位志工共同翻譯全球專案管理鉅作《PMBOK7 版》。
2021/05：與 50 位志工共同翻譯 Mike Cohn《Mike Cohn 的使用者故事》。
2021/05：成功推動《專案與專案集管理之工作分解結構》國家標準，並由經濟部頒布。
2020/12：與 50 位志工共同翻譯 Roman Pichler《Scrum 敏捷產品管理》。
2019/06：成功推動《專案集管理指引國家標準》，並由經濟部頒布。
2018/03：與 100 位志工共同翻譯全球專案管理鉅作《PMBOK6 版》。
2017/05：成功推動 3 個「專案管理國家標準」並由經濟部頒布。
2016/10：與 50 位志工共同翻譯《商業分析繁中版》。
2016/09：與 30 位 CNS 志工及 9 位核心專案管理權威，推動專案管理成為國家標準的公告。
2015/10：與 21 位志工費時一年審查《PMI 計畫管理》一書。

轉型領導5步驟

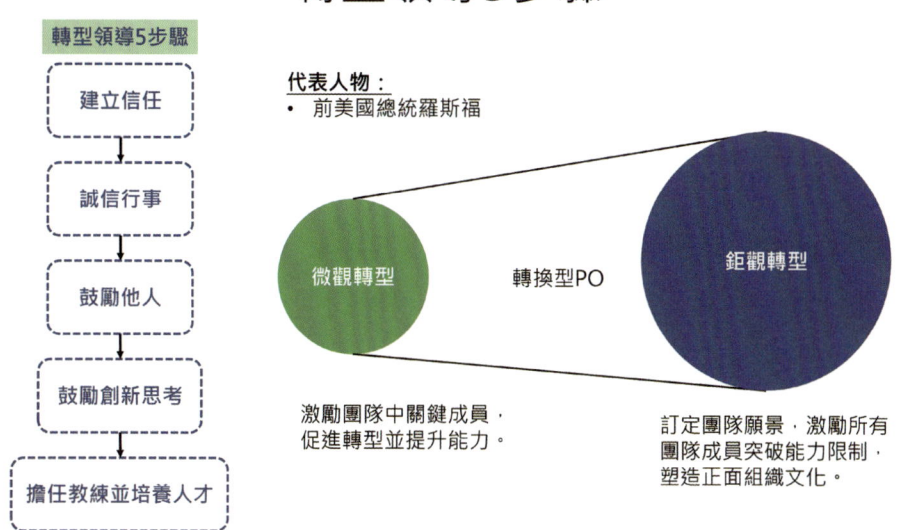

轉型領導5步驟
- 建立信任
- 誠信行事
- 鼓勵他人
- 鼓勵創新思考
- 擔任教練並培養人才

代表人物：
- 前美國總統羅斯福

微觀轉型 — 轉換型PO — 鉅觀轉型

激勵團隊中關鍵成員，促進轉型並提升能力。

訂定團隊願景，激勵所有團隊成員突破能力限制，塑造正面組織文化。

圖 6-2-3：轉換型 PO 一頁圖整理

🎯 快速達標重重有賞！一探交易型領導的經典魅力

前面我們談到了「轉換型領導」的 PO，善於運用願景的力量激勵團隊士氣，潛移默化中改變團隊成員的價值觀、態度、信念，而這些轉變也讓團隊更有動力，願意共同朝向願景目標邁進，這種心理層面的滿足、成就感、榮譽，我們稱之為「內在報酬」。既然有「內在」自然就有「外在」，所謂「外在報酬」指的是實質的薪資、專案獎金等金錢報酬，這種把績效和獎金連結在一起的領導風格，就是我們要談的第 3 種領導風格「交易型領導」。

交易型領導誕生於工業革命時代，最大特色在於獎懲分明，這類型 PO 專注於和績效相關的任務和目標，善於運用獎勵和懲罰保持團隊成員的工作積極度，確保團隊努力達標，舉例來說：只要 KPI 達標就能獲得一定金額的獎金，相反地，若 KPI 低於一定水準也可能面臨懲處。團隊深信只要努力達成目標，這些辛苦都能夠換取相對應的實質回報，而 PO 也能獲得團隊的服務與貢獻，這種建立在交換、互惠基礎上的領導方式，相信大家都不陌生，也凸顯交易型領導是一種相對傳統的領導風格。

1＋1如何大於3？經營之神王永慶的獎懲哲學

說起交易型領導的典型代表人，不得不提及台塑集團創辦人王永慶，出身貧寒家庭的王永慶15歲那年從小米店學徒做起，隔年靠著父親向別人借來的200日圓做起了賣米生意，不僅細心將米中的小碎石、米糠挑乾淨，更免費提供淘陳米、洗米缸的客製化服務，不少顧客一來二往便成了回頭客，從每天賣不到12斗米，到一天能賣出超過100多斗米，連當時具有競爭優勢的日本米店都顯得相形失色。

王永慶從米行、木材行到成立台塑公司，一步步打造台塑帝國，所屬員工超過7萬人，更曾以54億美元的身價登上《富比士》雜誌的全球富豪榜，被外界譽為台灣的「經營之神」。王永慶在他70多年的經營管理實踐中，悟出「獎勵管理」和「壓力管理」這兩大法寶，如此獎懲分明的管理方式，也形塑出台塑集團獨有的企業文化。

與王永慶共事的壓力之大，可是遠近馳名，其中又以「午餐彙報」最廣為人知。王永慶為了掌握台塑旗下各大事業體的工作情形，幾乎每天中午都會安排午餐彙報，由各單位主管報告經營狀況或面臨的管理難題，午餐彙報由王永慶親自主持，氣氛相當嚴肅，他總是先聽完各主管的報告後，再一一提出犀利且細微的問題，主管們為了應付午餐彙報，每週至少工作超過70小時，確保對所轄部門的大小事瞭若指掌、完整分析問題或報告內容，才有機會順利過關。

只要能過挺過這些壓力，自然也能收穫甜美的果實。多年來，王永慶對員工的慷慨在報章雜誌中表露無遺，台塑集團豐厚的年終獎金更成為媒體目光追逐的焦點，除了豐厚的年終獎金，王永慶也會額外發放獎金給管理高層，即便是一般職員也能獲得一定比例的分潤，正因王永慶在獎金發放上毫不手軟，所有員工都清楚地知道，自己付出的每一分努力都會獲得相對應的報酬，因此所有人都卯足全力、拼命地工作，這套獎勵管理制度也成功激勵團隊士氣，發揮「1＋1大於3」的效果。

「獎」與「懲」怎拿捏？認識3種交易型領導

同樣是「獎懲分明」，如何規劃「獎」與「懲」也是一大學問，這就要進一步談到「交易型領導」的3種類型，分別為：權變式獎勵、主動例外管理以及被動例外管理。

- **權變式獎勵（Contingent Reward）**：簡單來說，權變式獎勵就是根據表現給予適度的獎勵。PO 與團隊會先訂定類似於「有努力即獎賞」的合約，清楚告知團隊成員，只要完成一定程度的工作、達到特定績效標準就算是「完成任務」，而且績效越好、酬賞越高，激勵團隊努力達標，贏得獎勵。

- **主動例外管理（Active Management By Exception）**：這類型的 PO 會主動監測或修正團隊的錯誤，讓團隊了解犯錯的根本原因，並加強規定，避免錯誤再次發生。

- **被動例外管理（Passive Management By Exception）**：與前者相反，這類型的 PO 在和團隊訂定好共同的工作準則後，就不再改變任何工作規定，只有在錯誤發生時才會糾正，並依照規定懲罰或運用其他管理方式，避免類似錯誤再犯。

根據我的經驗，交易型領導比較適合運用在有明確任務與工作內容的環境，正因每個人的角色、工作內容都相當明確，團隊也了解 PO 對自己的期待，當團隊面臨危機時也能發揮效果。只不過，這樣的領導方式同時也會扼殺團隊成員的創造力與主動性，團隊也可能過度著重於短期目標，而非更長遠的願景。

交易型領導PO

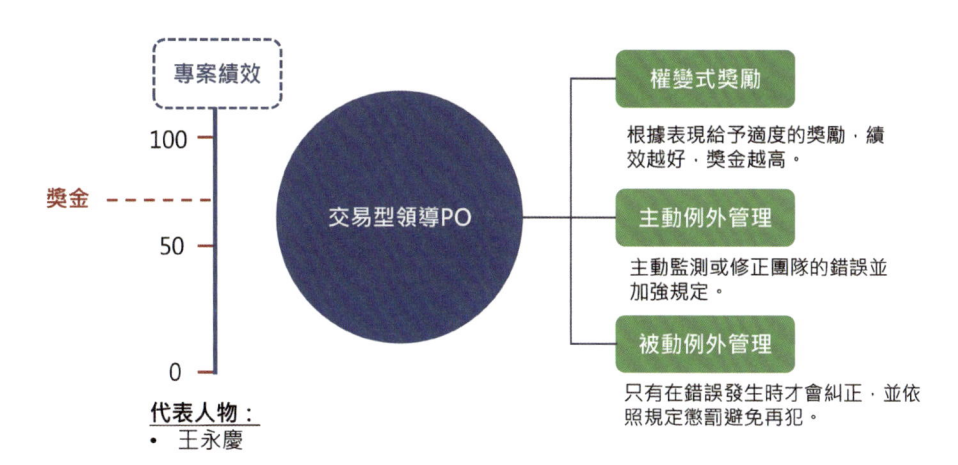

圖 6-2-4：交易型領導 PO 一頁圖整理

學起來不吃虧　授權型領導與謙虛型領導

除了權威型、轉換型、交易型領導外，我認為在敏捷專案當中，Scrum 團隊屬於被充分授權的自管理團隊，PO 在率領團隊進行產品研發工作時，「授權型領導」和「謙虛型領導」或許也能派上用場！

「授權型領導」是採用民主的方式領導，每位團隊成員都能夠提出意見，每個人也都握有最後的決策權，並願意承擔相對應的責任，這樣 PO 就能有更多時間與精力用來思考產品策略。然而，PO 必須特別注意，不是每個人都適合授權型領導，你必須確保團隊已經有獨當一面的能力，同時充滿信心、身心都準備好，具有一定成熟度也願意承擔責任，才能放心授權團隊，同時給予大量鼓勵與支持性行為，避免過多干涉以表達對團隊的信任；假設團隊無論在能力或心態上都還沒準備好，PO 切勿全然授權、放手不管，團隊可能因不想擔責而優柔寡斷，最後恐怕什麼事都做不好，這也考驗著 PO 的眼光。

至於「謙虛型領導」相信大家都不陌生，Scrum Master（SM）就是典型的謙虛型領導，也稱為僕人式領導。許多人都有過類似經驗，當主管詢問一件事情時，你可以清楚感受到主管對這個問題是否早有既定答案或立場，而謙虛型領導的 PO 就如同一個空杯子，不帶有預設立場、沒有主見，當團隊感受到這份謙卑的力量，深感自己的專業獲得認可，也會更願意真心提供意見、全力以赴。

謙虛究竟如何領導團隊，一時之間或許難以想像，我們不妨看看企業界的成功案例，像是統一企業創辦人高清愿，多年來靠著人和萬事興、沒架子、充分授權、重視團隊集思廣益……等領導原則，逐漸壯大統一集團；而全球家庭用紙及個人護理用品領導品牌金百利克拉克（Kimberly-Clark）的 CEO 達爾文‧史密斯（Darwin E. Smith），個性雖靦腆又保守，但也提倡領導人應該著重「謙遜」二字，能夠有助企業運作更順利。

儘管這些個個都是大企業，領導者仍然能夠秉持謙遜原則，對組織成員及組織績效帶來正向影響力，這類型的成功 PO 普遍帶有 4 大特質，像是低度的自我關注、容易察覺同仁的貢獻並予以肯定、保有開放心態欣然接受他人建議、坦然承認自身缺陷，顯見謙虛型領導已成為現代企業重要領導風格之一。

PO 怎樣與利害關係人合作

🎯 跨部門協調頻碰壁、產品賣不好誰該負責？
線上遊戲 PO 的真實心聲

一款新產品從發想到上市，往往得歷經層層關卡，從內部提案發想、溝通、執行及行銷等各環節，更別說在這過程當中，還有著數不清的會議與溝通調整，跨部門、跨團隊溝通與合作可謂是家常便飯。

只不過，對於要為產品成敗負責的 PO 而言，這頓「便飯」吃起來可真不容易。一位線上遊戲產業負責研發的 PO 分享，他既不負責產品選定、對行銷部門的掌控度也不高，有時就連分工也不夠明確，導致跨部門協調時常無疾而終，但只因他是 PO，就得一肩扛下整體產品業績。

在我看來，儘管台灣越來越多企業導入敏捷，但多數仍保有傳統組織架構，跨部門溝通勢必成為許多 PO 頭痛的一大課題。同樣的問題全世界皆然，2015 年《哈佛商業評論》針對 25 家全球知名企業，多達 95 個團隊進行調查發現，將近 75% 跨職能團隊處於功能失調的狀態。究竟哪裡出了問題、該如何改善？我們一步步來解析。

別再屈就不合理的 KPI！睿智 PO 靠 OKR 扭轉情勢

從 PO 的角度來看，產品開發固然影響著成敗，但若是一開始產品選定就出了問題，豈能由 PO 承擔 100% 的責任？這問題就出在「KPI 的不合理」，這時不妨改採用「OKR」來改善。OKR 是由「目標」（Objective）和「關鍵成果」（Key Result）所組成，由老闆或主管訂定全公司的共同目標，確保所有員工清楚了解這個目標為何而定，並且共同思考在達標的路上要完成哪些任務。全球知名企業如：Intel、Google、亞馬遜都紛紛捨棄 KPI，投入 OKR 的懷抱。

傳統 KPI 的做法是讓各部門訂有自己的指標，專注結果且強調數字與效率，例如：行銷目標市占率 30%、銷售目標賣出 10 萬台、開發團隊要求除錯率低於 5%⋯⋯等，各部門可

能為了達到「自己的目標」緊抓資源，不願花時間與其他部門協同合作，陷入「自掃門前雪」的惡性循環。

以上述線上遊戲公司為例，OKR 則是由公司老闆訂定「搶下 30% 線上遊戲市場」的目標，各個部門再來思考該怎麼做才能朝這個目標邁進，透過檢視團隊每個人的投入度、責任心及專注力作為評分與獎勵標準，各部門不但目標一致，更順勢分擔了最終成敗的責任，而非由 PO 一人承擔。此時 Scrum Master 若能適時運用各種敏捷手法築起信任，包括：營造邁向共同目標的士氣、促進彼此互助、透過「團隊建立」（Team Building）活動凝聚向心力，則可以嘗試將不同部門成員找進同一個小組工作，將一盤散沙「捏實」，形塑成彼此互信的緊密團隊，達到敏捷宣言中所強調的「人員及互動比流程與工具重要」。

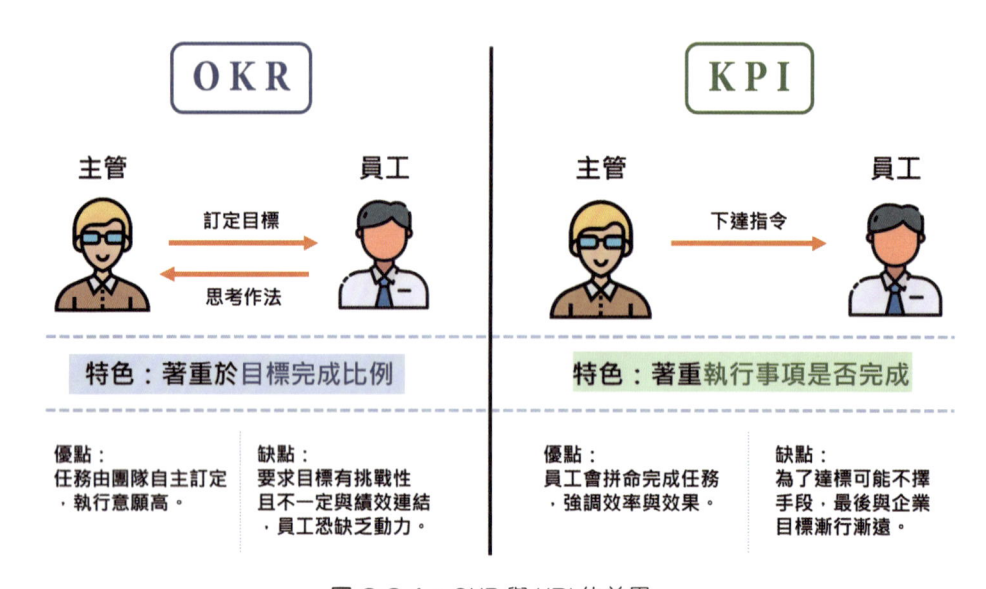

圖 6-3-1：OKR 與 KPI 的差異

（傳統 KPI 是由主管下達命令，員工只負責提高效率、完成任務，不管是否與企業目標相背離；OKR 則是由主管訂定企業目標，並由員工思考做法，有助於讓企業實際朝向目標邁進。）

解決指標問題後，若是老闆要求研發部門的 PO 必須擔負起行銷部門的業績，PO 就得鼓起勇氣要求老闆授權。這裡的「授權」大致可分為 2 種，一種是由總經理全權授權 PO 有 100% 產品決定權，包括：如何設計、如何販售、定價、行銷及打考績……等，都是 PO 說了算；另一種則是「專案型態」的授權，由 PO 擔任某次專案的指揮官，邀集人資、財務、研發、銷售部門共同參與，並且定期公布跨部門合作的績效與所遇到的障礙等指標。

研發部門的 PO 唯有取得授權，才能在確認產品亮點的同時，請行銷部門針對亮點打造行銷方案，確保它成為產品上市後的最大賣點；反之，也能藉由行銷思維先找出產品賣點及市場趨勢，再回頭交由研發部門開發。唯有這麼做，PO 才能真正主導其他部門的工作，整合協調不同部門的功能、發揮組織綜效，並且透過定期會議與報表展現成果。

圖 6-3-2：OKR 執行三步驟

（採用 OKR 後，不僅各部門目標一致，更順勢分擔了最終成敗的責任，而非由 PO 一人承擔。）

誰說向上管理靠天分？善用同理心讀懂老闆的心

說起「向上管理」，很多人總認為這是種天分，甚至誤以為是要「討好」老闆，在我看來，這些都是錯誤觀念。以我過去在日月光公司擔任 PO 多年的經驗，無論是不是身為主導者，主管們都對我很放心，不僅採納我提出的建議，更願意授權讓我放手去做，箇中關鍵就在於「同理心」。

多年前日月光公司面臨全球經濟緊縮問題，情急之下，當時的總經理不得不考慮靠「裁員」來化解危機，然而員工養成不易，總經理在裁與不裁之間陷入兩難，於是我自告奮勇提出以「價值分析與價值工程」（Value Analysis & Value Engineering, VA/VE）的方法，幫各部門量身訂定指標達到降低人力成本目的，成功打中痛點。於是總經理一聲令下要「公司部門主管及重要職務都要學習 VA/VE」，最後各部門都順利達標，化解了燃眉之急。

坦白說，這是一次非常大膽的嘗試，萬一做了半天卻拿不出績效，我極有可能遭到撤換，但身為 PO 的我選擇將自己放在總經理的位置上看待事情，切身體會他的煩惱，只要能「痛

他所痛」就能端出能夠解決痛點的「牛肉」。這次寶貴經驗也讓我更加確信，儘管決策權在 PO 的主管身上，但只要能夠影響主管的決策，小蝦米也能搬動大鯨魚。

在這樣的企業裡，PO 就如同在幕後運籌帷幄的軍師，在老闆身旁想對策與出主意，但最後仍是老闆擔任指揮官，下達指令讓研發、行銷及銷售等部門動起來，考驗著 PO 向上管理的能力，而 PO 與老闆的關係就好比總統與行政院長，若是理念契合，PO 可以為了公司拋頭顱、灑熱血，要是理念不合倒不如掛冠而去。

轉型敏捷團隊的第一步 把失散的「手腳」找回來！

「我們公司幾十年來都這樣運作，到底該怎麼跨出敏捷的第一步？」相信這是許多 PO 心中無解的難題，很多公司試圖導入敏捷開發流程，卻依然保持傳統的組織架構，以致各部門依舊各做各的，這時候不妨試試成立「戰情室」吧！

有一家公司多年來都利用傳統瀑布式手法開發 App，一款 App 先後會經歷「系統分析」、「程式設計」、「網頁設計」及「測試」等 4 個部門，而戰情室的做法則是從 4 個部門各找 1~2 人成立臨時小組並指派一人擔任 PO，嘗試利用敏捷「以產品為導向」的作法研發出可用的 App，試行有效後再轉變為固定組織。

老字號壽險公司「國泰產險」就將戰情室運用在與旅遊新創 KKday 的異業合作上，目標是讓消費者在購買旅遊行程時，也能順便客製化推薦保險產品。然而，這項服務涉及數據對接，如何減少資料機敏性又能達到客製化推薦效果，成為雙方合作一大難題，於是國泰產險找來 IT、通路、業務及法遵……等各領域專家設立「戰情室小組」。這些成員卸下原有單位任務，全心全意投入轉型任務，2021 年 4 月展開洽談，僅花了短短 2 個月就開發出全新的旅遊保險服務模式。

戰情室小組的方式或許能讓團隊嚐到敏捷帶來的甜頭，但「沒有敏捷腦袋卻想做敏捷的事，最終必定走向失敗。」傳統組織架構就如同將一個人的頭、手及腳分散在不同部門，試想這些器官若能放在一起，豈不是能運作得更順暢？因此，以局部「最小手術」的方式進行「組織重組」，是我認為更加敏捷的做法。

公司如果有心導入敏捷，不妨先挑選一個最具創新能力的部門，並從部門中各單位挑選一位窗口籌組「前導小組」，這個小組必須具有獨立產出增量的能力，接著安排一天的敏

捷課程,透過基礎教育訓練以確保所有人對敏捷都有共同理解。根據我多年來的經驗,導入敏捷失敗的公司,往往是 PO 不懂敏捷,不斷地趕時間,導致破壞敏捷開發團隊的穩定的步調。

萬事俱備之後,只要能夠促成一、兩次成功案例,大家就能漸漸做出信心,成為那臨門一腳的「東風」,相信其他部門見證成功案例也會有比較高的意願跟進嘗試,等到各部門都有成功案例,自然而然會轉變為更符合敏捷精神、成為以產品導向的公司,同時也不影響原本部門主管的權利與權限,與公司共創雙贏。

跨國團隊溝通連資深 PO 都喊難 善用 4 撇步迎向挑戰

全球化時代到來,企業跨國、跨境經營已成未來主流趨勢,也是現代商業的必備要件,然而大型跨國企業的員工來自五湖四海,各自有其教育、文化背景及思考邏輯,也讓跨文化溝通成為許多 PO 不得不面臨的新興管理課題。

我認識一位外商藥廠的品牌行銷部門處長,他的轄下管理 4 位產品經理及多達 20 位行銷人員,是個規模不小的功能導向團隊,掌管的藥品種類也相當多元。為了隨時更新藥品在國際間的臨床試驗與使用情形,他不僅要和國內同事密切聯繫,也得時常和亞洲區或全球同事召開線上會議。

儘管在藥業已有相當歷練,但對他而言,對內溝通的複雜程度仍然比對外溝通高出 10 倍以上,他國成員在文化或藥品政策上的差異,儼然成為溝通過程中難以跨越的高牆,時區的不同使得會議時間難以安排,語言與文化差距則可能導致溝通問題,牛頭不對馬嘴,也讓後續實際合作陷入瓶頸。身為 PO 究竟該如何換位思考,克服時區、語言及組織文化⋯⋯等差異,與跨國團隊磨合出相同的思維模式與溝通頻率,不妨善用 4 個小撇步,更能加速化解溝通高牆。

圖 6-3-3：跨國團隊溝通 4 大挑戰與解方
（企業跨國經營已成主流趨勢，文化差異、時區差異、語言不通及組織文化差異將成許多 PO 必須面對的 4 大挑戰。）

挑戰一：文化差異難融入？先聊天再開會

「文化差異」是跨國團隊不得不面臨的挑戰之一，正因團隊成員各自成長於不同文化背景，成員們很可能因為一些自認為理所當然的假定，無意間誤會他人或造成他人誤解，尤其 COVID-19 疫情期間全球紛紛掀起居家上班風潮，類似問題更是層出不窮。舉例來說，有研究顯示中東、拉丁美洲及地中海國家的人，說話的聲音經常比其他地區的人們高出幾個分貝，也認為打斷對方說話沒有什麼問題，這些他們早已習以為常的溝通方式，在他國成員看來或許就是不禮貌，甚至是冒犯的表現，面對類似情形，很多人可能置之不理，但已在心中埋下負面印象與衝突的種子。

面對類似問題，PO 應抱持著包容與理解的心態，在每次視訊會議開始前 10 分鐘，先以輕鬆的方式進行「跨文化 Small Talk」替會議暖暖場，避免一開始就直接切入議程。各國團隊可以先就今天的會議主題分享觀點，或聊聊最近經歷了哪些重大事件，例如：最近因一款藥品爭議，A 藥廠多國總部都湧現抗議群眾，藉由了解各國團隊不同的處理方式，也能增加對不同文化作風的理解，會議時更能站在對方部門或國情的角度來思考問題。

挑戰二：時區差異日夜顛倒，開會時間輪流決定

當團隊成員分散在多個不同時區時，會議時間該以誰為主、訂在什麼時間點，真可謂是一大挑戰。如果條件允許，當然儘可能挑選雙方都上班的時間開會，但要是真的「喬不

攏」，也應避免讓有些人永遠在下班時間或凌晨時分開會，以確保公平，我認為輪流決定開會時間，才是跨國合作最可長可久的方式。

過去我在日月光擔任技術主管期間，曾負責美國 Intel 公司的業務，Intel 遠在美國，與台灣相隔 12 小時，無論選擇什麼時間開會，對雙方而言都是一大壓力，因此儘管對方貴為客戶，仍然能夠透過協商輪流決定開會時間，讓每個人都有機會在白天開會，會議時也可以請與會成員報出當地時間，讓每個人都了解其他團隊成員的處境，更能感同身受。

挑戰三：語言不通靠科技輔助，關鍵字清單來幫忙

克服文化和時區的障礙後，語言不通的問題就相對容易得多，也有許多工具可以輔助，慢慢找出雙方的共通語言。會議中，複雜且力求精確的內容可以改用文字溝通，除了自己打字，也能善用「手機聽打」功能快速輸入訊息，並利用共同文件、Zoom Chat 同步紀錄，都能避免因英語腔調的不同而衍生溝通障礙或誤解；在聽的方面則可以利用 Google 即時的「英文轉中文」語音翻譯功能或語音翻譯 App「訊飛聽見」，都能讓跨國會議進行得更順利。

對於不是這麼熟悉開口講英文的 PO，我建議每週找外國人練習對話 2 到 3 小時，就能在短短數週內補強英文口語能力，更重要的是培養出開口的勇氣，每次會議前也可以準備一份「關鍵字清單」，避免在傳達關鍵語句時陷入窘境，同時更增專業度。溝通不是考試，不求文法 100 分，打開視訊鏡頭，只要善用口語、表情、肢體語言，讓對方明白你想表達的意思，才是終極目標。

挑戰四：組織文化差很大，靠工作協定培養默契

不同國家的成員各有其獨特的行事風格，久而久之便形塑出獨有的組織文化，因此促進進關係人與團隊間的溝通，也是 PO 的重要職責之一。在我看來，組織文化的差異可以藉由敏捷團隊習慣訂定的「團隊工作協定」（Team working agreements）來化解，達到同步團隊成員價值觀的目的，也是團隊組建中相當重要的概念。

簡單來說，團隊工作協定就是團隊的運作規則，早在專案團隊剛剛組建而且還沒有發生任何衝突之前，就由成員共同提案、討論及決議，不僅能夠建立團隊的互信基礎，也代表

著大家共同信守的價值與原則，相信團隊在這樣的工作協定下，能夠做出更好的決定、一起解決問題。

舉例而言，有人提案「開會要準時」，所有人都同意後以白紙黑字寫下，未來遲到的人就要請大家喝飲料，又像是「當重大客戶出現抱怨」可以先由 PO 組一支救火團隊處理客戶情緒並提供暫時性方案。根據過去經驗，我也列舉幾個團隊工作協定的方向供 PO 們參考，像是：我們如何決策、如何面對衝突、如何處理障礙、如何改善流程、如何管理工作、如何相互溝通、如何執行會議、如何互助且工作愉快。

敏捷本身就是高密度溝通的工作思維，正如敏捷宣言中提到「人員及互動比流程與工具重要」、「與客戶合作比合約協定重要」、「因應需求變更比依計畫行事重要」，無一不強調「溝通」的重要性，而 PO 正是在客戶與開發人員間扮演穿針引線的重要角色。在克服跨國溝通難題後，別忘回歸敏捷，持續確保產品待辦清單優先順序，激勵團隊成員將產品價值最大化。

利害關係人合作大不易？聰明溝通是成功敲門磚

相信曾經在職場打滾的人都清楚知道，工作能力固然重要，但「人」才是各項專案能否順利推行的一大關鍵。「溝通」也成了 PO 必須具備的基本技能，透過與團隊、各部門、各個利害關係人建立需求，有助於了解他們的需求，只要能妥善經營人際關係與互動，更能在溝通氛圍、工作互助上發揮最大效果。

說起「溝通」二字，你的腦海中會浮現哪些關鍵字呢？最近幾年，我和不少業界資深 PO 進行深度訪談，不少人都提到了「3C」這個概念，也就是溝通（Communication）、合作（Collaboration）和創造（Creation），這 3 個詞幾乎成了所有 PO 的共同語言，也是多數人都認同的必備能力。宏碁集團創辦人施振榮先生也曾經提過「3C 而後行、5C 而決策」的領導原則，不同的是，他認知中的前 3 個 C 意指「溝通、溝通再溝通」，但在決策時更應該特別留心在凝聚共識（Consensus）與承諾（Commitment）。

施振榮曾經在接受《Cheers 快樂工作人》雜誌專訪時提到：「把領導的意思解釋成『管人』，這就錯了。領導實際上是要『服務』，帶大家一起做一件事。」而「願景」就是推動團隊往前進的動力，透過願景創造使命感，只要團隊被感動，大家就會願意追隨、願意共

同進步，數十年的管理生涯也讓他體悟到溝通的重要性，經理人在決策前能否和團隊進行有效溝通，是成敗關鍵，如此開放且溝通無礙的企業文化，也成了宏碁數次挺過存亡危機的救命符。

不只寫 Email、打電話　PMP 溝通和你想的不一樣

「溝通」這門學問聽起來有些抽象，實際上在「專案管理」領域是有脈絡、有方法論可依循的，一個好的專案經理（Project Manager）在專案推行的過程中，至少有 80% 時間都花在溝通這件事情上。只不過，這裡的溝通和你想的可能不一樣，並不是打打電話、寫寫 Email 這類狹義的溝通，而是巨觀、多面向且有深度的溝通，紮紮實實地和各層面利害關係人溝通和合作規劃，每一次溝通都猶如完成一片拼圖，一步步拼出「專案管理計畫書」的全貌。

這一連串的溝通流程，我們稱之為「專案管理的 5 大流程」，依照先後順序依序為──起始、規劃、執行、監控、結束，這 5 個階段就像是一項專案的生命週期，工作內容幾乎全是由溝通所組成，不同利害關係人也有不同溝通需求、溝通週期以及溝通過程中的重點與計畫。我簡單列舉出一些重點和大家分享。

- **起始階段──專案發起人與專案經理的溝通**：一項專案的開始，往往起源於老闆或主管的一個想法或念頭，但這些念頭可能既天馬行空又不切實際，這時 PM 將發揮溝通本領，跳出來提醒「這個想法太理想化」並根據執行面考量給予具體的建議，發想者了解實際面的困境後，也會比較願意退讓。確定目標後，PM 將進而發展出這次專案的章程，尋找出可能的利害關係人樣貌。

- **規劃階段──專案經理與團隊、財務、風險專家的溝通**：確認了利害關係人，緊接著就要開始為規劃「專案範疇說明書」進行溝通，釐清規劃範疇並蒐集需求，在這當中經常會出現利害關係人想要的是 A，但我們看到的卻是 B 的窘境，這時就必須一再溝通確認，並且訂定專案的範圍、大小、依照章程訂定基本原則。專案範疇說明書成型後，下一步就是由團隊共同展開成為工作事項，也就是工作分解結構。

    骨架建立起來之後，每個專案活動都得花時間去執行，不是 PM 一句「下週完成」，專案就真能完成，而是要逐一確認活動細項、排出優先順序、定義每項活動的負責

人、團隊成員各自預估所需時間，最後畫出「專案發展時程」的甘特圖。執行活動勢必要花錢，估算各個工作包要花多少錢，而所有工作包累加起來就是整體的工作預算，以此來估算成本，並彙整成「成本管理計畫」，在這段期間必須不斷地和財務、財務長等成本管控者互動與溝通。

每個專案都有風險，風險管理也是攸關專案能否成功的重要的一環，PM 可以諮詢過去執行過類似專案的 PM 或是這個領域的專家，了解各種避險的方法，藉此辨識風險、進行定性或定量風險分析、規劃風險回應，進而完成風險管理的規劃。

- **執行階段──專案經理與客戶溝通**：當一項專案走到執行階段這一步，PM 勢必得了解客戶對於品質的要求，才能藉此和執行的專業人士進行溝通。比方說：今天我們要做的產品是一款庫房的機器設備，就要先和庫房管理人員進行溝通，規劃品質管理、資源管理及活動資源估算等。

- **監控階段──善用 10 大知識重點**：當產品進入「監控」階段，就如同在一個黑箱子外面開個洞，看看裡面的產品究竟長什麼樣子，頻率大約每週一次就非常足夠。我們可以透過「整合、範疇、時程、成本、品質、資源、溝通、風險、採購、利害關係人」這 10 大知識重點來一一檢視，藉此檢查專案工作是否卡關、專案預算運用情形、目標與執行面是否有落差……等，看看是否有變更的必要，或是哪個部分必須趕上進度。如果我們以敏捷的角度來看，敏捷也是監控的一種，只不過監控的重點是「增量」，透過用戶使用回饋來監測增量有效性；相較之下，傳統瀑布式開發監控的則是「進度」，與顧客是否買單並不一定相關。

- **結案階段──最終檢視達標成效並歸檔**：一項專案中，攸關產品能否成功上市的，無非就是「結案」，其中又細分為「專案結案」及「採購／外包結案」，而結案之前的結案會議便是最主要的溝通重點，PM 可依循上述 10 大知識重點，檢視整體專案進度，釐清誰的工作做得好、誰做得不好，確認全數達標即可將各部門資料歸檔到組織資料庫，宣告此專案正式結案。

溝通與合作 從分享願景開始！

回顧過去數十年，我從科技業到自己創業的這段歷程中，曾經參與過各種大大小小的專案，對於如何和團隊溝通、合作也有不少體悟。在我看來，PO 與團隊溝通的第一步就是開宗明義談「願景」，願景是 PO 最重要的精神所在，也是任何專案最核心的中心思想，如果 PO 無法把願景說清楚、講明白，寧可花時間好好思考，也不要急著執行專案。

很多人可能會好奇：「所謂的『願景』究竟是我的願景？還是大家的願景？」確實，這個願景一開始可能只是我的願景，但我會用盡全力讓大家了解，這個願景是多麼有意義，「如果你認同，歡迎一起走！」這願景自然就成了大家的願景。我經常把願景形容成「總統的理念」，這裡的總統指的是 PO，而團隊成員則是行政院團隊，總統肯定是要找一個理念與價值相同的行政院團隊一起共事，才能讓各項政策推行更順利。

面對願景，可能有團隊成員不完全認同或是希望修正，這時 PO 不妨接納別人的觀點，讓呈現方式更有創意、更多元，但確保中心思想不被改變。在我帶領的專案當中，我通常都會在簡報的前幾頁，以一頁圖的方式呈現願景，譬如說：在翻譯 SM 聖經的專案中，我強調團隊成員翻譯的不只是一本書，而是由專業經理人團隊共同打造「台灣業界最高翻譯品質的敏捷書籍」，光聽就令人感到熱血沸騰。這次的專案是完全無償的翻譯工作，一開始有多達 52 人參加，猜猜半年後還剩下多少人，不是 40 人也不是 30 人，而是 50 人，這也反映出 PO 對於願景的信念與堅定，能夠為團隊帶來穩定的力量，讓大家感受到「跟著這位 PO 好有安全感」。如圖 6-3-4：SM 聖經翻譯專案時在啟動會議上所提出的願景。

圖 6-3-4：SM 聖經翻譯專案時在啟動會議上所提出的願景

另外，我這陣子也正籌辦 2022 年 11 月即將登場的第二屆 Regional Scrum Gathering（RSG）啟動會議，有別以往 RSG 大多聚焦在軟體產業，這次的會議願景則是「擴大敏捷領導與敏捷開發在台灣的知名度與影響力」，希望把敏捷的概念拓展到非軟體產業。有了這個目標，志工們在籌備、尋找講師的過程中就也會更有方向。

蒐集需求令 PO 好頭痛？善用「祕密武器」劣勢變優勢

有了明確的願景，這才只是剛剛完成第一步而已，緊接著要開始為專案做準備、蒐集需求或意見，最後才能凝聚共識！在不同會議展開之前，我通常要花 3 倍以上時間預先做好準備，思考應該透過什麼方式與活動，讓團隊成員都能充分溝通討論，在短短 2 小時會議中腦力激盪，「Miro」看板是我經常使用的工具之一，也會運用投票讓大家共同決定工作內容，進而完成分工。

重點來了，很多 PO 對於如何蒐集需求和意見，總是感到頭痛不已，但這恰巧是我的強項，我的祕密武器就是「工作坊（Workshop）」，只要短短 1 小時就能讓大家提出意見，甚至寫出計畫書。首先，PO 先提出一個有待解決的問題，將團隊分為 4 組或數個組別，由所有人腦力激盪，思考與這件事有關的利害關係人，接著定義出重要程度與排列優先順序，這時候各組已經鎖定自己認為最重要的「目標群體」了。

面對各組鎖定的目標群體，再進一步思考他們可能各自有哪些需求，我們又可以提出哪些解方？每個組別除了思考自己組提出需求的解方，也可以輪流替別組的需求思考解方，每次只給 5 分鐘作答時間，在群體智慧催化下，短短半小時就能激盪出各種千奇百怪的創意，最後再逐步排序、收斂出共識。我曾率領政治大學科技管理與智慧財產研究所的在職專班碩士，以敏捷的手法搭配使用者故事地圖，在短短半小時之內為九份老街提出好多不同的活化計畫，相信只要按圖索驥，人人都能成為需求蒐集專家。

PO 的產品藍圖完成後到專案實際執行前，一定要召開幾次「共識會議」，再次對齊願景，直到確保所有人都在同樣的基礎之上，才能放手讓團隊展開工作，千萬別為了省下一點點時間，最後要是走偏了，不但可能沒達到效果，恐怕還得要花更多時間重新對齊呢！

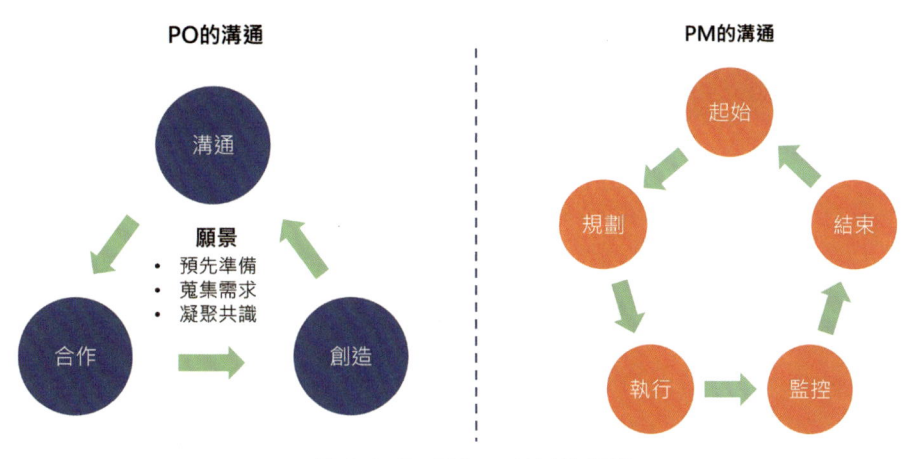

圖 6-3-5：PO vs. PM 的溝通

🎯 把「我」變成「我們」 Scrum 團隊的溝通藝術

　　Scrum 團隊是由 PO、Scrum Master（SM）、開發人員所組成，這個團隊本身就是個自管理（Self-management）並且跨職能（Cross-functional）的小型團隊，涵蓋了可將產品推出上市的所有必要角色。團隊中的所有成員如同在一條船上，也是生命共同體般的存在，必須建立起緊密及相互信賴的關係，彼此互助與共生，更重要的是不分你我，只留下「我們」，才能讓這艘小船順利地向前航行。身為團隊一份子的 PO，唯有仰賴團隊間的協同合作，才能一步步促使產品成型、上市，與團隊間的溝通有多麼重要，顯而易見。

　　每個人都是獨立的個體，一群互不相識的人從認識、共事到合作無間，當然不是一蹴可幾，需要花點時間才能成為一個真正的團隊，而團隊默契除了靠時間慢慢培養，PO 也能運用一些小撇步來加速團隊以縮短磨合期、增強凝聚力，讓團隊更快進入狀況，成為能夠緊密協作、相互信賴且能一起有效工作的團隊！

種子也能長成大樹　培養團隊默契有巧思

　　由於 PO、SM 及開發人員需要長時間緊密地協同合作，而且每個角色都密切相關，因此最好的方式就是讓 Scrum 團隊的所有成員集中在同一個空間工作，這麼做能夠有效提高生產力與團隊默契，一旦工作中出現任何問題也能直接當面溝通並共商解方。

理想歸理想，在現實中或許不是這麼容易達到，要是 PO 真的沒辦法長期和團隊一起集中辦公，就要盡可能召開面對面會議，讓身處遠端的成員也能藉由局部的集中辦公，增加與團隊相處的時間，這樣一來同樣能夠達到集中辦公的目的；除此之外，有些 PO 雖然和團隊在同一個地點工作，但與團隊身處不同空間或辦公室，這種情況之下，PO 們不妨試試「1 小時法則」，每天花至少 1 小時在團隊辦公室中與團隊相處，不但能夠促進溝通、互動，也能讓工作的氛圍更佳愉悅和自在，有助於提升工作的創造性與協作性。

　　PO 在團隊共同工作的空間當中，也能善用環境佈置加入小巧思！像是設置「資訊散熱器」（Information radiator）在白板或牆壁上貼上各種關鍵文件，例如：願景聲明、產品待辦清單、呈現目前任務所處位置的看板、Sprint 待辦清單，以及燃燒圖……等，透過公開資訊的方式促進團隊的溝通，進而形成共識，同時讓工作環境顯得更加繽紛與朝氣；同時，如果條件允許，工作環境中應設置幾個分組討論室，如此既能兼顧個人隱私，又能滿足團隊共同工作的需求，達到團隊合作的平衡。

　　團隊默契就如同種下一顆種子，有賴團隊中的每個人耐心灌溉、細心培養，一枝一葉均得來不易，一旦團隊組成有所變動，整個流程就得重頭來過，當團隊默契受波及，自然也會連帶影響到團隊生產力，因此 Scrum 團隊有必要和產品建立長遠的關係，每一項產品都應該由一個或多個專職團隊開發而成，這不僅能促進團隊間的學習，也簡化了人力與資源的分配調度。

SM 如籃球教練　用對溝通方式團隊效能加倍

　　每一支優秀的籃球隊背後都有一位傑出的教練，才能讓球隊隨時維持在最佳狀態，展現最高水準的表現。同樣的道理，每個 Scrum 團隊都需要一位教練，在產品開發過程中支持團隊、輔導團隊成員，並給予專業上的建議和協助，確保團隊維持在最佳的工作步調與健康活力，在對的時機落實每一個 Scrum 流程，這位教練便是 SM，一位好的 SM 應該無為而治，若是 SM 太強勢，團隊就無法蓬勃發展。

　　PO 和 SM 是兩個相輔相成的角色，PO 主要負責「該做什麼」，妥善運用 Scrum，一步步打造出產品增量；SM 則是 Scrum 專家，他們不僅精通敏捷理念也懂得如何實際運用，主要工作就是藉由僕人式領導，確保團隊以正確的方式實施 Scrum。

如果 PO 不懂得願景領導、不懂怎麼蒐集需求、不懂得使用者故事的用法，SM 都能夠教他，就如同 PO 的導師，也是開發人員的教練，運用 Scrum 訓練開發人員，將效能從原本的 10 翻倍成為 20，倘若 PO 對開發人員予取予求，SM 也會擔起保護團隊的牧羊犬角色，避免把團隊壓得喘不過氣，衝突高漲，增加團隊人員流動的機會。

PO 與 SM 在合作和溝通的過程中，應著重理念溝通、針對 Scrum 問題進行諮詢請益，有需要時請求教練式引導，同時善待並給予 SM 支持。PO 是為產品負責的重要角色，唯有正確地使用 Scrum、做正確的事，才能率領團隊在迅速失敗的過程中，朝向產品開發的正確目標邁進。這也是 Scrum 中經驗主義的重要概念，藉由透明化的產出，能有效檢驗出是否滿足產品開發需求，並根據結果不斷調整，成功達到持續性地交付有價值的產品。（請參閱圖 6-3-6：PO 與開發人員、SM 之間的溝通）

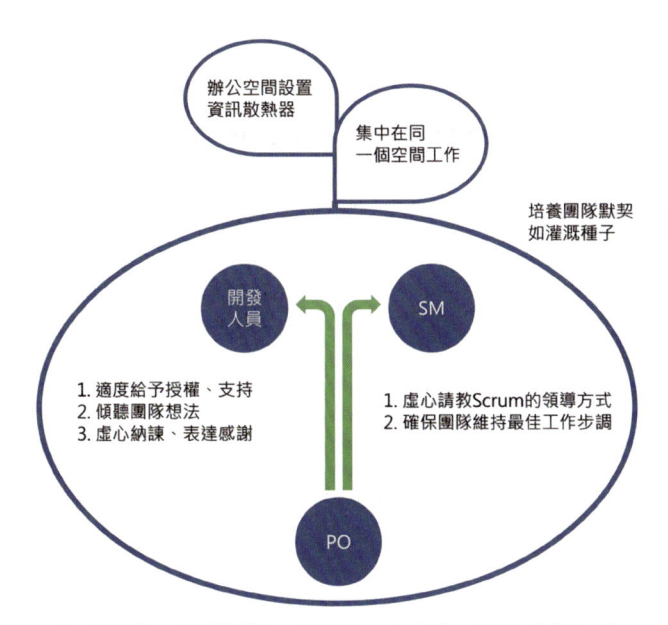

PO 面對開發人員應適度授權、傾聽想法並虛心納諫，面對 SM 則應虛心請益，讓團隊維持最佳工作步調，運用小技巧慢慢培養團隊默契。

圖 6-3-6：PO 與開發人員、SM 之間的溝通

適度授權、用心傾聽 開發人員個個都是神隊友

PO 身為產品的負責人，自然要和開發產品的團隊建立緊密且友好的合作關係，這一點相當重要！除了要每天與團隊接觸、持續付出心力，在溝通過程中應適度給予授權和支持，

隨時傾聽團隊想法，虛心納諫並表達感謝，這些回饋對於 PO 而言都相當珍貴，因此也要適度給予獎金、報酬等實質回饋。但別忘了，無論 PO 與團隊的關係再緊密，最後要為產品成敗負責的仍然是 PO，因此在營造民主氛圍之餘，也要時刻謹記中心思想，才能做出正確的決策。

有別以往專案管理設有「專案經理」的角色，在 Scrum 團隊中則是由 PO 和開發人員共同分擔，PO 負責管理發布的範疇、日期、預算，同時也要溝通專案的進展、和利害關係人保持密切聯繫；而開發人員主要負責辨識、估算及管理工作任務，這也凸顯與開發人員之間的溝通和關係建立有多麼重要。（請參閱圖 6-3-7：PO 的溝通正確與錯誤方式影響表）

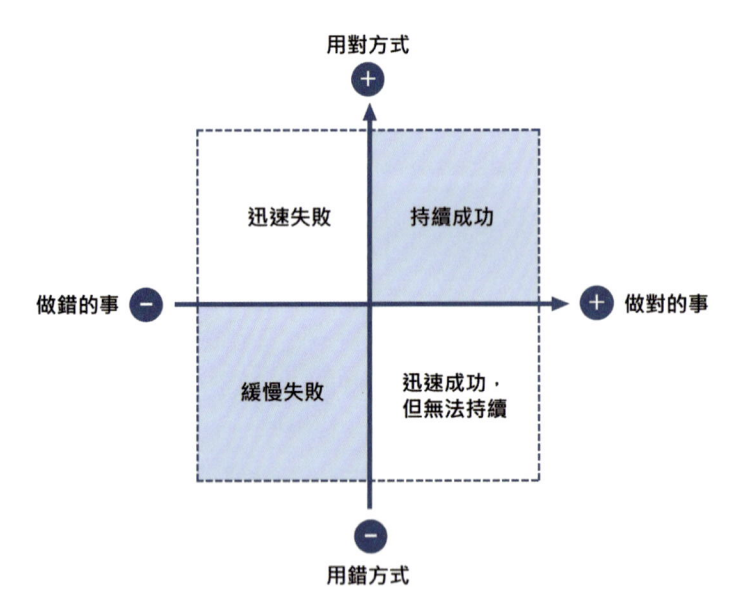

圖 6-3-7：PO 的溝通正確與錯誤方式影響表

圖片參考來源：Roman Pichler，2013

能者多勞行不行 PO 可以身兼多職嗎？

台灣受到「能者多勞」職場文化的影響，多數主管對 PO 職責的理解也不夠充分，可能要求 PO 身兼 SM，也可能要求 PO 同時身兼好多團隊的 PO，這麼做究竟可不可行呢？實際上，PO 和 SM 角色的設計初衷是為了讓彼此制衡、互相幫助，一人同時身兼兩個角色絕

對會讓人喘不過氣，不但違反 Scrum 的「專注」理念，也可能導致團隊無法發揮自管理的功效，絕非企業之福。

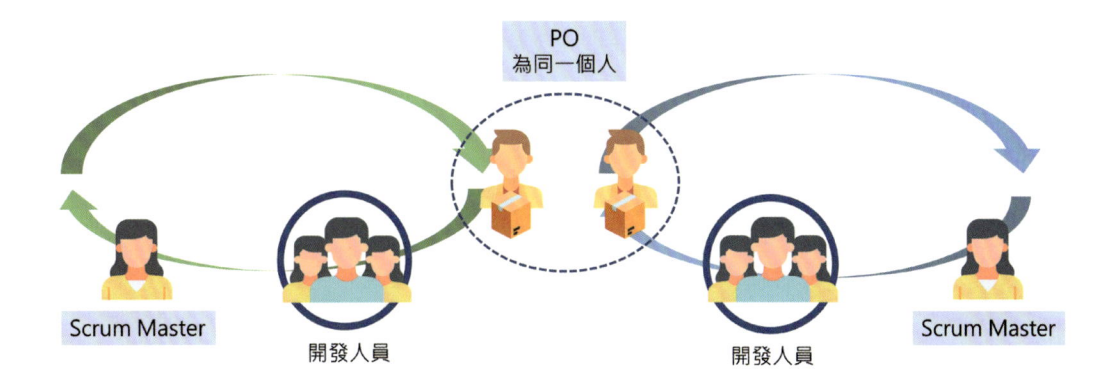

圖 6-3-8：PO 可不可以身兼多職呢？

由於開發工作中的工作性質往往是高度相關的，同一個人確實可以同時身兼數個 Scrum 團隊的 PO，作為這幾個團隊中制定決策、為產品負責的角色，並代替各方利害關係人與 Scrum 團隊進行溝通。有人可能好奇，既然一人能夠擔任多個團隊的 PO，那何不組成一個「Product Owner 團隊」，就能集結眾人智慧，負責更多 Scrum 團隊的決策？PO 團隊的運作模式是一種新型敏捷型態，名為「大型敏捷（LeSS）」，但與此同時，我們應思考是不是組織同時選擇過多產品來開發，才會導致 PO 的工作負荷超載。

LeSS 的全名為 Large Scale Scrum，團隊除了 PO、SM 和開發人員外，另外加入多位 Area-PO（APO）的角色，但你發現了嗎？團隊中仍然只有一位 PO。PO 團隊是由 PO 和 APO 共同組成，通常適用於超過千人以上的大型團隊專案，由不同 APO 專注於以客戶為中心的領域，並擔任與該領域團隊相關的 PO，APO 和 PO 的工作內容相同，但只專注於特定領域，PO 團隊可以針對一定產品範圍內優先順序決策，但握有最終決策權的仍然是 PO，產品範圍、進度、發布時程等也由 PO 決定。

舉例來說：歐洲知名汽車 BMW 就有一個多達 3,000 人的團隊，負責開發無人自動駕駛，一位 PO 要率領 3,000 人投入產品開發工作，如果以每 10 人為一組，至少會有超過 300 個開發團隊，單憑一人根本不可能同時身兼這麼多團隊的 PO，加上產品功能、考慮層面多，

這時或許就能考慮讓 PO 團隊來幫忙。由一人擔任 PO 作為所有產品的最終負責人，並向下展開不同層級或領域，每個層級都有其對應的 PO，例如：第二層的 APO 負責各產品線、第三層 APO 負責各產品功能面……等，同時也確保各團隊的 APO 都有被授權制定所屬層級的相關重大決策權，才不用每遇到一個問題就向上呈報，反而失去意義。

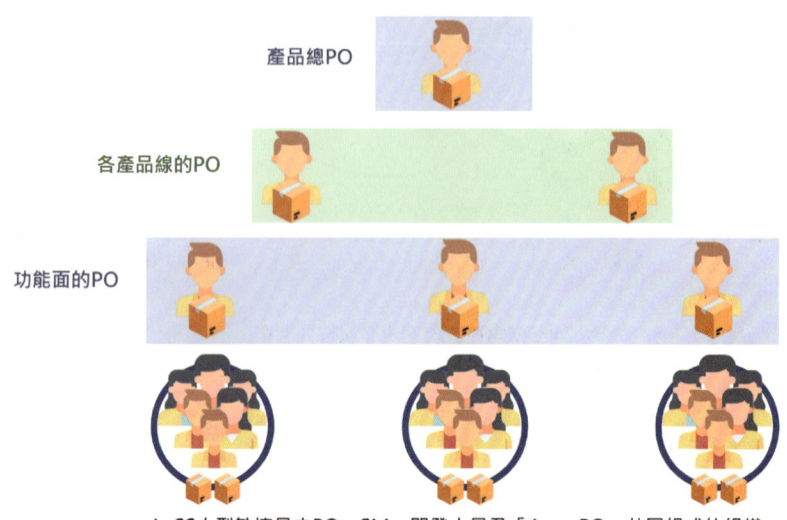

圖 6-3-9：LeSS 大型敏捷組織框架

PO 是 Scrum 團隊當中，唯一握有產品最終決策權的人，如果每個決策都必須由一群 PO 投票同意才能執行，那這顯然已經違背 PO 存在的初衷。因此，儘管在特定情境下，籌組 PO 團隊或許是個好點子，但切記統籌與決策權務必掌握在一人的手上，才能讓 Scrum 順利運行！

掌握關鍵字！3 大利害關係人溝通不 NG

在傳統瀑布式產品開發專案中，我們看到許多專案明明投注了大量的人力、時間與金錢，卻直到上市後才驚覺，產品早已過時或根本沒有市場，最後以失敗告終，這也讓越來越多知名企業選擇投入敏捷的懷抱。儘管瀑布式開發在專案前期同樣做足功課、認真溝通需求，卻忽略「計畫趕不上變化」的現實考量，一旦敲定計畫就埋頭苦幹，難以貼近各層面利害關係人實際需求，而 Scrum 注重「溝通」的特色，恰巧能夠解決這個問題。

Scrum 團隊當中，PO 是負責產品成敗的要角，也扮演利害關係人與團隊之間的橋梁，透過每一次產品發布釋出最新資訊，不但能即時獲得利害關係人的回饋，成為下一次 Sprint 的進步方向，透過與利害關係人保持緊密合作、維持良好關係，更能拓展 PO 蒐集資訊的網絡，歸納出產品開發的共同願景，讓溝通更加無往不利！

對 PO 而言，利害關係人這個群體的角色相當多元，大致區分為「內部」與「外部」兩種。內部利害關係人可以是商業系統擁有者、高階長官、計畫管理者、行銷或業務；外部利害關係人則包含客戶、使用者、合作夥伴及法規體系等等，我們以下將歸納為「長官」、「客戶／使用者」、「功能經理」等 3 大類，希望幫助 PO 們在和各個利害關係人互動時，更能掌握溝通重點。

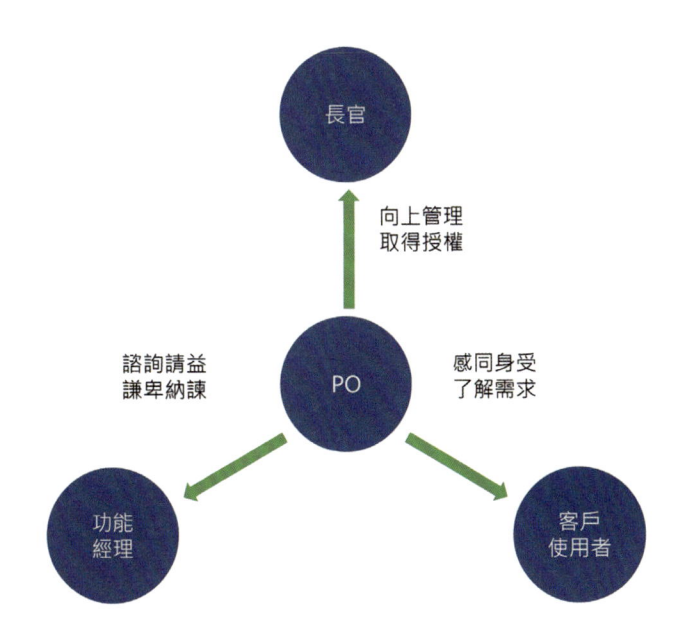

PO 是負責產品成敗的要角，透過與利害關係人保持緊密合作、維持良好關係，更能歸納出產品開發的共同願景，讓溝通無往不利。

圖 6-3-10：PO 與長官、功能經理、客戶及使用者的溝通

與長官溝通──向上管理、取得授權

想成為一位高工作效能的 PO，得到長官的授權與支持是相當關鍵的一步，「向上管理」也成了 PO 們溝通的必修課之一。PO 在率領 Scrum 團隊開發產品時，勢必會面臨大大小小

的問題與挑戰，必須握有足夠權限才得以果斷決策，甚或是授權給其他成員，試著想像一下，一位 PO 如果在面對任何決策前，都必須一一向長官報告、請示後才能做出決定，恐怕一天到晚都在為了這件事疲於奔命，也會讓團隊對這名 PO 喪失信心。

為了得到管理層的信任與支持，PO 需要強化和長官們的溝通，讓長官們認識 PO 這個角色的重要性、職權及責任；除此之外，有別於傳統開發模式中，產品的進度報告大多以書面、簡報的方式呈現，Scrum 更著重於產品的展示，每一次 Sprint 結束後，邀請長官們參加 Sprint 審查會議也是 PO 職責之一，藉由展示實際產品，也能夠提升管理層對於 PO 及團隊的信心。

與功能經理溝通──諮詢請益、謙卑納諫

內部利害關係人除了長官，隸屬於同儕部門的功能經理同樣重要，這些功能經理具備不同視野與專業領域。正所謂「旁觀者清」，透過功能經理的專業視角，更能看出亮點與問題所在。

PO 們平時應和各部門功能經理保持良好關係，Sprint 結束後也能邀請不同部門、團隊的功能經理參加 Sprint 審查會議，傾聽不同意見，同時也謙卑納諫不同觀點，開發過程中遇到瓶頸時，不妨多多向他們請益，或許能有意外的收穫呢！

與客戶／使用者溝通──感同身受、了解需求

一項產品的成敗是由購買產品的「客戶」與使用產品的「使用者」所決定，只有當足夠多的客戶或使用者購買並運用產品獲得好處時，這項產品才能稱得上是成功，與客戶與使用者的溝通有多麼重要，相信 PO 們都相當清楚。這裡之所以將「客戶」與「使用者」分開，原因在於這兩個角色可能不是同一個人，需求也可能有所差異。舉例來說：自動化販賣機的客戶可能是實際購買機台的商場老闆，而購買的消費者才是實際使用者，PO 在蒐集需求或溝通時都必須格外注意這一點。

要打造一件成功的產品，PO 除了要和客戶及使用者建立良好的關係，同時也要深入了解需求，才能進一步和團隊思考如何滿足這些需求。在關係經營上，我們可以運用社群保持聯絡，也可以邀請他們參加蒐集需求的會議，或是在產品剛剛做出雛形時，邀請他們參加

Sprint 審查會議，讓客戶及使用者實際見證產品的進度，也是與 Scrum 團隊互動的最佳時機，趁機分享問題、提出疑慮並闡述產品理念。

在傳統的開發模式中，團隊與客戶、使用者之間的關係，就像是一個「浴缸型曲線」，只有在專案剛開始時會頻繁溝通，定義完整的需求，不過一旦進入產品設計、開發或測試程序後，客戶的角色幾乎完全消失，直到後期測試、驗收階段才會再次邀請客戶加入。萬一打造出來的產品與想像中的不符，團隊與客戶都會感到挫折與失望，這時要再改變不但得花更久的時間，成本往往也相當高，開發人員與客戶之間的溝通可能淪為推卸責任比賽。

反觀在 Scrum 當中，客戶的聲音從未消失，每完成一次新功能，客戶就能實際看看產品或試用新功能，並且共同討論後續方向，要是不符預期也能立刻調整回正確的方向，這樣緊密的互動更有助於建立正向的關係。身為 PO 也必須注意，隨時隨地站在客戶及使用者的角度思考，在溝通與釐清需求時，更能感同身受。

正如哈佛商學院教授西奧多‧萊維特（Theodore Levitt）的經典名言：「人們想買的不是一個 1/4 吋的鑽孔機，而是需要牆上那個 1/4 吋的孔。」唯有 PO 真正關注客戶需求，才能與團隊共同開發出最佳的解決方案！

PO 在產品開發過程中，可能接觸到各種面貌的利害關係人，無論面對到哪一種類型的溝通對象，在溝通與合作的過程中，都別忘了隨時與敏捷的 4 核心價值及 12 大準則重新對齊，與團隊一起朝向最終願景邁進！

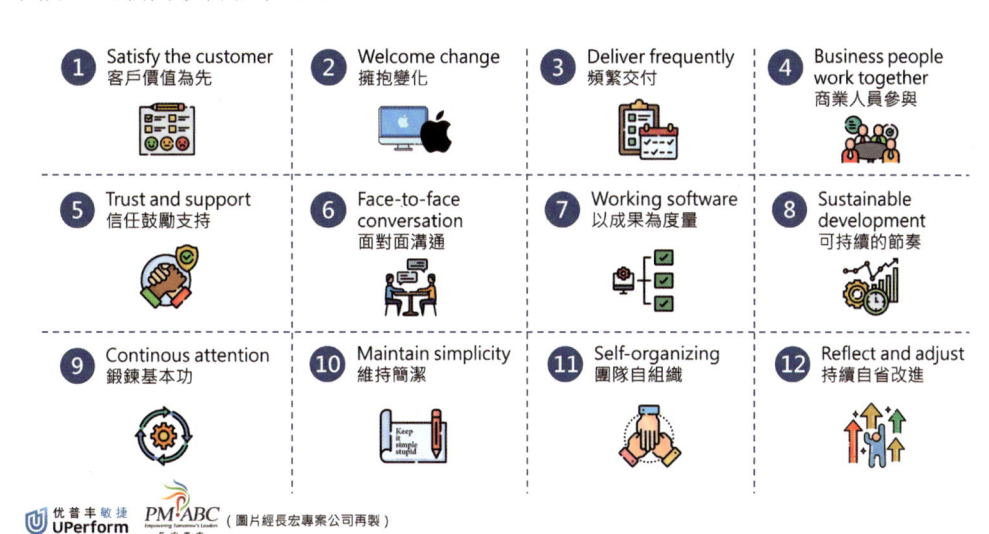

圖 6-3-11：敏捷 12 大準則

合作需具備怎樣的工具／技術

專業 PO 這樣管理人脈 善用智慧工具幫合作加分！

在 Scrum 團隊當中，「溝通」是 PO 最重要的工作之一，除了要與客戶、行銷人員、營運部門、管理層……等各式各樣的利害關係人建立良好關係，也要與團隊協商、建立共識，能否成為一位好的溝通者與協商者，攸關著 PO 的成與敗。

溝通管理的重點不外乎就是「人」的管理，《哈佛商業評論》曾經做過一份讀者調查，有超過 3/4 的受訪者都坦言，他們會利用自己的人脈解決工作上的問題。一個好的人脈，有可能成為你一輩子的貴人，你永遠不曉得對方什麼時候會拉你一把。

面對為數眾多的利害關係人，PO 若是懂得運用工具輔助聰明管理人脈與各項專案進度，更能為團隊爭取更多資源，提高專案勝率！

名片管理有撇步 多花 30 秒就能事半功倍！

職場上的人際交往，往往從「遞名片」開始！PO 們因為工作的關係，會與許多利害關係人或聯繫窗口交換名片，名片上擁有許多寶貴的基本資訊，像是姓名、職稱、電話、Email……等，故每一張名片都相當重要。不過，你是否曾經在交換了大量名片後，卻發現想不起那個人的長相、在哪裡認識，甚至在關鍵時刻才發現找不到對方名片，而感到手忙腳亂？

一說起管理大量名片，確實是個艱難的任務，有些人會使用名片夾或收集冊，但到了真的需要的時候，還得要一張張翻閱，人在外面洽談公時也不可能隨時帶著一箱厚重的名片，這時名片管理系統就是 PO 們不可或缺的小幫手。

目前無論 Apple 或 Android 的智慧型手機，都有多種名片管理 App 可供下載，像是：名片全能王、蒙恬名片王……等。根據我個人經驗，在挑選 App 時必須特別注意是否有名片掃描的數量限制、能不能將通訊錄同步到 Google 通訊錄、有無自動備份功能，以防手機突

然出現問題，仍然能保全這些珍貴的聯絡資訊；另外，我們工作中可能與世界各地的團隊合作，能不能夠自動識別多種語言，也是我會特別關注的重點。

有了名片全能王、蒙恬名片王等有效的名片管理 App，我們只需要幾秒鐘就能掃描一張名片，系統就會自動輸入公司名稱、職稱等各個欄位的資訊，同時也會將名片圖檔保存下來，這樣我們只要花個 30 秒檢查一下各個欄位的資訊是否正確，同時選擇分類，就能快速將名片存檔，替名片建檔一點也不難；如果還有空，也能在姓名前加入所屬企業或組織的簡稱，就可以在手機通訊錄中，將同一家企業的聯絡人都排在附近。

運用名片管理 App 將名片歸檔與電子化以後，這些資料都會彙整進我的 Google 通訊錄，由於 Google 通訊錄會將資料同步到多個平台，無論使用手機、平板或電腦都能方便找到資訊，才不會出現電腦有存，但手機找不到的窘境，而且在 Gmail、Google 日曆等程式中都能運用，和團隊協同合作時更加便利，更能確保每一張名片都化為 PO 職涯中，帶得走的重要人脈資產，在關鍵時刻出奇制勝！

多重專案不再手忙腳亂　PO 都要會的 LINE 工作術

除了換名片，現代人也習慣交換 LINE，以通訊軟體即時分享新知、趣事或相互交流。我習慣在認識新朋友時，和對方交換 LINE 時順手合照留念，並將對方的名片和合照一起上傳至 LINE 記事本，這樣就能避免自己忘記對方長相，也能夠透過日期、穿著或場景，回憶起當時認識的場合，為彼此增加更多話題。

在管理各項專案、與各個團隊溝通時，LINE 也是我經常使用的工具之一。用過 LINE 的人都知道，當有人傳來新訊息時，LINE 就會立即彈出通知訊息，雖然即時，卻可能因參雜聊天或其他訊息，反而形成干擾，難以辨別哪些才是重要任務。PO 該如何去蕪存菁，將被交辦的任務彙整成待辦清單，或是將零散的文字、圖片統整成一則完整的訊息，等待手邊工作忙到一個段落，再來一一回覆與處理？

用 LINE 執行專案　從整理群組開始

相信用過 LINE 的人都有過「群組爆炸」的經驗，不同團隊、不同分工、各領域利害關係人之間都自成群組，光是分辨哪個群組負責處理哪些事，幾乎就快要忙不過來。這時候

不妨善用簡稱替群組命名、分門別類，舉個例子：先前我率領團隊進行《專案管理知識體指南》（PMBOK）第 7 版的翻譯工作，光是群組就多達 15 個，涵蓋不同翻譯組別、審查組、整合組、印刷組，還有各個組長、審查委員的群組。

因此我幫這次專案取了一個簡稱「PV7」，所有群組都是以 PV7 開頭，每個小組都是採取自管理的形式在運作，剛開始成立時，大家會主動自我介紹、遇到需要表決的問題也能夠投票決定，逐步建立共識，作成的決議或討論出來的任務列表也能加入記事本，讓後來加入的人也能看到。

活用 LINE Keep　重要訊息不漏記

當你發現聊天室裡，重要與不重要的訊息參雜在一起時，PO 們可以運用 LINE Keep 功能，只需 3 個步驟就能彙整出專屬於自己的暫存空間。首先，在聊天室中先找到對你來說重要的文字、檔案或圖片，接著按住訊息方塊、開始勾選重要的段落，最後點選「Keep」就能在冗長的聊天內容中，將需要的內容存進自己的 LINE Keep。你可以在「主頁」右上角的地方找到一個書籤的符號，點選進去就能看到剛剛儲存的內容。

可以幫自己彙整群組內對話重點，也可以統整成專屬的任務待辦清單，儲存後也能針對內容進行增修、加入自己的想法，就如同 LINE 裡的個人暫存筆記空間，等到有空時再統整並轉存至其他的筆記或專案文件中。

專案太多霧煞煞　建立一人群組輕鬆紀錄

由於 LINE Keep 的儲存空間只有 1GB，這時候 LINE 的一人群組就非常好用了，只要在 LINE 建立一個只有我自己一人的群組，就能將其他群組的重要訊息、圖片、檔案轉傳到這個單人群組。

更棒的是，我們還可以根據不同專案、產品，成立不同名稱的群組，有空的時候可以再將訊息重新整理過並加入記事本，就成了我的個人專案筆記本，我也能自己為這個一人群組訂定一些規則，例如：在記事本的文章中按「讚」代表已經工作完成。相信這些小工具及小技巧，都能幫助 PO 們更輕易累積人脈，隨時掌握不同專案進度！

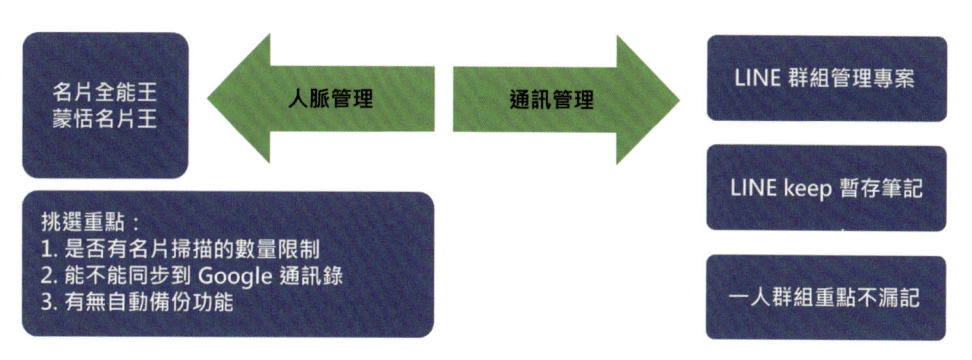

```
名片全能王          ←  人脈管理  →  通訊管理  →   LINE 群組管理專案
蒙恬名片王

挑選重點：                                    LINE keep 暫存筆記
1. 是否有名片掃描的數量限制
2. 能不能同步到 Google 通訊錄
3. 有無自動備份功能                           一人群組重點不漏記
```

圖 6-4-1：PO 必學的智慧工具

（面對為數眾多的利害關係人，PO 若能善用智慧工具輔助，
更能聰明管理時間、人脈與各項專案進度，為團隊爭取更多資源！）

一秒鐘都不浪費！PO 都在用的時間規劃小幫手

在 Scrum 專案的世界裡，PO 就像是各個專案與其利害關係人之間的「訊息轉運站」，不但要盯緊手中大大小小專案進程，隨時與團隊緊密溝通，同時也要接收來自內部及外部利害關係人的訊息，腦袋每天都被各種事情占據，甚至手中的事情才處理到一半，又蹦出另一件事需要溝通。

每個人一天只有 24 小時，為什麼有人一天可以輕鬆完成 10 件事，有人卻只能做 2 到 3 件事卻累得要命，彷彿工作永遠都消化不完？這正是「時間管理」這門學問的精妙之處。

馬斯克不只創辦 Tesla 更是時間管理大師！

你能想像自己同時管理 7 家公司，還要養育 6 個孩子嗎？Tesla 創辦人馬斯克就是這樣一位「時間管理大師」。美國《連線》（Wired）雜誌曾經分析馬斯克在各領域所花費的時間，發現他竟能在短短 1 年內，完成別人 8 年才能完成的工作量，堪稱科技界最忙碌的成功男人之一，背後原因正是他異於常人的時間管理觀念，他究竟是怎麼做到的？

對馬斯克而言，他每天要面臨、解決的問題堆得跟山一樣高，因此他每天一睜開眼，就以每 5 分鐘為單位，將一整天分割成數百個「時間盒」（Timebox），相較於安排什麼時刻

要做什麼事，他更在意做一件事要花的時間，就如同分配預算一樣，並確保每天都有完成最緊急的工作和活動，見到最關鍵的人物。

馬斯克深知人性，他清楚知道人在面對「最後期限（Deadline）」時，也是工作效率最高的時候，因此他利用時間盒替每個任務訂定最短期限，讓自己隨時都處於 Deadline 之中，一分一秒都浪費不得。完成一項任務後，就立即展開下一項任務，下一項任務不見得最重要，但卻是當下身心狀態最適合的任務，讓他始終保持在快速的工作節奏中，也是他工作效率極高的祕密武器。

儘管我們永遠也無法成為馬斯克，但我們仍然能夠運用工具和技巧躍升高效能 PO，最重要的第一步就是「訂定年、月、週計畫」，了解時間規劃原則後，下一步就是「讓工具幫你做事」！

如何計畫時間——年／月／週計畫

一年 365 天，該如何規劃時間？我習慣將一整年分成「年、月、週」這 3 個長短不等的週期，分別訂定長期及短期計畫。首先，我們來訂定年度計畫目標，年度方向是一個大的思考方向，它可以是一個模糊的、概念性的願景。如果苦於沒有靈感、找不到方向，我在這邊提供 2 種方法給 PO 們參考，這不只適用於專案，對於規劃人生、職涯也相當實用！

年計畫——九宮格思考術

如果苦惱於無法構思目標，可以採用曼陀羅九宮格，先將今年度最重要目標或專案任務放在九宮格的正中間，並且以此作為思考主題，想想「為什麼要達到它」、「什麼時候要達到它」、「如何達到它」、「要在什麼地方才能夠達到它」，接著再訂定大方向策略，填入其餘 8 個空格當中。

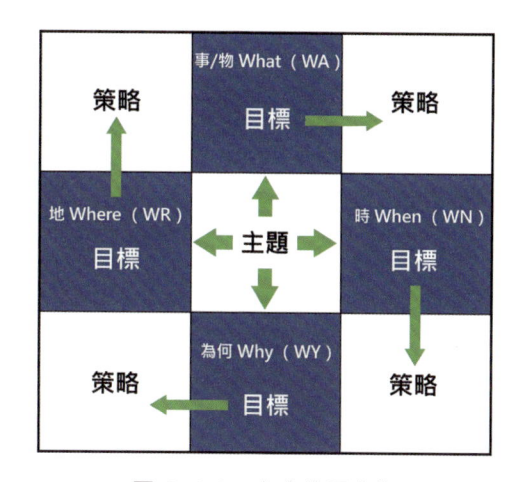

圖 6-4-2：九宮格思考術

圖片參考來源：松村寧雄，2010

年計畫──OKR 目標策略

相信 PO 們對於 OKR（目標與關鍵成果）都不陌生，這套方法除了能幫企業管理組織，也能運用簡單 4 步驟，幫助我們訂定年度目標！

- 第一步「設立目標」：這個目標就如同專案裡的願景，必須具有意義且有行動導向，更要能夠激勵自己奮發向上，讓 PO 們在做任何工作時，都能清楚自己的目標。

- 第二步「關鍵成果」：思考我們該「怎麼做」才能達到目標，例如：我們目標成為高效能 PO，半年內至少要率領團隊完成 2 件具有規模的專案、研發出來的產品必須進入主產品線……等，通常一個目標我們可以設定 2 到 4 個關鍵成果，而且必須是有時間限制且可驗證的成果。

- 第三步「對應行動」：釐清關鍵成果以後，我們要開始思考該「做哪些事」才能達成關鍵成果，在這邊務必特別注意，我們可以根據自己的能力列出許多對應行動，但最後只要挑選出 1 到 3 種即可，千萬不要一口氣訂定太多對應行動，否則可能因為累積的事情太多，反而失去動力。

- 第四步「督促行動」：人總有惰性，在打拼之餘，也別忘了適時給予自己獎勵，更能監督自己養成習慣，往目標邁進。

月計畫──追蹤專案進度

運用年計畫訂定出當年度的大目標與策略方向後，月計畫則主要用來管控各項專案進度，我個人習慣使用 Google 日曆來管理行程，確保手機、iPad 或電腦都能隨時同步。我們可以利用 Google 日曆，以不同顏色標記出不同專案的甘特圖、進度條，不但能避免手中一下子塞進太多專案，在處理跨月專案時也更能一目了然。同時，別忘了隨時回頭與願景對齊，檢視是否持續朝向年度目標邁進。

週計畫──抓緊自己與團隊進度

迎接新的一週，我們可以先列出本週各項專案的主要任務，例如：哪些專案要開始 Sprint 規劃會議、哪些專案要溝通 Sprint 期間遇到的問題……等，就可以開始分配工作或開始溝通及決策等工作，追蹤各個團隊進度並重新對齊目標。

如何管理會議──Google 日曆／Calendly

一位 PO 旗下通常有許多小專案同步進行，要管理的團隊、利害關係人何其多，談到協同合作自然就少不了會議。不過，每個人的工作時間、任務排程不同，有空的時間自然也不同，很多人光是安排會議，信件一來一往就浪費掉許多時間，這時不妨善用 Google 日曆和 Calendly 這兩個小工具。

Google 日曆

大多數人應該都使用過 Google 日曆，這個程式看似簡單，其實藏有許多協調時間的小技巧，最簡單的方法就是和他人「共用行事曆」。

只要先在「設定」裡「建立新日曆」並在「我的日曆」裡點選「設定和共用」，就能將專案的行事曆與團隊成員共享，團隊成員的行事曆上也會同步顯示這項專案的行事曆，PO 可以先標記出「有空」或「沒空」的時間，同時開放編輯權限，每個成員都能自行協調出大家都有空的時間，最後只要新增「活動」就能直接安排「Google Meet 視訊會議」並上傳會議資料。

PO 不僅能在這個專案行事曆統一公告專案進度、重要活動的日期，也可以結合「Google 活動」在行事曆當中對團隊成員發出邀請，還能同步連結到活動的討論區及照片上傳區；假如某幾天有特別的工作要交代，或是有重點需要討論的事項，PO 也可以預先新增「工作」，它會以顯眼的黃色記號出現在行事曆上，等當天一到，系統還會自動發送待辦事項給團隊成員！

Calendly

　　Calendly 是另一個我相當愛用的會議管理程式，操作上比 Google 日曆更簡單。首先，把 Calendly 連結到 Google 日曆或你常用的行事曆程式，接著只需要選擇自己有空的會議時間、會議類型及會議所需時間，最後向會議成員寄送 Email 邀約。

　　受邀的成員就能看到你什麼時候有空，並挑選出他也有空的會議時間，一旦挑好時間、輸入好基本資料、按下送出，系統就會自動在彼此的 Google 日曆或常用行事曆中新增行程，會議前也會再次提醒；若臨時有事要取消，Calendly 也貼心地在行事曆裡附上取消或改期連結，相信能夠幫 PO 們省下大把時間！

如何管理待辦清單與專案進度──Trello／Todoist

　　一項大型專案的展開，往往伴隨著許多小專案，PO 如何掌握各種並行的專案進度與工作事項，擬定「待辦清單」這件事就變得相當重要，如果我們只是將一堆新舊工作一股腦地列出來，工作恐怕只會越積越多，不但容易帶來壓力，也極有可能打亂工作節奏，其實只要加入幾項工具，就能輕鬆以更系統化的方式管理待辦清單。

Todoist

　　你是否也曾經在工作以外的時間，腦中突然湧現新方案靈感？那你一定要試試 Todoist。Todoist 是一個功能強大的待辦清單軟體，不但可以文字、語音、照片等方式紀錄一閃即逝的想法，輸入待辦事項時只要監測到時間，例如：輸入「明天早上 10 點要開每日 Scrum」，程式就會自動在明天上午推播提醒。

　　有時候我們可能在 Email 信箱中發現一個重要訊息，但當下沒有時間能夠好好回覆處理，或是在網路上看到不錯的文章想先存下來，這時候可以先用手機紀錄下來，等到有空閒時

間再用電腦處理；如果使用電腦版的 Chrome、Firefox 等大型瀏覽器，也可以下載「擴增元件」隨時將實用的網頁、信件加入 Todoist，順手點一點就能幫待辦事項分類與定義優先順序。

Todoist 的外觀非常清爽，就好像是在白紙上列出你的任務，不僅可以「清單」的方式呈現待辦事項，也可以像 Trello 一樣以「看板」的模式呈現，甚至可以設定「母子專案」進行分層管理，同樣的功能在電腦、手機或 iPad 上都一體適用且隨時同步！

Trello

Trello 是一個看板式的專案管理工具，它以卡片的方式呈現各個小專案，使用者可以將卡片自由拖移到所屬的流程或階段，並且排列優先順序，輕輕鬆鬆將大專案中的不同小專案進度視覺化，PO 能夠清楚鳥瞰整個專案進度，也能隨時調整優先順序、整理思緒，更重要的是，我們可以將 Trello 的看板分享給團隊，作為專案進度的共用平台，每個動作都會在跨平台間即時同步，非常適合團隊協作。（關於 Trello 示範教學影片可掃以下的 QR code 觀看）

Trello 示範教學影片

我們可以將 Trello 的版面由左而右劃分為 5 個欄位，分別是「Backlog ／規劃事項」、「To Do ／待辦事項」、「Doing ／執行中任務」、「Review ／驗收」、「Complete ／結案」，將專案中各種大大小小的任務與進度通通透明化，一起來看看我們是如何做到的！

當團隊成員規劃新的工作事項時，可以先在 Backlog 新增一張卡片，除了輸入卡片名稱，也可以運用「Members」標籤選擇自己，並加入同樣負責這項工作的夥伴，這時任務卡片上就會出現負責人的大頭照。

一旦確定這個任務要在下個 Sprint 執行，就可以拖曳到 To Do 欄位，若是項目太大，要進一步區分為多個子項目，我們也可以點選 Copy 直接複製，並在母項目卡片中點選「Dependencies」與子項目相互連結；同時，我們可以根據任務卡片當下的狀況，選取不同顏色的標籤，例如：進行中的卡片我們可以利用黃色標記出「In progress ／進行中」，當任務完成後則改為綠色的「Okay ／完成」，回到看板時就能對於各個任務進度一目了然。

活用 Trello 小工具　團體專案管理更輕鬆

　如果一項任務有時效性，我們可以進入卡片點選「Dates」標籤來設定，還能同時設定提醒的功能，特定時間一到，系統就會自動傳送 Email 提醒負責的夥伴，要是任務提前完成也可以標註完成，提醒的功能也會自動取消，也可以同時點選「Power-ups ／附加元件」的「Count down」倒數計時功能，卡片上將顯示這個任務還剩下多少時間，隨截止期限越靠近，標籤的顏色將變得更加醒目。

　每張卡片都如同一項任務的資訊集散地，團隊成員不但能夠留言、投票，也可以利用 Power-ups ／附加元件，連結至 Miro 外部看板或 Google Drive 雲端空間，或是附上檔案連結；假如有些任務必須定期更新，也可以運用「Repeat」功能，自行設定重複頻率。

　更棒的是，只要進入 Trello 的日曆功能，就能看出每一項任務的起迄時間與所屬階段，我們可以點選「設定」複製「iCalendar Feed」並在瀏覽器中開啟，就會下載一個檔名為「.ics」的檔案，並將 Trello 日曆與我們常用的 Google 日曆或 iPhone 日曆連結，只要看板中新增新的時效任務，都能在日曆中看得到。

　另外，PO 也可以依照重要程度，替不同欄位裡的任務排列優先順序，或是運用 Stickers 替任務貼上貼紙，比方說：需要回覆信件的可以放上信件的貼圖，需要英語溝通的可以貼上 ABC 這類英文字母的貼圖；如果想確認每個人負責哪些任務、曾經調整過哪些任務，只要點選負責人的大頭照就能一覽無遺。

　特別的是，團隊成員可以在不同卡片中留言、提出想法，PO 或利害關係人也可以訂閱看板或訂閱特定卡片，自己決定要接收專案內的所有通知，或是單獨一個小專案的新變化，避免不必要的訊息通知打斷工作思緒！

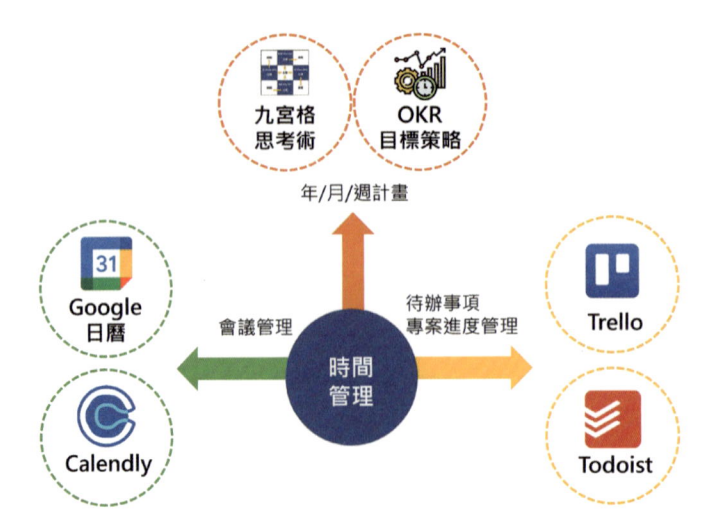

圖 6-4-3：時間管理百寶箱

Chapter 7

社群經營

在敏捷開發中,最重視與客戶合作並保持良好關係,而社群行銷就是一個有效的方式。本章將分為:社群行銷力、發揮小眾客戶的力量及 PO、產品與客戶共創三贏等內容,幫助 PO 以敏捷及行銷觀點來經營社群,透過話題以及跟粉絲互動創造口碑,同時也能從中找到目標客群對產品的看法,有助於產品的測試、銷售、改良,此作法是近年打造暢銷商品的推廣手法之一。

社群行銷力

培養「超級粉絲」PO 必學關鍵心法

談到 PO 必備的職場技能,我向來認為「行銷」是核心能力之一,許多人都曾對此提出質疑,PO 要忙的事情已多如牛毛,為何還要學習行銷?坦白說,行銷的確不是傳統 PO 的職責,絕大多數我認識的 PO 也不負責行銷,更別說還要花心思經營社群。

儘管如此,PO 必須明白一件事:「你沒有義務經營社群,但社群能幫助你創造奇蹟。」許多成功商品或品牌的背後,都能窺見社群操作的痕跡,社群培養出的「超級粉絲」是推動產品大賣的功臣之一,與超級粉絲保持良好的互動關係,對於產品的設計、測試、銷售、改良皆有益無害,許多懂得善用社群力量的 PO,都是同業中出類拔萃的佼佼者。

接下來的章節中,我們將學習粉絲文化的本質,從案例中了解粉絲強大的影響力,以及如何檢視產品的社群行銷策略,忙碌的 PO 不見得要親自經營社群,但要找出最合適的

人擔任社長、小編或管理員，此人必須懂得利用各種工具活絡社團，還要深諳「社群行銷的藝術」，將社群的商業色彩降到最低，卻又能透過社群「養粉絲」，創造實際的經濟價值。

粉絲文化基於「社交」 尋求夥伴間的認同感

在本書中，「消費者」是我們很常提起的利害關係人之一，消費者對產品的回饋影響敏捷開發至深，請你仔細思考「消費者」與「粉絲」有什麼差別？

《狂粉是怎樣煉成的》書中指出，消費者在乎「產品」，粉絲在乎「產品代表的意義」，消費者付出「金錢」給品牌，粉絲除了錢，還會付出「時間」與「心力」。以商業角度來說，消費者比較容易受特價、廣告、代言人或其他微不足道的因素影響，轉而投向你的競爭對手，粉絲則因為對品牌或產品有認同感，會對他們的選擇堅持到底。

粉絲文化（Fandom）是一種十分古老的人類行為，起因於人類會在生活周遭找尋讓自己「變得更好」的東西，跋涉千里前往聖地的「朝聖者」就是最早期的粉絲。在科技發達的現代社會中，人類更有能力去尋找自己感興趣的事物，著迷對象（Fan Object）可能是某個品牌、商品、團體或個人，粉絲藉由網路蒐集更多著迷對象的資訊，也找到更多志同道合的人，呼朋引伴從事粉絲活動。

舉例來說，星際大戰（Star Wars）中，絕地武士使用光劍與敵人一決高下，是許多影迷心中的經典場景，2014年在紐約華盛頓廣場公園，有一場透過臉書發起，非官方的光劍決鬥大賽，現場聚集上千名打扮成絕地武士、黑武士或其他角色的粉絲，手持以螢光棒、鋁箔紙自製的光劍激烈廝殺，但大家臉上都帶著開心的笑容。

透過這場表演聚會，粉絲有了共同體驗，也增加了彼此的認同感，點出粉絲文化中很重要的本質，就是期待與他人建立有共通點的「社交關係」，PO經營社群時若能理解並實踐這項特質，就能成功創造活絡的社團與死忠的粉絲。

值得注意的是，擁有星際大戰版權的迪士尼公司（Disney）並非主辦方，在活動中也沒有販售周邊產品，但他們真的沒有從中獲利嗎？這場光劍大賽吸引許多觀眾與媒體報導，影片在網路上大量流傳，迪士尼不花一塊錢，靠著粉絲就免費賺到曝光量。更有趣的是，

光劍大賽不僅成為流行文化的一環，2019 年還被法國劍擊協會列為正式運動，甚至申請將其列入 2024 巴黎奧運的比賽項目，粉絲的跨界影響力由此可見一斑。

「真正」的粉絲 創造起死回生的奇蹟

作家凱文・凱利（Kevin Kelly）曾撰寫一篇知名文章《1000 true fans》，他認為企業只需要有 1,000 名真正的粉絲就能夠存活，真正的粉絲不論 PO 生產什麼一律照單全收，因此企業不見得要固守大眾市場，而該透過帶給消費者情感連結、歸屬感及地位象徵等，建立專屬的超級粉絲，超級粉絲不僅是產品的忠實消費者與推廣者，甚至可能讓已停產的商品起死回生。

可口可樂在 1996 年推出一款名為「大浪」（Surge）的柑橘口味汽水，主打喝了心情會 High 的青春風格，廣受年輕族群歡迎，2000 年卻因市場反應不佳停產，但在十一年後，加州青年艾文・卡爾（Evan Carr），在臉書設立名為「大浪運動」（Surge Movement）的粉絲團，目標是要求可口可樂恢復生產大浪。

越來越多人加入大浪運動粉絲團，管理員熱烈地與粉絲互動，共同討論如何達到目標，有人提議集資購買看板對可口可樂喊話，於是社群發起募資，在可口可樂亞特蘭大總部外的馬路設立了看板：「親愛的可口可樂，我們買不到大浪，所以買了這片看板。」還有粉絲發起「大浪日」，在每個月最後一個週五撥打客服專線傳達訴求，讓客服人員電話接到手軟。

這個社群還有一個特質就是「凝聚力」極高，如果有人發問，資深粉絲會在管理員尚未回覆前，就自動跳出來解答，當有酸民跑來鬧場唱衰社群訴求時，也會遭到粉絲毫不留情群起砲轟，並肩作戰的「戰友」氛圍也讓社群向心力水漲船高。

眾志成城，大浪粉絲的訴求撼動了大企業，2014 年 9 月可口可樂宣布大浪汽水重出江湖，並於亞馬遜獨家線上販售，北美區總裁山迪・道格拉斯（Sandy Douglas）親自邀請艾文與另兩位管理員到總部參加官方發表會，藉此對大浪的死忠粉絲致意，大浪破紀錄成為可口可樂第一個停產後又回歸的商品，一切都要歸功超級粉絲的力量。

千粉養成計畫 以行銷漏斗篩出死忠顧客

PO 該如何替產品培養出 1,000 名真正的粉絲呢？我們可以利用行銷學中的「行銷漏斗」（Marketing Funnel），這個模型說明消費者從接觸產品資訊，到變成忠實粉絲的一連串過程，之所以稱為「漏斗」，是因為每個階段都會流失一些潛在消費者，比如看到廣告的有一千人，其中對產品感興趣的有三百人，去研究相關資訊的有一百人，購買的有二十個人，最後只有三個人成為真正的粉絲。

透過行銷漏斗，我們可以用「倒推」的方式去思考，要培養 1,000 名粉絲必須先接觸多少消費者，也可以檢視哪個階段流失的人最多，針對弱點擬定行銷策略，以達成最終目標。行銷漏斗發展至今已有許多版本，最著名的包括當代行銷學之父菲利浦・科特勒提出的 5A：

- **認知（Awareness）**：消費者透過廣告、過往消費經驗或他人推薦，被動地接受產品資訊。

- **呼籲（Appeal）**：消費者開始記住產品，比起其他競爭對手，對你的產品印象更深刻。

- **詢問（Ask）**：消費者對產品產生好奇，由被動轉為主動，藉由各種管道去了解更多資訊，「社群」也是資訊管道之一，這個階段的消費者有 90% 會進入下一個階段。

- **行動（Action）**：消費者決定購買產品，PO 若能確保消費者在此階段獲得良好的體驗與服務，就有機會使他們進入下一個階段。

- **擁護（Advocate）**：消費者使用產品後，發展出高度的忠誠度，雙方有良好的情感連結，消費者會主動推薦產品，當別人提出質疑時也會挺身捍衛，此階段的消費者已正式成為「粉絲」了。

除此之外，還有許多學者或行銷專家結合不同元素，發展出各種形式的行銷漏斗，以下也是常見的版本：

行銷漏斗

認知 Awareness
思考 Consideration
轉換 Conversion
忠誠 Loyalty
擁護 Advocacy

圖 7-1-1：行銷漏斗（Market Funnel）
圖片參考來源：Philip Kotler

- **認知（Awareness）**：吸引消費者對產品的注意力。

- **思考（Consideration）**：消費者開始思考使用產品帶來的利益與價值。

- **轉換（Conversion）**：消費者將對產品的需求，轉換成實際購買行為。

- **忠誠（Loyalty）**：使用後感到滿意，消費者開始重複採購產品。

- **擁護（Advocacy）**：消費者認同並熱愛產品，主動推薦給親友。

　　無論選擇哪種模式，行銷漏斗的每個階段，都屬於「認知」、「情感」及「行為」其中之一，PO 應善用此工具分析消費者流失的原因，假設在認知階段流失消費者，可能是產品曝光量不足，可以增加廣告或行銷活動，在忠誠階段流失消費者，可能是產品使用經驗不佳，或市場上有更好的選擇等，PO 只要找出痛點對症下藥，就能減少潛在顧客的流失，還有機會培養更多的超級粉絲。

為內容賦予價值 締造銳不可擋的強大社群力

　　「超級粉絲」能為企業及產品帶來正面影響，市面上的產品通常已經有一群愛用者，只要善用社群行銷，就能慢慢培養出死忠粉絲，但如果你是沒有經營社群或經營得不夠出色，必須從頭開始養粉絲的 PO，該從何著手呢？

「Content is king（內容為王）」，比爾‧蓋茲 1996 年所說的這句話，經過多年仍是很好的答案，這句話點出網路行銷與內容行銷的核心，他認為網路世界的資訊五花八門，比起無止盡的廣告，優質內容才是產品成功的主因，PO 提供的內容必須符合目標顧客的需求，最好還要友善搜尋引擎，「內容為王」的概念同樣適用於社群行銷。

沒花錢也是熟客 有價值的「內容」換得忠實粉絲

「內容」對於建立社群有多重要，先來看一個無心插柳的故事，主角是知名學習平台 — 擁有超過二十萬粉絲的「大人學」創辦人之一 Joe。2007 年，Joe 因為擔任某企業的專案管理顧問，開始撰寫文章要將「專案管理」介紹給公司員工，後來他靈機一動，不如將這些文章放上網路給需要的人觀看，就這樣創立了「專案管理的生活思維」網站，以每周一至二篇的頻率發布文章，談論專案管理的概念與實務應用。

最初讀者人數成長十分緩慢，但 Joe 仍會認真回覆提問與互動，甚至在想不出題目時與讀者討論，根據回饋發想新題材，大約過了兩三年才累積出固定流量，與讀者間也逐漸建立起信賴感，儘管 Joe 認為自己純粹是分享知識，完全不是為「社群行銷」，但有價值的內容的確吸引一群對專案管理有興趣的粉絲，無形中形成了強而有力的社群，許多企業與個人客戶看到網站後會邀請 Joe 擔任顧問，後續他開班授課時，報名也十分踴躍，臉書粉絲團人數更衝破十萬大關，這就是經營「內容行銷」多年的最佳回報。

當我看到 Joe 的成功案例後，才發現自己忙於經營公司，卻忽視了內容行銷與社群行銷的力量。此時，又認識一位推動身心語言程式學（NLP）的吳璨因老師，她同樣是先利用文章吸引粉絲，積極回答提問，舉辦粉絲活動，最後開班授課，吳老師問我上過長宏專案管理課程的學生，是否會繼續報名敏捷相關課程，也就是「重複購買」（Repeat purchases）？

我仔細想想，考取 PMP 的人有多少回長宏上敏捷課程呢？答案竟只有百分之三！事實上，當 2016 年長宏開始經營 ACP 課程時，我開設了臉書社團「當專案管理碰上敏捷」，邀請長宏畢業的 PMP 加入，但因工作繁忙，沒有積極為社團辦活動，互動不活絡的下場是社員流失，就好像聚集一群潛在顧客卻什麼都沒做，最終白忙一場。

日本行銷專家藤村正宏曾說過「即使沒有花過一毛錢，也可能是你的熟客。」他指出，人們以為要經常花錢消費才能稱之為「熟客」，如今只要有粉絲經常關注、回應你的部落

格、臉書、推特或其他社群媒體，即使沒有花錢買商品，也算是你的熟客，因為社群媒體發布的內容即為「商品」的一環，這些熟客都具備強大的潛在消費力，上述的兩個案例正是因為提供了對粉絲有價值的內容，將網路上觀賞免費內容的讀者轉換為現實生活中報名上課的學員。

出色內容激發學習欲 利用社群「創造需要」

透過分享有價值的專業資訊及互動，使讀者產生共鳴與信賴感，雙方逐漸建立「關係」，進而創造出向心力強的社群，過程常常得花上好幾年，重點是這段時間內可能完全零獲利，這是許多 PO 不願經營社群的原因。但我認為如果只關注眼前的短期獲利，放棄了長期的社群經營，沒有建立起自身的「超級粉絲」，這樣的品牌或產品在數年之後，將無法與經營社群成功的競爭對手相匹敵。

經濟學家卡爾・夏皮羅（Carl Shapiro）與哈爾・范里安（Hal Varian）著作的《網路經濟戰略》中，提到當社群人數達到「臨界數量」後就會快速成長，使用者會傾向選擇較多人用的產品或服務，這群人又會吸引更多人加入，形成強者恆強的正面循環，如此一來，社群才具有影響力與社群變現（Social Monetization）的可能性，反之，則會落入弱者恆弱的惡性循環。

明白這個道理後，我痛定思痛認真經營社群，在通訊軟體 LINE 成立了多個虛擬社群讀書會，其中最具代表性的就是「台灣敏捷部落」。

台灣敏捷部落原本由愛妻麗琇經營，最初以上過長宏敏捷課程的學員為主，草創初期人數成長緩慢，一直停留在 200 人左右，後來由我擔任敏捷教練，先將社群一分為二，有敏捷證照與經驗的人就加入 Agile 進階社群，其餘就加入 Scrum 基礎社群，當社員發現社群與自身程度差不多時，發言與互動一下子活絡起來，兩個月內就成長為 500 人，後續更翻倍成長，如今主社群已超過 3,600 人，且持續增加中。

由於敏捷分為各種體系與主題，台灣敏捷部落延伸出多個主題小社群，由許多熱心人士擔任小社長，社員自由加入感興趣的小社群，與志同道合的夥伴交流討論。我們這些大小社長就像是「社群的 PO」，不僅要鼓勵社員互動，更要提供社員「有價值」的內容，作法就是邀請世界的各地敏捷專家做每月一次的線上演講，只要是社員都能「免費參加」。

小社群中有十一個互動熱絡,加上原有的大社群,等於社員一個月最多可以免費聽十二場專家演講,也可以只挑感興趣的參加,試想,如果在市面上聽十二場演講要花多少費用呢?台灣敏捷部落免費聽演講的訊息很快傳開,越來越多人申請加入,大小社團共計已超過 5,000 人,人數越多,也代表社群越有籌碼邀請到更國際化、更具影響力的演講者。

至今我們邀請過的國際級 Scrum 大師,包括《Scrum 敏捷產品管理》作者羅曼‧皮克勒(Roman Pichler)、擅長敏捷軟體開發的邁克‧科恩(Mike Cohn),以及知名敏捷教練麗莎‧艾堅斯(Lyssa Adkins),這些著名講者的鐘點費基本上都價值不菲,但他們都願意無償分享,就是看準台灣敏捷部落龐大的社群影響力,以及後續可能產生的經濟效益。

圖 7-1-2:台灣敏捷部落 Scrum 大師專訪系列

台灣敏捷部落之所以能推動成功,還有一個關鍵是「海納百川」,敏捷各體系各有擁護者,長宏敏捷課程雖然隸屬特定學派,但只要是社員感興趣的講者,我們都一視同仁去邀請,將社員利益置於長宏的商業利益之前,不僅能提供更多元的知識內容,提升社群滿意度,也反映出敏捷價值導向中的「客戶價值優先排序」,一切以顧客價值為依歸,隨時調整以回應顧客的想法與變化,完美呼應敏捷社群的主旨。

用心經營台灣敏捷部落是否收到成效?當然有!來報名的社員透露,聽完演講會察覺自身專業仍有不足,想藉由進修充實自我,這不就是 PO 利用社群成功替產品「創造需要」,進而達到「社群變現」的最佳證明嗎?其實,台灣敏捷部落變現的能力不僅於此,還能創造更深遠的影響力與經濟效益,後續章節中將陸續說明。

跟隨內容行銷六步驟 找出粉絲心中的亮點

內容行銷對社群的影響力舉足輕重，藉由有價值的內容，PO 可以將自家產品或服務定位為某領域的經典或專家、增加品牌與產品知名度、推進搜尋引擎的排行、創造流量與銷售量，重點是吸引更多粉絲並維持雙方的友好關係，進一步養出「超級粉絲」，有「價值」的內容通常有這些特色：

- **獨特性（Unique）**：社群提供的訊息必須具原創性，展現與眾不同的個性與特色。

- **針對目標族群（Target Specific Groups）**：傳遞的訊息必須「投其所好」，用粉絲習慣的用語，提供他們感興趣或需要的資訊。

- **知識性及娛樂性（Informative and Entertaining）**：提供與產品相關的專業資訊，例如：自家產品如何替粉絲解決問題，但切勿做得太像推銷廣告，也可以用趣味方式呈現，像是流行的網路梗圖、迷因……等。

- **讀者友善（Reader-friendly）**：訊息必須通順易讀、邏輯正確、無錯別字，並根據 TA 的理解程度提供相對應的內容。

要滿足以上的條件，我們可以利用內容行銷六步驟來達成，這六個步驟會構成一個內容行銷循環（Content Marketing Cycle）：

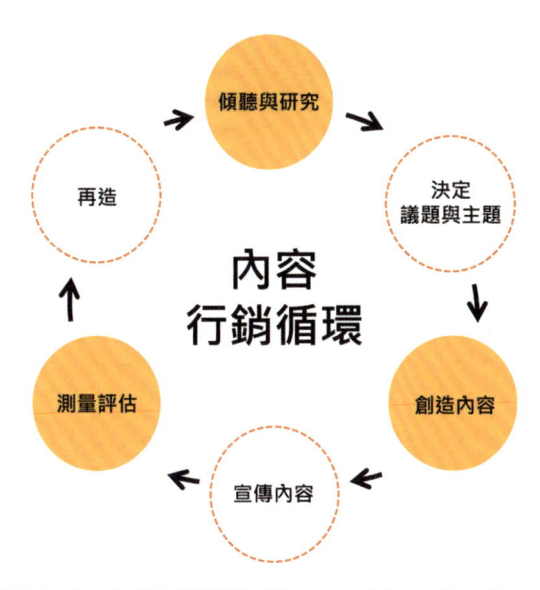

圖 7-1-3：內容行銷循環（Content Marketing Cycle）

- **傾聽與研究（Listen & Research）**：PO 必須清楚 TA 的特質、感興趣的事物、習慣的溝通方式等，可以利用結合市調與真實客戶數據創造出的人物誌（Buyer Persona），或觀察競爭對手的粉絲喜歡什麼資訊，作為參考依據。

- **決定議題與主題（Decide on Theme & Topics）**：經由先前的調查，擬定 TA 感興趣的主題，也可以發想值得嘗試的新議題，決定訊息要發布在哪個社群平台及使用何種媒體形式，例如文章、圖片、影片等來呈現。

- **創造內容（Create Content）**：這個過程除了撰寫文案、製圖或錄音錄影之外，重點是確認訊息能透過社群充分傳遞並呈現最佳效果，例如知識文適合用 Blog，圖片較適合 IG，影片是 YouTube，如果想即時互動建議選用 LINE 群組等。

- **宣傳內容（Promote Content）**：PO 必須多花時間並利用各種資源促銷社群，建議先從自身的社群開始推廣，分享給親朋好友以增加曝光度。

- **測量評估（Measure & Evaluate）**：透過讚數、回應、轉發，以及社群平台提供的各種分析工具，PO 可以得知哪些訊息較受 TA 青睞，哪些則缺乏吸引力，作為改善依據。

- **再造（Re-purpose）**：創造出獲得粉絲喜愛的內容後，可將同樣的內容再利用，例如：將文章轉換成 Podcast，影片改寫成短文等，讓有價值的內容盡可能在不同平台傳播，再造的同時加一點新資訊或花樣，讓粉絲覺得有新收穫。

內容行銷或許由企業內部的行銷團隊執行，也有可能外包給廣告行銷公司，無論是何者，PO 都應具備內容行銷的基本認知，由於 PO 對產品的了解相當透澈，可以適時提供行銷團隊產品面的專業意見，攜手為社群打造最有價值、最具吸引力的精彩內容。

發揮小眾客戶的力量

小眾社群深入互動「自管理」串聯粉絲緊密無間

從前面兩個章節中，我們知道「超級粉絲」是品牌與產品成功的基礎，「優質內容」則是吸引粉絲加入社群的動力，兩者結合發揮綜效，才有機會使品牌大獲全勝。社群未建立之前，粉絲只是鬆散的個體，各自有消費力，彼此之間卻零互動，如果 PO 成功串聯起一個「自管理」（Self-management）社群，不僅能創造更多超級粉絲，還能蘊釀深遠的後續效益。

行銷專家克里斯・達克（Chris Ducker）指出，社群網路不是企業對企業（B2B）或企業對客人（B2C）的關係，而是個人對個人的關係。簡單來說，就算 PO 是以官方身份經營社群，也要淡化企業或品牌方的色彩，盡量以「非官方」的角度，像朋友或老師一樣分享資訊，重點在於促進粉絲與粉絲間的交流。

社群媒體專家賽門・曼華林（Simon Mainwaring）也認為，想要創造強而有力的社群，小編、管理員或社長等官方代表，必須扮演的角色是「主持人」，絕非「主角」，任務是在固定的社群規範下，提供一座讓粉絲自由互動的平台，替他們安排活動，鼓勵發言與互動，唯有粉絲與粉絲間建立好關係，社群才能擁有的強大影響力。

擁抱小眾培養忠實粉絲 HBO 躍升美劇精品品牌

許多 PO 告訴我，他們擔心社群主題不夠有趣，吸引的粉絲數量少，也不確定該針對哪種目標族群，其實，社群的 TA 如同產品的 TA，不用擔心不夠「大眾化」，因為「小眾」可能創造更驚人的商機。賽斯・高汀（Seth Godin）的書籍《這才是行銷中》提到，與其吸引大眾市場，不如努力建立一個族群，針對這個「最小可行市場」行銷，關鍵是 PO 要塑造出一種「心理狀態」，讓顧客更接近夢想，把這個社群當成微型市場，商機將以它為基礎蓬勃成長。

近二十年前，消費市場逐漸發現「小眾」的優勢，詹姆斯・哈金（James Harkin）在《小眾，其實不小》書中指出「把產品賣給所有人的策略」再也行不通，以知名服裝品牌 GAP

和 A&F 的競爭為例，前者老少咸宜，後者鎖定年輕族群，會在店內播放震耳欲聾的音樂，請猛男辣妹當店員，營造年輕人夢寐以求的「美國酷小孩」形象，刻意排斥三十歲以上消費者的「排他行銷」飽受批評，當年卻成功贏得青少年的心，年營業額衝破三億美元，將 GAP 打得落花流水。

掌握「小眾市場」成功的案例比比皆是，1972 年創立的 HBO 是箇中翹楚，收費頻道要與免費的 CBS、NBC、ABC 三大電視網競爭，勢必要有精彩的獨家節目，HBO 原本的策略是以電影強片首播、演唱會、比賽轉播吸引客戶，但隨著競爭頻道增加，收視戶成長停滯，HBO 決定將大筆預算投入原創節目，製作風格多元的精緻影集，包括《監獄風雲》、《黑道家族》、《火線重案組》都大受歡迎，叫好叫座的《黑道家族》甚至奪下 21 座電視艾美獎。

特別的是，這些影集故事線錯綜複雜，需要花時間細看才能理解，顛覆過往主流電視台要求劇情輕鬆簡單，人人都能看懂的原則。HBO 有時還要求編劇讓劇情更複雜，為的是澈底排除看電視打發時間的「普羅大眾」，轉而培養願意投入時間品味故事的「超級粉絲」，以「優質內容」吸引「特定族群」的做法大獲全勝，使得 HBO 年獲利超過十億美元，成為電視史上獲利最高的頻道之一。

果斷放棄大眾市場的決定，讓 HBO 轉型為以自製節目為主的高品質頻道，也成為粉絲心中美劇的第一精品品牌，詹姆斯・哈金更指出，HBO 聰明地創造出一種「歸屬感」，讓粉絲覺得自己和主流不一樣，也促成後續《冰與火之歌：權力遊戲》、《西方極樂園》等影集的成功。在串流平台當道的今日，HBO 也成立 HBO Max 與 Netflix、Disney+ 一別苗頭，絲毫沒有被潮流淘汰的跡象，精準掌握小眾市場，正是 HBO 至今仍蓬勃發展的關鍵。

小眾社群力量大 「自管理」引爆無限商機

小眾市場能創造龐大商機，小眾社群自然也能發揮深遠的影響力，長宏創立的「台灣敏捷部落」人數約 5,000 人，專注探討管理學中的「敏捷」主題，就是典型的「小眾社群」。先前的章節中，我曾經提到台灣敏捷部落以內容行銷取勝，提供大量且免費的高品質演講資源，成功為長宏增加進修敏捷課程的學員，不僅創造商業價值，後續還帶來更大的經濟效益。

舉個近期的例子，台灣敏捷部落不是正式社團法人單位，卻因其強大的影響力，獲得台灣敏捷協會（Agile Community Taiwan, ACT）邀請，共同舉辦 2021 年 Scrum Alliance 敏捷大會（Regional Scrum Gathering, RSG），敏捷業界的全球盛事首度移師台灣舉辦，成果備受好評，隔年由台灣敏捷部落取得 2022 年的主辦權。

主辦活動的消息藉由社群傳播後，社員相約揪團報名，門票快速銷售，還有許多社員自願擔任志工為大會貢獻心力，熱情的社員還主動幫忙宣傳活動，靠著社群的力量就達到了不錯的成績，也節省大量的行銷與人力成本。這是我從自身經驗中，讓社群創造商業價值的最佳案例。

分析此案例可以發現，台灣敏捷部落不僅和社員建立起良好關係，社員與社員間也互動密切，符合克里斯・達克所說，社群是「個人與個人」的關係，那麼長宏是如何做到的呢？之前提過為鼓勵社員發言，我將主社群分為基礎社群與進階社群，但想再加深社員之間的關係，就必須將「小眾社群」分得更小眾，兩千五百人的社群很難交朋友，但一百多人甚至規模更小的社群，比較容易建立深厚的關係。

我在社群發起討論，整理多方意見後決定挑選社員感興趣的主題，分門別類成立Scrum、Kanban、PO、SM、教練、敏捷診所、行銷……等二十個敏捷相關小社群，邀請該領域專家或自願者擔任小社長，社員則各取所需加入喜愛的社團，小社群延續大社群主軸，每個月邀請專家演講，細節全權交由小社長運作，充分體現授權團隊（Empowered teams）的精神。

小社長需善用人脈安排來賓，也要想方設法活絡社群，久而久之，大家都發展出各自的經營之道，逐漸形成高度「自管理」（Self-management）的小團體，除了演講，也有社群採讀書會形式，活動也從線上走到線下，促進更多的交流，這種由下往上、靈活變化的特性，不僅刺激社員人數成長，也為台灣敏捷部落注入了多元資源與能量。

要打造高效能的自管理社群，PO 必須讓專案成員以自身專業知識決定最佳的工作方式，由他們自行管理運作，偶爾犯錯也沒關係，在台灣敏捷部落裡，社長麗琇只要訂定社群規範，適時扮演協調角色，並確保所有小社長都清楚經營社群的目標，就可以放手讓社群自由發展。

過程中，敏捷教練的角色也很關鍵，當小社長向我請教社群經營方法時，我不直接回答，而是迂迴反問：「你想達到什麼樣的效果？要達到這樣的效果，應該要辦什麼樣的活動？」引導小社長思考找答案，自主擬定經營計畫。為激勵團隊，我會將小社長舉辦的活動透明化，製作海報宣傳，表揚小社長的貢獻之餘，也讓未辦活動的小社長感受同儕壓力（Peer pressure），進而提升辦活動的動力。

追蹤團隊績效也很重要，我每年會製作活動次數柏拉圖，排名在前的小社長感到十分光榮，後段班的小社長則會找我做教練輔導，找出改善空間，這種做法果然奏效，以 2021 年為例，主社群舉辦 12 場演講，小社群共舉辦 127 場活動，每位社員可以免費參加 139 場高品質活動，收穫滿滿，也使得社群人數與口碑扶搖直上。

為社群組建高效能團隊 長保「風采階段」

「自管理」社群最常見的案例，莫過於明星的粉絲俱樂部（Fans Club），尤其是非官方的粉絲團，常常會由超級粉絲擔任幹部並自訂規範，提供追星族一個資訊交流以及結交同好的平台，這種自管理社群要經營成功，多半都會經過一段時間的團隊組建，才逐漸達到最佳狀態。

我們可以用布魯斯·塔克曼（Bruce Tuckman）的團隊組建與發展五階段（Tuckman model of team formation and development）來理解，團隊從創立到成熟會經歷以下階段：

- **組建（Forming）**：成員相互認識，了解社群目標及分配扮演的角色。
- **風暴（Storming）**：成員共事後會出現意見分歧與衝突，從中找出解決問題的方法。
- **正軌（Norming）**：團隊發展出「大我」的思考模式，形成固定的社群規範，逐漸信任彼此。
- **風采（Performing）**：團隊各司其職，同心協力達到最高的工作效率。
- **解散（Adjourning）**：又稱為悼念（Mourning）階段，團隊完成目標後即解散。

塔克曼團隊組建發展五階段

組建 → 風暴 → 正軌 → 風采 → 解散

圖 7-2-1：塔克曼團隊組建與發展五階段

圖片參考來源：Bruce Tuckman

可惜的是，不是每個團隊都能夠成功達到風采階段，成為能獨立運作的「自管理」，PO 若想要將社群打造成高效能的敏捷團隊，可以參考創業家帕特・麥米倫（Pat MacMillan）的高效能團隊模型（High performance team model）來檢視自己的團隊是否符合標準：

高效能團隊模型

互相信賴、合作

- 共同的目標
- 出色的溝通
- 明確的角色
- 業務成果
- 堅固的夥伴關係
- 團隊認可的領導模式
- 高效率工作過程

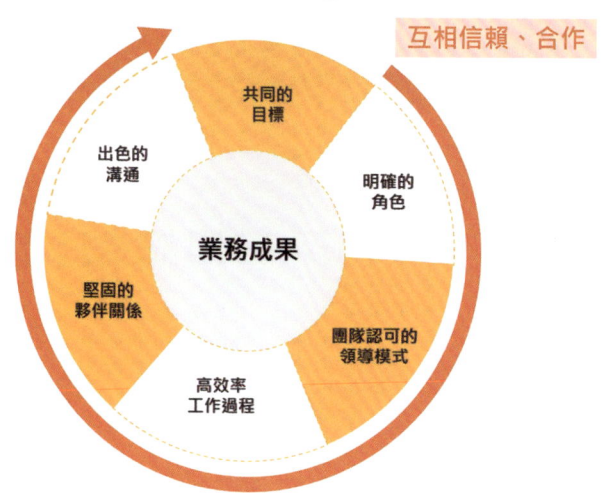

圖 7-2-2：高效能團隊模型

圖片參考來源：Pat MacMillan

- **共同的目標（Common Purpose）**：確保每位團隊成員了解，認同專案的目標與前進方向。

- **明確的角色（Clear Roles）**：了解團隊成員的專長與優缺點，將對的人放在對的位置，清楚分配工作範疇。

- **團隊認可的領導模式（Accepted Leadership）**：SM 採取「僕人式領導」，使團隊成員明白遭遇困難時可以獲得協助。

- **高效率工作過程（Effective Process）**：使成員的工作量與負擔達到平衡，依專案狀況隨時彈性調整。

- **堅固的夥伴關係（Solid Relationship）**：打造具有信任、理解、尊重、誠實、互助精神的工作環境。

- **出色的溝通（Excellent Communication）**：建立規律且平等的溝通模式，使團隊清楚彼此的進度與問題，以避免衝突。

高效能團隊應用在經營社群時，就像粉絲俱樂部一樣，PO 可以鼓勵超級粉絲們擔任幹部，將他們視作你的敏捷團隊，這些核心成員是促成社群凝聚的重要角色，他們會彼此監督、維持秩序、內化團體規範，最重要的是協助舉辦促進社群向心力的「凝聚力活動」（Cohesive activities）。

當然，不是每種社群都適合使用粉絲俱樂部的運作模式，PO 必須深入思考，調適出符合自身產業的社群經營模式，才能成功串聯起良好的粉絲關係。

互助共榮培養長遠關係 善用粉絲回饋獲得雙贏

先前的章節中提到，團體凝聚力活動（Group cohesion activities）關乎社群的存續，透過活動聚集粉絲，不僅可發展出深刻的人際關係，一來一往間，社群定位也更加明確，社長必須確保活動維持良好的品質與適切的頻率，才能使成員自動自發參與，甚至協助活動進行。

《狂粉是怎樣煉成的》書中點出粉絲文化是一種社交行為，因此「找不到人一起迷的粉絲，不會迷太久。」PO 和社長在社群草創初期不妨降低門檻，在群聚效應未發生前多提

供好康給早期粉絲，早期粉絲的反應是社群可否延續的關鍵。積極鼓勵、讚美、關心早期粉絲的「溫情攻勢」（Love-bombing）也是一種壯大社群的策略，使粉絲心甘情願留在社群參與活動。

社群管理者透過各種方法與成員互動，粉絲也會有所回饋，社群成長到一定規模後，回饋會反映在轉換率及銷售數字上，或是透過口碑行銷幫產品、品牌建立正面形象，最重要的是，粉絲還能提供具建設性的意見，幫助 PO 逐步完善，打造更符合 TA 需求的產品，魚幫水、水幫魚，成為互助共榮的社群最佳典範。

「樂趣」帶來高人氣 串聯人脈有力更有利

日本行銷專家藤村正宏認為「樂趣」是社群經濟的關鍵字，像歌迷俱樂部這類以興趣為主的娛樂社群本身就很有趣，以紅極一時的暮光之城系列電影為例，女主角貝拉該與吸血鬼愛德華還是狼人雅各在一起，讓粉絲分裂為兩派，雙方支持者為了護主，發揮創意製作梗圖、寫同人小說、發表文章、辦票選等，還成立大小社群彼此討論、競爭，最終的受益者當然還是品牌方。

有 PO 問我，倘若經營的是純商業性質的官方社群，或知識性質的學習社群是不是就無法有趣呢？當然不是，前者的最佳案例就是全聯官方社群，負責操刀的奧美廣告不僅塑造出全聯先生這個經典角色，每年還推出充滿巧思的吸睛廣告，特別是令人印象深刻的中元節系列，早期以電視廣告為主，後續開始搭配臉書等社群媒體操作，行銷效益更容易擴散。

《全聯：不平凡的日常》書中提到，全聯小編刻意以解壓、自嘲、帶點負能量的路線發貼文，特別能引起年輕族群共鳴，比如在情人節時貼出空白圖片，寫上「老闆說情人節要發慶祝文，但小編被閃瞎只想交差，而且我完全不想祝福你們。」單身狗觀點的幽默貼文引起廣大網友按讚轉發，促銷咖啡的貼文也寫上「休息就休息，不是為了走更長的路」、「做牛做馬之餘，也要記得做自己」的文案，網友會心一笑之餘，更因「認同」增添品牌的好感度。

儘管帶有商業性質，創意貼文帶來的樂趣仍能吸引網友主動按讚、留言與分享轉發，全聯小編更會針對網友留言快速做出「神回覆」製造雙向互動，不時還與其他粉絲團小編一來一往，使得貼文的傳播速度更快、行銷影響力更廣，成功將全聯打造成知名度高且老少咸宜的品牌。

至於知識類型的社群，我認為舉辦讀書會、見面會及工作坊是創造樂趣的好方法，線下活動與線上活動相比，辦起來比較花時間心力，社群成員卻能得到臨場感帶來的趣味性，創造難以取代的美好經驗。想將單純的消費者變成粉絲，鼓勵他們「參加活動」比鼓勵「消費商品」更能加深認同感與向心力，舉辦實體活動的成效，也可以供 PO 檢視社群經營是否成功。

舉辦活動也是連結人脈的絕佳契機，藤村正宏在《靠關係就能賣不停》書中舉日本連鎖高爾夫球具品牌 Golf Partner 三芳分店為例，店長篠原先生經常舉辦高爾夫球賽及練習聚會，他在過程中為顧客做商業媒合，比如替建築業的顧客介紹鷹架與室內裝修業者，希望顧客於公於私都能交流。此外，店長還發現許多週三公休的服務業者，因為休平日很難找到球友一起打球，於是將同天公休的顧客聚集成小社群，讓他們相約打高爾夫，想方設法緊密串聯社群成員。

在篠原店長積極運作下，他的社群知名度愈來愈高，成員超過兩千人，分店業績更節節高升，他也成為公司眼中的當紅炸子雞。看完他的例子，聰明的 PO 與社長不妨針對自身產業特性，思考如何將「活動」、「樂趣」、「人脈」融入社群經營，創造專屬於你的行銷致勝關鍵。

傾聽社群真實聲音 完善貼近人心的好產品

若以消費性產品或服務為例，「消費者」與「粉絲」的回饋有時天差地遠，前者不滿意時，會透過客訴或到官方社群留言表達不滿，滿意時卻較少公開表達喜愛，粉絲則傾向在非官方社群內透過開箱文、體驗文、與同類型產品比較來分享產品或服務的優缺點，提供鉅細靡遺的分析介紹，並與其他粉絲交流意見，對 PO 是極具參考價值的重要訊息。

該如何獲取這些關鍵資訊？過往企業常採用問卷調查或焦點團體訪談，以了解消費者心聲，但他們逐漸發現採用限制答案的封閉式問卷，或許比不上「社群傾聽」（Social listening）更能探知消費者與粉絲的真實想法。

社群傾聽是針對消費者行為的大數據研究方式，利用爬文與關鍵字搜尋技術蒐集需要的網路資料，做完社群傾聽後還要將資料歸納分析，判讀它們代表的意義，是一種訂定行銷策略的決策工具。舉例來說，美國知名刮鬍刀品牌吉列（Gillette）因經典產品 Fusion 銷售

遭遇瓶頸，曾多次對消費者做問卷調查，想知道 TA 不購買產品的原因，結果發現消費者多半勾選「價格偏高」、「其他品牌較好用」等選項，對改善產品與刺激銷售沒有太大助益。

吉列決定改採社群傾聽的調查方式，不發放制式問卷，而是單純蒐集網友意見，結果找到一個出人意表的答案，許多消費者指出吉列給人的品牌印象是「太浮誇」、「有欺騙人的感覺」，公司深入追問，才發現是主打的電視廣告效果太誇張，引發消費者反感，吉列從善如流調整廣告內容，銷售量才逐步回穩，若沒有使用社群傾聽，企業可能想破頭也找不出癥結點。

有些人誤以為社群觀測（Social monitoring）與社群傾聽相同，事實上，兩者的深入程度及目的性都有差異，前者單純要找出社群成員關注的「是什麼」（What），用以擬定快速的應對計畫，比如調整菜單或決定公關回應方向，也可以純粹收集資訊；後者則要找出「為什麼」（Why）社群關注此事物、他們對事物有什麼想法、甚至對競品的意見也可以納入，蒐集完資料後，必須進行社群資料分析（Social data analysis），PO 可以依此擬定後續的產品或行銷策略。

社群資料量龐大時需要靠人工智慧辨認，才能過濾出有意義的資訊並正確解讀，雖然針對文字與口碑進行內容分析（Content analysis）或情感分析（Sentimental analysis）的軟體已普遍應用在國外的社群媒體行銷，但在台灣尚不盛行，在過渡時期，PO 可以先應用關鍵字相關軟體找出社群內的重點貼文，以人力整理粉絲意見作為參考。

取得社群回饋資訊三步驟

社群觀測 ➡ 社群傾聽 ➡ 社群資料分析

圖 7-2-3：取得社群回饋資訊三步驟

檢視思考社群回饋 優化產品投粉絲所好

透過社群觀測、社群傾聽、社群資料分析三步驟，PO 得到有價值的回饋資訊，這些社群回饋有些類似 Scrum 的 Sprint 審查會議，使用者或粉絲等同利害關係人，PO 透過他們在社群發表的意見，得知產品欠缺或多餘的功能、現有功能是否合用、造型是否需調整、哪些缺點尚待改進等，聰明的 PO 還會思考粉絲意見的背後原因，調整未來的產品待辦清單，簡化不必要的工作，最終推出新的優化版本。

根據社群回饋改良產品的案例不勝枚舉，日本品牌羽保鮮膜深知產品使用者多為家庭主婦，刻意以她們感興趣的內容經營臉書社群，不時發布請使用者提供意見的推文，針對他們遇到的疑難雜症以文字或影片回覆說明，也將負面心得蒐集起來改善或研發新產品。此案例中可看出，只要成功經營出互動熱絡的社群，企業可以減少委託市調公司的預算，藉由社群直接接觸消費者，免費獲得第一手的寶貴意見。

另一種藉由社群回饋改善產品的延伸模式是「群眾募資」（Crowd funding），雖然在群眾募資裡，尚未形成一個固定的社群團體，但對同樣產品感興趣且願意支持募資的群眾，PO 可將其視為潛在的未來社群成員，從群眾反應與募資結果能看出產品是否有市場，決定專案該繼續或停止，還能運用募得款項作為研發、生產成本，大幅降低產品失敗風險。

募資平台的產品有些已製作出原型，有些則只有概念，僅透過文案或影片闡明產品的功能與用途，吸引群眾花錢贊助，我也曾在募資平台購買關於簡報技巧的課程，當時募資提案者尚未錄製影片，只是用文字介紹講師背景並簡述上課內容，還邀請贊助者留言，寫下自己想學到哪些知識與技巧，提案者只要參考群眾的意見建構產品待辦清單，就能做出符合 TA 需求的產品，這種作法也呼應敏捷「因應需求變更比依計畫行事重要」的核心價值。

PO、產品與客戶共創三贏

巧妙距離取平衡 以智慧掌握社群相處之道

　　超級粉絲與社群是產品與品牌永續發展的關鍵，但粉絲對品牌永遠有利無弊嗎？容我提醒你「水能載舟、亦能覆舟」，品牌發生危機時，粉絲可能誓死護主，也可能棄如敝屣。有時品牌是由粉絲護航而渡過難關，有時粉絲反而是問題製造者，如若曾經的超級粉絲反目成仇，這絕對是 PO 最恐怖的惡夢。

　　有鑑於此，PO 與社群經營者傾聽社群意見時，仍要從預算、技術、商業價值、發展性等專業層面做判斷，若全讓社群輿論牽著鼻子走，雖滿足了部分粉絲的喜好，卻容易誤判形勢，使品牌陷入危機。因此，要如何拿捏與社群間的距離、揭露多少資訊給粉絲，何時又要果斷捨棄與粉絲的關係，都是 PO 須深思熟慮的大哉問。

改配方點燃粉絲怒火 企業決策該揭露多少

　　《狂粉是怎樣煉成的》書中提過一個經典案例，美國知名威士忌酒廠美格（Maker's Mark）2012 年曾做出一項觸怒大批粉絲的決策，是品牌成立以來的最大公關災難，最後更迎來意想不到的結果。當時，美韓自由貿易協定簽訂完成，亞洲市場威士忌需求量急速飆升，美格波本酒大受歡迎，幾乎銷售一空。

　　銷量上升本是好事，但一桶波本酒熟成平均要等上六年，六年前的美格當然沒料到需求會突然暴增，所以很快就面臨缺貨危機，如果沒有打鐵趁熱在亞洲市場打開知名度，美格很有可能就輸給了其他對手。美格可以選擇提高售價，但他們不想嚇跑 TA，決定要「摻水」，波本酒製造過程中原本就會加水，只要多加一點，將酒度從九十度降為八十四度，多出來的酒量能再撐四年。

　　一直以來，美格與超級粉絲保持密切關係，暱稱他們為「大使」（Ambassador），大使購買波本不只為了品嚐也為了收藏，他們會參加試飲會，積極向親友推廣波本酒，美格也提供大使購酒優惠，新酒資訊也會優先告知，這回美格也將決策通知粉絲，執行長發出 Email，指出供貨不足必須調整配方，也向粉絲保證酒的風味絕對不變。

郵件發出後不久，社群掀起暴動，怒火中燒的粉絲用各種難聽字眼批評新配方是「假貨」、「犯罪」、「無恥」、「愚蠢的點子」，有人宣稱不再購買美格酒品，更不屑當大使，美格臉書被謾罵洗版，新配方被戲稱是「美稀」（Maker's Watermark），抱怨郵件與電話瘋狂湧入，一週之後美格投降，寄信告訴粉絲：「你們說話我們會聽，很抱歉讓各位失望了。」

在此案例中，作者認為「告知大使配方調整」是引起粉絲反彈的主因，而非酒的品質，許多波本專家指出高濃度酒精會麻痺味蕾，喝起來分不出差別，甚至只要放一顆冰塊進去，酒精稀釋的程度就超過調降比例，另一個酒商傑克・丹尼爾（Jack Daniel）也做過同樣的事，引起小規模的粉絲抗議，酒商不為所動，風波反倒很快平息。

誠實以對是好事，美格反倒引發公關災難，因為他們忽略粉絲文化中「不愛改變」的天性，調降濃度的波本酒喝起來可能一模一樣，在粉絲心中卻失去了最重要的「價值」。有趣的是，你認為當時美格銷售量是否下滑？他們反而賣出史上最高季度銷售量，粉絲預期再也買不到九十度的酒瘋狂囤貨，對美格來說或許不算全盤皆輸。

品牌的一舉一動，牽動粉絲心情與銷售數字，經營社群並與成員保持良好關係，愈有機會深入理解粉絲心態，美格做出公開資訊的決策前，如果能旁敲側擊超級粉絲的想法，或許就能躲過品牌危機。

維繫利害關係人情感 化為品牌危機處理助力

企業經營鮮少一帆風順，當品牌陷入危機時，需仰賴企業內部公關部門或委外公關公司盡快危機處理，而第一時間的回覆往往會影響後續輿論觀感，進而決定公關危機是否能化險為夷，曾任奧美公關事業部的王馥蓓董事總經理提出「危機管理 DISCO」，將過程分為五步驟：

- 溝通與管理行動雙管齊下（Dual Path Process）：危機發生時，企業應即刻思考該採取什麼樣的行動，以控制損害或停止危機。

- 第一時間做回應（Immediate Response）：社群媒體發達，訊息快速傳播，危機處理不能依循過往的黃金 24 小時原則，企業常常還來不及掌握完整訊息，就被迫做出初步回應，建議可以中性描述發生什麼事情，告知目前掌握的狀況及正在處理的方式。

- **決定並判斷利害關係人的溝通順序（Stakeholder）**：危機發生時，企業第一時間通常面對的是新聞媒體，但不要忘記與政府部門、自家員工、上下游廠商、合作通路、消費者，還有容易影響輿論的超級粉絲溝通，成立危機處理小組後，應評估該優先與哪些人溝通、溝通內容為何，指派人選分頭進行。

- **控制危機發展狀況（Containment）**：針對危機現況做處理，還要評估後續可能的發展，最差與最好的情況為何，預先準備避免危機擴大。

- **承擔應有責任（Ownership）**：企業必須負起法律及道義上的責任，拿出誠意處理可以降低負面觀感，挽救品牌形象，化危機為轉機。

D 溝通與管理 行動雙管齊下 → **I** 第一時間做回應 → **S** 決定並判斷利害關係人的溝通順序 → **C** 控制危機發展狀況 → **O** 承擔應有責任

圖 7-3-1：危機處理 DISCO 原則

圖片參考來源：前奧美公關事業部 王董事總經理

DISCO 原則中，S 的部分與社群密切相關，社群粉絲就是品牌舉足輕重的利害關係人，他們與媒體一樣急著等待企業回應，無論發生什麼緊急狀況，都要記得盡早給粉絲一個可接受的說法，遇到虛假謠言攻擊時，社群經營者可以使用社群向粉絲澄清，藉由非官方的聲音與力量，幫助品牌做出強而有力的反擊。

若是企業犯錯則要坦誠面對，消費者欣賞誠實的企業，但超級粉絲還有一項特質，就是願意「接受瑕疵」，前提是品牌不推諉、不卸責，公開認錯道歉，提出完善的修改、補償方案，並且承諾未來絕不再犯，相信多數超級粉絲都願意再給喜愛的對象一次機會。

英國連鎖超市特易購（TESCO）2013年時，因為販售混有馬肉的牛肉漢堡遭消費者撻伐，營業額銳減三成。第一時間，特易購宣布召回產品，在媒體刊登道歉廣告承認把關疏失，公司高層在社群媒體發文致歉並提出賠償方案。為挽回消費市場信心，特易購重新擬定食品管控流程，使食品來源更公開，還邀請傑米・奧利佛出任品牌大使，推出健康月刊積極修補粉絲關係。

深知利害關係人對品牌影響深遠，執行長戴夫・劉易斯（Dave Lewis）邀請 8,000 名員工開大會，親自說明公司未來走向及發展目標為「每天提供消費者更好一點的東西」（Serving our shoppers a little better every day），獲得高達 96% 員工認同。執行長與高階主管也分頭拜訪合作廠商，溝通之餘更提供讓利計畫，和所有利害關係人重新建立信任關係，最終馬肉風暴逐漸平息，直至今日，特易購在疫情影響下仍然穩定成長，堪稱危機處理典範之一。

變調失色的粉絲關係 延續？放棄？考驗 PO 智慧

已解散的樂團或數十年前的老電影，不會再改變，也不會令粉絲失望，符合粉絲文化中不愛變化的天性，很容易成為粉絲心中永遠的經典，但如果 PO 經營的是持續創新的品牌或產品，熱愛一成不變的粉絲或許會成為改變的阻力。

日本行銷專家藤村正宏分享過一個案例，長野縣有一間高人氣溫泉旅館「五龍館」，老闆將熟客組成五龍館俱樂部，繳交會費就能享有各種居住優惠，吸引大批會員粉絲，隨著日本觀光產業興盛，愈來愈多外國人遊客入住，卻讓部分會員很不滿，要求五龍館不要招待外國人，也不要透過社群網站宣傳，要以原本的熟客為優先。

雖然僅有一小部分顧客反應，仍使老闆相當煩惱，該滿足老顧客的需求，還是該歡迎各國觀光客，深思熟慮後，他們認為旅館經營必須跟上時代趨勢，理解這點的人才是五龍館真正的粉絲，勉強不認同的人留下，對旅館未來發展毫無幫助。PO 必須認清，當品牌創新時，某些粉絲離開是正常的，無法一起與時俱進的人，或許是 PO 該勇於捨棄的對象。

《狂粉是怎樣煉成的》書中也指出，人們通常要有強烈的感受才會表達看法，沒有意見時則不會表態，容易形成「選樣偏差」（Selection bias），尤其是訊息快速傳播的社群網路，激烈意見容易帶起風向，使其他人不敢出聲或蓋過中立觀點的發言，成為多數錯覺（Majority illusion），誤把講話大聲的少數意見當成全部粉絲的意見，可能使企業不小心做出錯誤決策，PO 與社群經營者務必謹慎以對。

Chapter 8

PO 的敏捷工具箱

本章為實戰工具應用系列，將本書介紹的工具及手法，提供完整的操作說明及範例。其內容將根據敏捷開發產品的流程整理，包含：基礎建設、釐清需求、排序順序、跨職能合作應用及 Scrum 執行工具與技能等部分，讓 PO 閱讀後能直接用在工作中。

基礎工程

🎯 擁抱敏捷從選對合約開始 5 種敏捷合約一次看懂

敏捷深信唯有不斷前進、學習，時刻擁抱變化，才能在變幻莫測的市場中看見消費者需求並站穩腳步，正如敏捷宣言中提到「因應變化重於遵循計畫」（Responding to change over following a plan），如此一來，傳統合約是否已不合時宜了呢？相信你心中的答案也是肯定的。

基於敏捷精神，PO 與研發團隊必須站在客戶角度思考，才能共同描繪出產品的真實面貌、摸索出明確方向，因此主客雙方在簽訂合約之前，必須對於敏捷手法有共同認知，確保在固定的成本與時間限制下，讓範疇維持高度彈性、可以持續變動與協商，讓雙方專注在如何持續高效率的溝通，探討要打造什麼樣的產品，而不是錙銖必較地要求事事都要依照合約行事，才能共創雙贏。接下來，文章將詳細介紹 5 種 PO 必學的「敏捷合約」（Agile Contracting）。

動態系統開發合約（DSDM Contracts）

「動態系統開發合約」是由 DSDM Consortium 所發展出來，這個組織成立於 1994 年，由英國航空（British Airways）、美國運通（American Express）和甲骨文（Oracle）等大廠的 16 位資訊專家所同創立，是全球敏捷流派之一。

動態系統開發合約保有瀑布式合約的 3 要素——「範圍」、「成本」與「時間」，只不過採取倒三角模式，同時導入敏捷時間盒的概念，確保合約在固定時間、成本下進行，但保有工作範圍的靈活與彈性。這類型合約強調工作如何「滿足商業目的」以及「通過測試」遠比滿足規格等條條框框更為重要，在英國與歐洲地區蔚為潮流。

倒三角模式

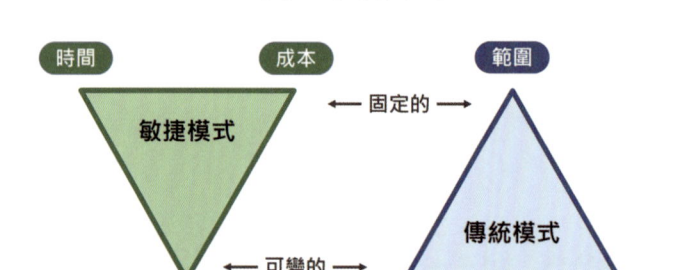

圖 8-1-1：動態系統開發合約所採取的倒三角模式

不勞而獲＆變更免費（Money for Nothing & Change for Free）合約

這是一種結合「固定總價」與「時間與材料合約」（Time and Material Contracts，簡稱 T&M）的組合式合約，附帶有「變更免費」的但書條款，能夠提供變更的彈性，當客戶認為已實現足夠的投資報酬率（ROI）時，也可以要求提早結束專案。

為了鼓勵客戶端在合約期間積極參與 Sprint 運作，這類型合約特別增設「變更免費」條款，PO 可以在 Sprint 的最後重新排序待辦清單，例如新增一項新功能，同時移除一項低優先順序的工作，這時產生的範疇變更是免費的，但不得超過合約預算與時程限制；不過，若是客戶端未能有效參與 Sprint，此條文則失效，回歸 T&M 合約。

Change for Free 示意圖

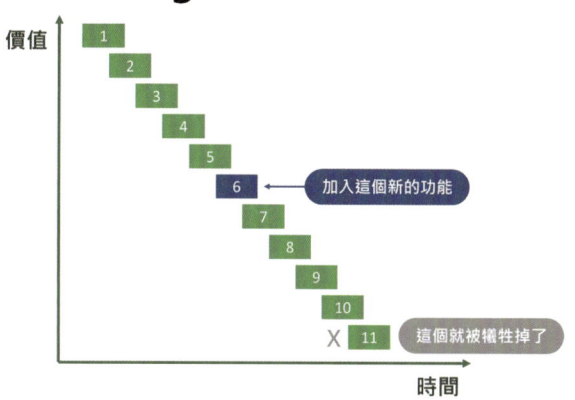

圖 8-1-2：「變更免費」附加條款示意圖

　　所謂 T&M 合約指依照實際花費的「工時」與「材料」來計費，用多少、付多少，並搭配「固定總價」避免預算無限制增長，例如：「合約有效期間金額達 3,000 萬元或合約工期達 180 天為止，以先達到者為準。」

　　「不勞而獲」是這類型合約另一大特色，合約中可設定「若客戶已經得到 120% 投資價值或實現足夠 ROI 時，不論合約範圍是否完成，雙方可提早結束合約。」剩餘未完成的合約範圍就是研發團隊不勞而獲的部分。這種合約確保客戶提早實現投資收益、節省時間，賣方也可以節省非必要的工作資源，如人力、薪水及工作量等，是一種以雙贏為目的的合約。

Money for Nothing 示意圖

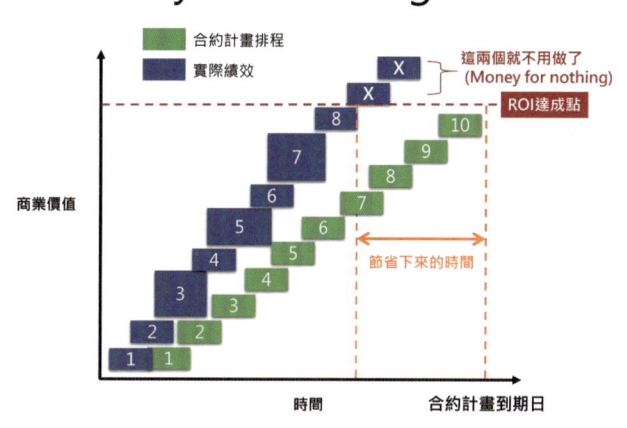

圖 8-1-3：「不勞而獲」附加條款示意圖

分層固定價格合約（Graduated Fixed Price Contracts）

「分層固定價格合約」是一種讓買賣雙方必須因「時程的變更」而共同承擔風險和獎勵，簡單來說，就是在不同情況下使用不同的工時費率。若研發團隊提早交件將可獲得較高費率，雖然工時較短，但客戶會因專案提前完成且付出比較少的成本而滿足。

若研發團隊準時交件則可得到標準比例的費率及工時；若是延遲交付，儘管會獲得比較多工時，但費率也會相對低，不僅客戶專案被耽誤，研發團隊所獲報酬率也較低，希望藉此鼓勵研發團隊提前完工交件，共創雙贏。

表 8-1-1：「分層固定價格合約」的費率範例

專案交付	費率	工時	總金額
Early（提早）	1,110 元 / 小時	900 小時	990,000 元
On-time（準時）	1,010 元 / 小時	1,000 小時	1,010,000 元
Late delivery（延遲交貨）	800 元 / 小時	1,200 小時	960,000 元

固定價款工作包合約（Fixed Price Work Packages Contracts）

「固定價款工作包合約」是一種將專案拆分為多個「工作包」並分別定價的合約，藉由縮小範圍、將成本納入合約估算，以避免高估或低估各個區塊（Chunk）所產生的風險，客戶可在專案過程中調整工作說明書（SOW）並重新排序優先順序，研發團隊再依據新的資訊和風險重新估算剩餘工作包的費用。

舉例來說：客戶新修正的工作包需要多花費 20% 的費用，因此研發團隊將重新報價給客戶，由於工作包的範圍較小，在估算局部修正或新增的變更所衍生的費用時也會比較精準。

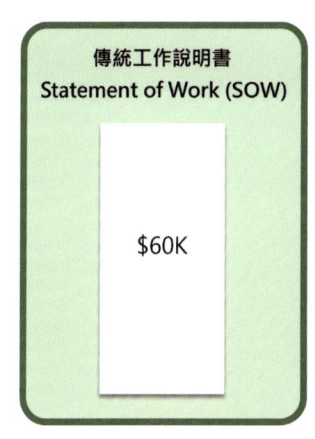

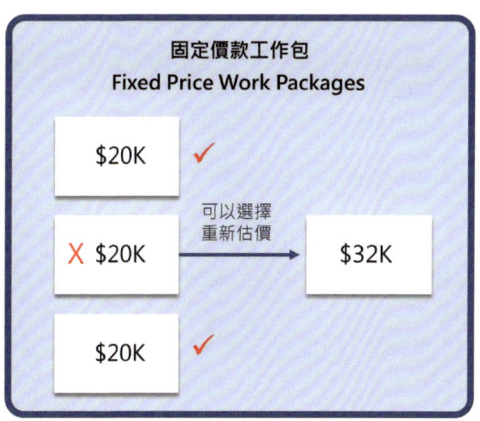

圖 8-1-4：傳統工作說明書和「固定價款工作包」的差異

客製化合約（Customized Contracts）

「客製化合約」是利用組合的方式，找出對研發團隊、客戶利益最佳化的合約方式，可以靈活搭配上述幾種合約，建立保護雙方、鼓勵正面作為的合約，不但讓客戶保留重新排序工作的彈性，研發團隊也不會因成本增加而受罰，同時又能避免研發團隊在專案價格中，加入大量的預備成本。

🎯 這樣描述願景更加分！PO 必學的 4 個基礎工具

「吸引人們的不是你做什麼，而是你為什麼而做。」這是賽門·西奈克的至理名言，他是「黃金圈」理論創始人，並以此告訴世人，創造長期成功的關鍵在於掌握願景。這裡我們來談談每位 PO 都應該學會的基礎工具，可以幫助你在確立願景的道路上更有方向！

電梯聲明（Elevator Statement）

你的願景夠吸引人嗎？只要一趟電梯的時間就能驗證！想像你今天走進公司大樓，在搭乘電梯時和關鍵投資人巧遇，當然是要把握機會介紹自家產品並創造投資機會，但要如何在短短 30 秒以簡潔有力的方式傳遞產品願景，同時吸引對方注意，讓對方想進行後續談話。

很多 PO 清楚自己的願景，卻不見得知道該如何有效傳達，才能讓願景深入人心，若是等到機會到來時才開始整理思緒，恐怕為時已晚，這時「電梯聲明」就是值得一試的方法。

在產品開發啟動前，PO 可以嘗試將願景發展成不超過 140 字的 Project tweet（像 Twitter 有字數限制的簡短聲明），或是再稍作延伸發展成為電梯聲明，把醞釀已久的願景濃縮成簡短幾句精華，讓對方一聽就懂，甚至產生興趣。如果無法在 30 秒內說完，那就表代表這個願景很可能太長或是過於複雜。

以下是常見的電梯聲明：

Elevator Statement 電梯聲明範例

- **For（給誰）**：目標客戶是誰。
- **Who（想要得到什麼）**：哪些客戶、需要哪些服務。
- **The（產品）**：產品特色或類別。
- **That（產品好處）**：主要好處及令人信服購買的原因。
- **Unlike（我們與競爭對手的差異處）**：我們的產品與主要競爭對手差異。
- **Our Product（主要差異化特性說明）**：為什麼要選擇我們？

▶ 華人第一本 iPad 專業管理雜誌

圖 8-1-5：電梯聲明範例

- **For（給誰）**：專案經理雜誌讀者。

- **Who（想要得到什麼）**：想要得到更多專案管理知識及成功案例。

- **The（產品）**：專案經理雜誌。

- **That（產品好處）**：可以從資料庫下載文章。

- **Unlike（我們與競爭對手的差異處）**：功能經理雜誌只有瀏覽 PDF 功能。

- **Our Product（主要差異化特性說明）**：我們的附加價值比競爭對手高很多。

願景盒（Vision Box）／願景看板（Product Vision Board）

PO 在確立產品願景後，你能夠聚焦地列出 3 到 4 個產品特色嗎？不妨帶領 Scrum 團隊動動手做個「願景盒」吧！願景盒可以將團隊中每個人對於「願景」的想像具象化，快速且有效地檢驗團隊對於願景的理解是否一致，並共同討論要將什麼產品放進盒子交付給客戶，可以作為產品的雛形，引領團隊朝向目標前進。

首先，我們可以準備一個盒子或者畫出一個盒子，由 PO 和團隊一起決定「產品名稱」、「產品圖形示意圖」以及「產品 3 大賣點」，每個人以不同顏色將這些資訊寫在盒子的正面。根據我的經驗，要列出 10 個產品賣點並不難，但只選出 3 到 4 個產品賣點可沒這麼容易。

接著在盒子的背面列出寫下產品的主要功能，盒子的兩側則分別寫下做出這項產品所需的技術，例如：需要的技術框架或語言、要新增哪些商業需求、要做哪些特別的培訓……等，另一面寫出使用者可能的面貌。

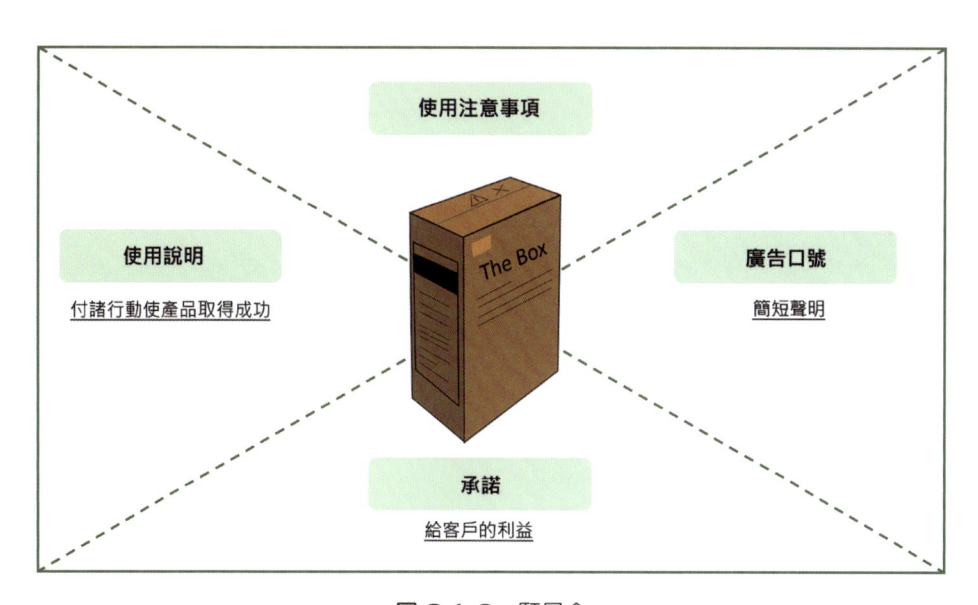

圖 8-1-6：願景盒

除了願景盒，PO 們也可以自由選擇運用願景看板，在看板最上方列出「願景聲明」（Vision Statement）由 PO 說明你的願景是什麼，接著依序討論這 4 大重點：

願景看板

```
┌─────────────────────────────────────────────────────────────────┐
│  👁 願景聲明 · 你的願景是什麼，你創造產品的首要目標是什麼？         │
├──────────────┬──────────────┬──────────────┬────────────────────┤
│ 👥 目標族群   │ ❤ 群體的需要  │ 📦 產品       │ 💰 價值            │
│              │              │              │                    │
│ • 產品針對哪個│ • 產品解決了 │ • 它是什麼產品│ • 該產品將如何使   │
│   市場區隔？  │   什麼問題？ │   ？          │   公司受益？       │
│              │              │              │                    │
│ • 誰是你的目標│ • 它提供了哪 │ • 是什麼讓它令│ • 業務目標是什麼？ │
│   用戶和顧客？│   些好處？   │   人嚮往和特別│                    │
│              │              │   ？          │                    │
│              │              │              │                    │
│              │              │ • 開發產品是否│                    │
│              │              │   可行？      │                    │
└──────────────┴──────────────┴──────────────┴────────────────────┘
```

圖 8-1-7：願景看板

- 「目標族群」（Target Group）：你的產品要賣給誰？誰是主要使用者和顧客？

- 「需要」（Needs）：這個族群的痛點是什麼？有哪些待解決的問題？有怎麼樣的需求？

- 「產品」（Product）：團隊發想出來的產品是什麼？有什麼特別之處能夠讓人想要？開發產品的技術層面是否可行？

- 「價值」（Value）：這個產品如何讓企業獲利？它的商業模式是什麼？產品的經營目標為何？

在製作願景盒與願景看板的過程中，團隊可以充分討論、分享觀點並消除誤解，確保所有人在專案開始前，都對於願景有著相同的認知。

人物誌（Persona）

在產品研發專案的初期，為了讓團隊能夠迅速掌握目標顧客，最有效的方式就是使用「人物誌」，一旦找到正確的人物誌，有助於 PO 與團隊更快找到痛點及解決方案，也能深入探討產品可能會如何影響他們的生活。

人物誌是由知名的軟體工程學者阿蘭・庫珀（Alan Cooper）於 1999 年提出，它巧妙結合個人面孔與抽象的客戶描述，激發團隊成員對於使用者族群的同理心，對於他們的需求感同身受，有利成員聚焦在使用者身上，共同找出的真正需求，也更能了解關鍵利害關係人或族群的特質，是一種相當實用的認知型工具。

人物誌通常以描繪用戶群組特性的總和代表性人物為主，是一個虛構的人物，但描述上仍然應該越寫實越好，人物誌在陳述時務必注意 5 個關鍵指標，包括：目標導向的（Goaloriented）、明確具體的（Specific）、實際的（Tangible）、可以達成的（Actionable）及相關的（Relevant）。

典型的人物誌應該包括 4 主要內容：

- **名字**：最好加上暱稱以利記憶。
- **圖片**：代表性的大頭照圖示。
- **描述**：描述這個人物如何與產品互動，應避免不相關的細節，目的是要能夠以這個人物的角度面對專案。
- **價值**：思考這個人物最終期望得到什麼，以便彙整專案最終價值交付的認知，這個部分並不是要專注於人物的 What 或 How，而是要聚焦於 Why。

人物誌範例

	Bruce Super（超級布魯斯）
	基本檔案 年紀：38歲 職業：PM 地點：台灣
	關於 Bruce Busey： 碩士畢業且在專案管理界已經奮鬥多年，工作上已經遇到瓶頸，一直在求取能夠突破現在的窠臼的機會，目前無專案管理相關證照
"我想要成為一個成功的經理人" **價值：** 增進自己執行專案的能力 學習新的專案管理工具與技術 獲得更多管理學的知識與經驗	**描述：** 希望能夠看到實務案例的分享 希望能夠得到教育訓練的資訊 希望能夠得到管理工具的經驗

圖 8-1-8：人物誌範例

另外，喜好（Preferences）與關注（Concerns），也是常見的二個欄位。

當團隊擬訂人物誌的時候，可以先進行使用者角色分析，讓團隊更容易決定角色，就能夠產生「使用者故事」（User story）中關於使用者角色的部分，或是由行銷或市場研究人員預先定義好不同角色的使用者，並由團隊形塑人物誌。

假設我們今天要開發一款線上賽車遊戲，我們可以先幫這個虛擬玩家取名為「Oscar」，主要形容一個7歲到12歲的男性玩家，接著我們可以把他放在使用者角色的位置，撰寫他的人物誌：「作為Oscar，我想要有不同的賽車車款、顏色和配件，這樣我就可以根據我的喜好，自訂出我認為最酷炫的賽車。」

賽車遊戲不只小男生玩，或許也有小女生特別熱愛賽車遊戲，一種產品也可能有一種以上的人物誌，PO可以透過不同人物誌之間共同的需求，來針對產品功能排列出優先順序，也能夠為操作畫面、互動行為和視覺設計等決策提供方向，以達到以用戶為主軸的產品設計目的。

同理心地圖（Empathy Map）

人是何其複雜的生物，即使團隊成功描繪出正確的「人物誌」，要設身處地感受、同理其他人的想法，仍然不是一件簡單的事。這時候PO就可以運用「同理心地圖」與人物誌相輔相成，由團隊一起深度思考人物誌所處的狀況與情緒，它除了能夠幫助團隊分析目標或設計行銷策略，同時也能縮小團隊對目標人物的認知落差。

人人都聽過同理心，但同理心可不是人人都有，而是需要思考訓練和培養的。在實際運用同理心地圖前，PO可以率領團隊實際走到情境裡，嘗試換位思考，讓大腦去思考、感受，進而模仿，作為同理心思考訓練的第一步。唯有模擬使用者置身於特定情境時，從內到外的狀態，譬如：想像消費者處於某個兩難的購物決策情境時，他考量的點可能有哪些，要怎麼做才能讓他決定選擇你的產品？如此一來，才能對於他們的需求、痛苦與期待有所體悟，經過反覆驗證後，設計出來的產品更能打中痛點，真正解決問題！

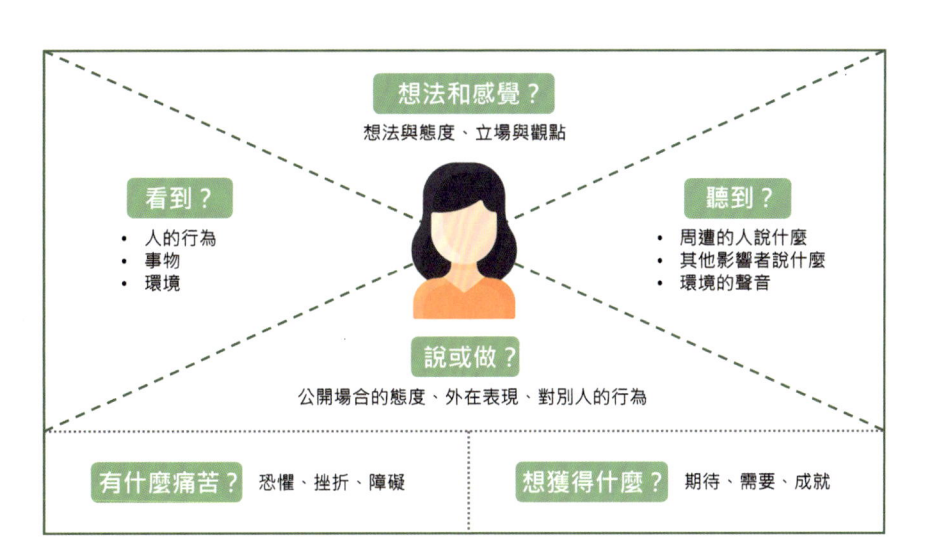

圖 8-1-9：同理心地圖

同理心地圖包含 6 大區塊，分別描述目標族群的各種感受：

- 想法和感覺（Think & Feel）
- 聽到了什麼（Hear）
- 看到了什麼（See）
- 說了什麼及做了什麼（Say & Do）
- 有什麼痛苦（Pain）
- 想獲得什麼（Gain）

在團隊開始討論前，PO 必須先說明這次討論的目標族群資訊，例如：人物誌、數據或觀點……等，並在海報上畫出同理心地圖的模板，讓團隊成員在便條貼上描述目標族群在上述 6 大區塊的可能行為和反應，每個人都要在 6 大區塊貼上至少 1 張便利貼，也可以彼此提問，比方說：他們藉由誰來得知我們的產品？他們會因為什麼樣的狀況而感到焦慮或期待？他們使用我們的產品時可能會面臨什麼困難？

當團隊成員各自描述便利貼上的內容時，PO 也可以嘗試問點問題，引導成員講出內心更深層的想法與見解，同時激發團隊間的討論，每一次問答、描述和討論，都能幫助團隊成員更貼近使用者的真實生活，最後也別忘了問問團隊成員，在這一長串討論過程中學習到什麼，是否可以提出一些可能的解決方案？後續更能以此為基礎，繼續透過訪談、問卷或觀察等方式，讓使用者的面貌更加清晰。

走進消費者內心深處！3 種工具帶你看見使用者需求

過去不少企業總是認為，產品功能越多、性能越好，消費者就會更願意掏錢買單，但這種以「功能導向」為主的思維早已過時，就像智慧型手機的功能再多，多數人真正會使用的卻寥寥可數；儘管手機業者主打性能，也不是人人都能深有所感。

慢慢地，大家開始理解到產品最大的價值並不是在產品本身的功能，而是消費者在使用的過程中所感受到的價值。因此企業在開發新產品時也漸漸轉變為「使用者導向」的思維模式，唯有如此才能深入消費者的內心，看見他們對於產品的真正渴望與需要，這裡我們將介紹 3 種重要工具，幫助 PO 們看見使用者的真實需要。

設計思考（Design Thinking）

「設計思考」最近幾年在各大企業間受到極高關注，由世界知名設計顧問公司 IDEO 的執行長提姆・布朗所提出，它是一種「以使用者為中心」來解決問題的方法，他在接受《哈佛商業評論》訪問時曾談到：「設計思考是以人為本的設計精神與方法，不但聚焦於人的需求和行為，同時也將科技和商業的可行性納入考量。」能夠帶領團隊設身處地體驗使用者的真實需求，運用系統性的方法激發團隊創意並逐步收斂，更有脈絡地思考創新的解決方案，一步步找到符合使用者的解決方案。

設計思考雙菱形流程

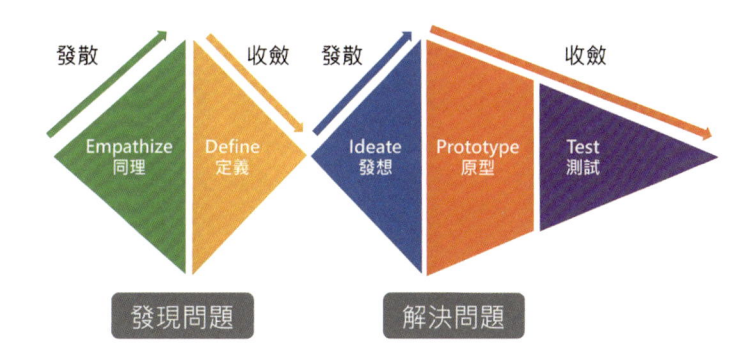

發散　收斂　發散　收斂

Empathize 同理　Define 定義　Ideate 發想　Prototype 原型　Test 測試

發現問題　解決問題

圖 8-1-10：設計思考

「設計思考」一共分為 5 個步驟，包括同理、定義、發想、原型與測試，但它並不是線性的步驟或流程，而是提供團隊一個思考的邏輯與方向。在設計思考的過程中，PO 必須帶領團隊反覆測試與回頭修改，幫助團隊更有效率地設計出更棒的產品！

同理（Empathize）：發揮同理心，站在使用者的角度思考

相信 PO 們在蒐集需求時，都有過類似的經驗，那就是使用者雖然會依照自身經驗分享需求，但這些需求往往是「表面的需求」而非「實際的需求」，這不見得是使用者不願意分享，而是使用者受限於自身經驗，以至於無法意識到自己真正需要的是什麼。美國福特汽車創辦人亨利‧福特曾說，在沒有車的年代，如果我問顧客他們想要什麼，他們肯定告訴我「想要一匹更快的馬」，但只要你深入了解他為什麼需要一匹更快的馬，才會發現他們要的其實是「更快速的移動」。

想洞察出使用者實際需求，除了運用「同理心」，PO 們也可以試試和團隊一起訪談使用者、進行深度溝通，並多問「為什麼？」來了解每個行為與想法背後的含義，在談話之餘也別忘了留意使用者的行為和肢體語言；如果已有產品邀請使用者試用，更要注意他們在執行每個步驟時的想法。當團隊越了解使用者的行為、情緒和做出選擇的原因，更能感同身受、洞察出真正的需求。

定義（Define）：一句話描述關鍵問題所在

PO 和團隊在「同理」階段蒐集到大量資訊後，將在「定義」階段展開分類和收斂，抽絲剝繭找出使用者實際的需求和洞見，進而挖掘出痛點，並且運用一句話描述問題，來定義出使用者需求，也能夠幫團隊釐清目前最關鍵的問題所在，這是設計思考中最重要的一環。

定義問題聽起來有點抽象，PO 們不妨運用「設計觀點填空」，將資訊一一拆解後重新整合成問題描述，和使用者故事相當類似。

設計觀點填空：（使用者）需要（使用者的需求），因為對他來說（洞見）很重要。假如團隊今天要解決「忙碌上班族蔬果攝取不足」的問題，那我們在上一個階段可能蒐集到以下觀察：

- 他是每天工作超過 10 小時的忙碌上班族
- 他因為工作忙碌只好三餐都吃便利商店的微波食品
- 他因為飲食不均衡健康狀況變差
- 他需要多攝取蔬果，維持身體健康

每天工作超過 10 小時的忙碌上班族需要多攝取蔬果，因為對他來說便利商店的微波食品飲食不均衡會導致身體狀況變差，而維持身體健康很重要。

發想（Ideate）：對症下藥，快速發想解決方案

在「定義」階段中，團隊已經找出關鍵問題所在，因此在「發想」階段中，我們可以對症下藥，丟出所有想得到的點子。在討論的過程中，我們不用急著考慮可行性，也不用思考能否達到目標，PO 可以準備便利貼，讓團隊成員寫下想到的點子，並貼在白板或海報上，方便大家瀏覽。

討論過程中如果沒有想法，PO 也可以帶領團隊以「我們可以如何」為開頭進行發想，例如：我們可以如何讓忙碌的上班族吃得更健康？我們可以如何讓他們快速補充蔬果營養？

為了激發創意，討論的氛圍也相當重要，建議 PO 可以讓每個團隊成員以前一位夥伴的意見為基礎，接力提出構想，這樣可以讓每位團隊成員都參與到發想過程，最終的創意點子也是大家共同努力的寶貴成果，發想完畢後提供圓點貼紙供大家投票，票數最高的 2 到 3 個方案將成為下一階段的產品原型。

原型（Prototype）：做出產品原型，模擬運作流程

　　產品原型可以幫助團隊將共同發想的解決方案和概念「實體化」，促進團隊內部、團隊與使用者之間的溝通，這裡的「原型」或許是簡略的草圖，也可以是白紙剪貼出來的模型。如果要研發的產品是一款 App，我們也可以利用「Prototyping on Paper」這類的 App，只要幾張手繪圖，就能將腦中的構想變成一款真正可以點擊使用的 App，藉此檢視操作流程，並以此和使用者溝通、了解真實的回饋和想法。

測試（Test）：反覆測試，確認使用者需求

　　正因這些原型製作起來既快速又便宜，在測試階段時，要是發現錯誤也能快速調整，將失敗所耗費的時間、金錢等成本降到最低，也能讓團隊更加大膽地測試不同想法，傾聽使用者的意見與回饋後逐步修正、優化，並反覆執行上述步驟進行迭代更新，讓產品更臻完善，循序朝向最終的解決方案邁進。

價值主張畫布（Value Proposition Canvas）

　　有別設計思考是以使用者為出發點，一步步探索他的需求、痛點，進而找到解方。「價值主張畫布」更像是由團隊針對不同的目標使用者進行分析，深入了解他們的生活方式、想法、需求和痛點，同時回過頭來檢視自家的產品、服務，評估這到底是不是目標客群真正需要的。

價值主張

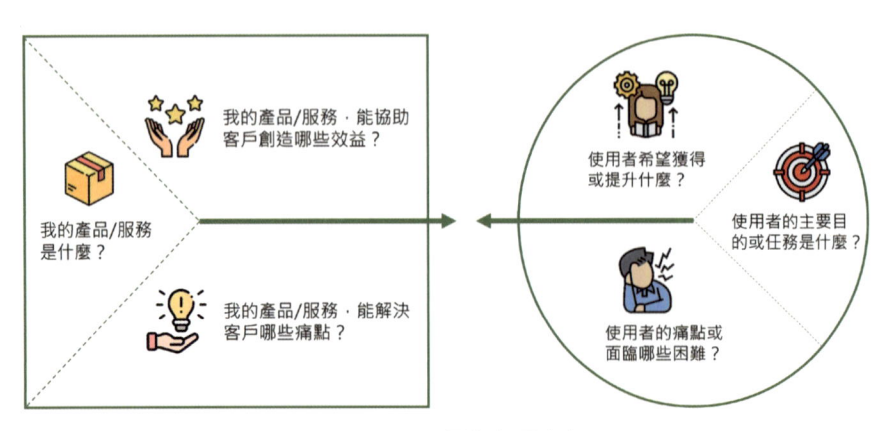

圖 8-1-11：價值主張畫布

　　價值主張畫布由全球知名的瑞典企業家、策略管理專家亞歷山大·奧斯特瓦德所提出，他將畫布分為左、右兩部分，右半邊是「顧客輪廓」（Customer profile），主要用來分析及描述使用者；左半邊則是「價值主張圖」（Value map），用以描述產品如何為客戶創造價值。一張圖就能幫助 PO 看出你的產品定位以及產品能夠做哪些事，唯有左右兩邊相互呼應且匹配，才能讓產品置於成功的基礎之上。

　　討論價值主張畫布時，別忘了永遠要從右半邊的「顧客輪廓」開始著手，進一步分析以下 3 個關鍵問題：

- **使用者的主要目的或任務是什麼？（Job-to-be-done）**：在正式開始之前，團隊可以先以人物誌等方式描繪出目標使用者具體樣貌，並運用訪談或討論等方式，了解使用者在工作上或生活中要執行的任務，有些任務不單只是為了功能性，比方說在日常生活中解決家中手機故障的問題，也可能具有社交層面或情緒性任務，像是展現出權力、地位或是獲得正向情緒等等。只要多問幾次「為什麼？」就有機會獲得意想不到的資訊！

- **使用者的痛點或面臨哪些困難？（Pain）**：使用者在執行任務時，可能遭遇到的困難、風險有哪些？同樣也有不同屬性之分，常見的功能性痛點像是工作不順利、情緒性痛點則可能是使用者不喜歡以這樣的方式解決問題；而風險則可能是在執行任務時，因為特定環節出錯而造成巨大損失。

- **使用者希望獲得或提升什麼？（Gain）**：使用者希望藉由改善這些痛點，來達成怎麼樣的結果或是獲得哪些好處？例如：使用者對手機的基本要求可能只是打電話，這屬於「必要獲益」，但希望手機長得漂亮又擁有拍照、傳訊息等功能，就屬於「預期獲益」或是「渴求獲益」。

完成「顧客輪廓」之後，團隊就能夠以此構思自家產品或服務的「價值主張」，同樣要回答 3 個關鍵問題：

- **我的產品／服務是什麼？（Products & Services）**：首先，我們團隊希望提供的產品或服務有哪些？團隊應具體列出這些產品或服務可以滿足顧客的哪些任務，是功能性、社交性還是情緒性任務。

- **我的產品／服務能解決客戶哪些痛點（Pain Relievers）**：接著，我們的產品可以如何解決顧客在執行任務期間遇到的痛點，或是減少風險？

- **我的產品／服務能協助客戶創造哪些效益（Gain Creators）**：最後，自問我們的產品或服務，有哪些可以幫助顧客達成任務或是得到益處？盡可能列出所有的組合，有助團隊進一步定義這個產品的樣貌。

影響力地圖（Impact Mapping）

正所謂「隔行如隔山」，我們經常會發現產品開發部門搞不懂行銷業務部門的需求，而其他部門也搞不清楚產品究竟有哪些新功能，通常是因為不同專業看待事情的角度、立場不同，而衍生出來的溝通障礙，這時 PO 只要懂得運用「影響力地圖」，就能以視覺化的方式呈現客戶問題與產品之間的關係，尤其在需求管理、進行跨部門溝通時，更能消弭認知落差！

知名軟體開發顧問戈伊科・阿迪奇（Gojko Adzic）提出的「影響力地圖」是一套邏輯思考工具，讓團隊聚焦「目標」、「使用者」、「影響」及「產出」等 4 大方向，透過視覺化的方式定義出商業目標與產品功能的關係，並透過迭代開發來驗證假設、調整戰術規劃，更重要的能夠讓團隊在資訊共享的狀況下，和業務、行銷等部門共同討論產品策略，找出邁向目標的最短路徑。

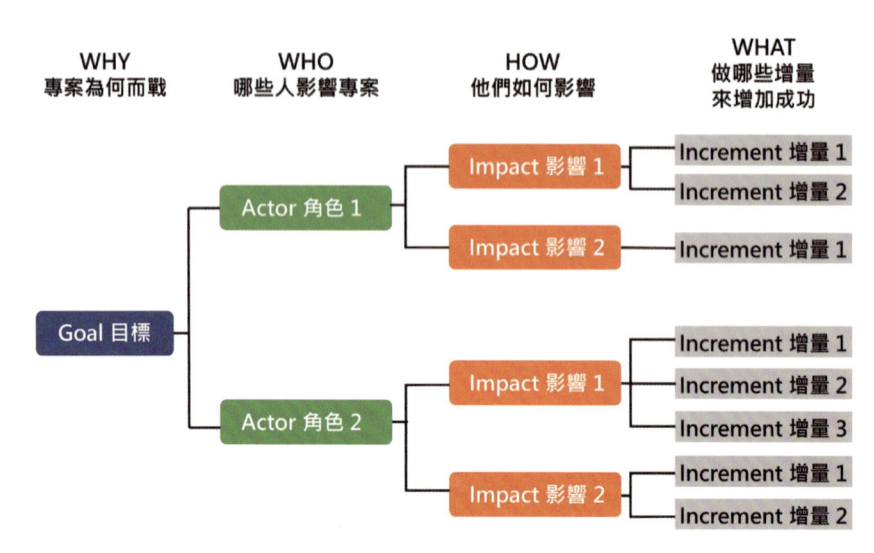

```
         WHY              WHO              HOW              WHAT
      專案為何而戰      哪些人影響專案    他們如何影響      做哪些增量
                                                           來增加成功

                                     ┌─ Impact 影響 1 ─┬─ Increment 增量 1
                                     │                 └─ Increment 增量 2
                       ┌─ Actor 角色 1 ┤
                       │             └─ Impact 影響 2 ─── Increment 增量 1
         Goal 目標 ────┤
                       │                                ┌─ Increment 增量 1
                       │             ┌─ Impact 影響 1 ─┼─ Increment 增量 2
                       └─ Actor 角色 2 ┤                 └─ Increment 增量 3
                                     │                 ┌─ Increment 增量 1
                                     └─ Impact 影響 2 ─┴─ Increment 增量 2
```

圖 8-1-12：影響力地圖

團隊可以透過 4 個關鍵問題建立影響力地圖：

- **為什麼（Why）**：團隊為何而戰？

  在專案開始前，團隊必須清楚要達成的目標是什麼，也就是釐清需求、了解為何而戰，戈伊科也認為一個好的目標應該符合 5 大要件，分別是：明確的（Specific）、可測量的（Measurable）、行動導向的（Action-oriented）、實際的（Realistic）以及有時間限制的（Timely）。

- **與誰相關（Who）**：可能涉及專案的利害關係人？

  訂出目標後，團隊的下一步就是思考「誰可能受影響」，也就是與專案有關的利害關係人，最直接相關的就是產品的使用者，間接相關的可能是服務提供者、能夠幫助產品成功的人，也可能是阻礙產品的人。

- **該怎麼做（How）**：這些人如何影響專案？

  找出與專案有關的利害關係人固然重要，但更重要的是思考這些角色如何發揮影響力，他們可以對專案造成什麼樣的改變，團隊希望他們做什麼，來幫助團隊達成目標或是避免失敗。

- **該做什麼（What）**：運用哪些方法促使成功？

一旦確認利害關係人如何促成專案成功，團隊最後的工作就是找到讓他們這麼做的方法，例如：我們希望電玩玩家可以邀請朋友，吸引更多玩家加入，這時候或許就可以嘗試加入獎勵機制、建立玩家交流社群……等方式來達到。

釐清需求

讓產品開發更具體 PO 與團隊的必備工具（上）

透過以上的文章，你一定已明白建構完整的產品待辦清單的重要性，除此之外，必須將所有功能與需求釐清，團隊才能對開發的產品有清楚的輪廓，有效率的創造高價值產品，為了幫助 PO 與團隊更快釐清需求，除了前文的說明之外，接下來我們會分節詳細介紹一些實用的工具與技巧，提供 PO 與團隊參考運用。

團隊們協同合作的出發點──敏捷章程

在敏捷的環境下，有兩種不同定義的章程，分別為「專案運行授權啟動的 Project Charter」以及「團隊成立制定守則的 Team Charter」。

專案章程（Project Charter）

敏捷工作流程也和一般傳統專案一樣，有相對應的章程，內容包含專案 Vision（願景）、Mission（任務）、Success criteria（成功要件）、如何達到的方法。而敏捷專案章程通常會說明專案的範圍是可改變的，在起始階段比傳統的專案更加模糊及更多變數，團隊與利害關係人、客戶可透過制定章程的討論過程，以縮小彼此之間的認知及期望的差異，專案章程通常會使用清晰、簡潔的措詞解釋專案，以幫助團隊快速了解目標、任務、時間表和利益相關。表 8-2-1 提供章程範例，但前提是，敏捷重視擁抱變更，不重視過度文件與格式，因此章程做為團隊參考，並且具有彈性調整。

表 8-2-1：專案章程範例

Agile Charter：搶攻全台灣 1,000 大客戶 5G 市場專案	
專案目的（Goal）： 5G 開台！依經濟部公告之全台灣對本公司營收 1,000 大客戶，投入資源與動員各縣市業務聚焦經營，目標 5G 相關產品實現 5 億元營收	專案目標（Purpose）： 進攻 1,000 大客戶 藉由本公司 5G 產品優勢，全面推廣 營收實現 5 億元，搶占市占率
專案期限（Project deadline）： 5/31/2015	專案預算（Project budget）： 2,000 萬元
專案組成（Composition）： 1. 業務總經理 Mr. Rick 2. 北、中、南三地分公司 業務經理 Mr. Jack、Mr. Ivan、Ms. Lisa 3. 各分公司業務人員	
專案運作方法（Approach）： 專案運作以時程限制為主，在適當的預算控制下，專案範圍可調整，以快速搶占 5G 市場最大市占率	
專案經理：Mr. Jack, PMI-ACP	
核准（Signed by Sponsor）：VP Raymond Yen, PMP	

團隊章程（Team Charter）

有時敏捷團隊在組建當下，會制定團隊章程，將團隊產出的共識書面化，可賦予團隊良好的心理建設，團隊章程可以是一個很好的框架，透過對話建立團隊，並且凝聚團隊、建立共同的理解和承諾。團隊章程通常會包含以下要素：

- **背景**：為此專案奠定基礎，簡單來說就是：「為什麼要啟動這個專案」，能讓團隊了解整個專案與相關利害關係人。

- **價值觀與目標**：了解專案與開發產品的核心價值（Core Values），例如：Apple's "Innovation commitment"，並能使團隊朝對的方向邁進。

- **角色與職責**：團隊中的每個人都需要了解自己的角色和責任，在團隊章程中列出成員的技能和專業知識，以及相互負責內容，能讓團隊在執行開發時更具團隊優勢。

- **任務路線圖與溝通指南**：列出專案的路線圖與團隊決定如何溝通的方法，好比每日固定會議時間、通訊工具……等其他 Team working agreements（團隊工作協定），以便於更有效率地工作。

格外注意的是，團隊章程不是 PO 用來監督團隊的工具，而是提醒團隊彼此負責的共識，利用它能讓每個人對於組織更有向心力、對專案更加專注。

產品回饋為核心──檢閱與回饋修正

敏捷與傳統瀑布式最大的不同就是藉由 Review（檢閱、審查）的機制，頻繁且定期地讓相關利害關係人檢視增量性工作產出的成果，確認團隊開發的方向與客戶心中的價值有相互對應。PO 與開發團隊可以藉著利害關係人與客戶，對於產品實際體驗後所提出的回饋，有利於產品待辦清單梳理與精煉。除了定期針對產品的審查與發布之外，敏捷也在打造產品的過程當中，內建許多回饋的機制，讓團隊內部或主客雙方間，有更多強化溝通的管道與機會，以修正與聚焦產品的發展方向。

在完整的專案環境下，敏捷工作流程也會藉由一些特定的產品回饋手法（Feedback Methods），以協助凝聚主客雙方的認知。

- **Sprint 審查會議**：得到客戶對於產出的回饋與想法，常會修正路線或是出現新的需求。

- **Sprint 回顧會議**：則給了團隊自己針對做事的方法與手段，是個檢視與反省，進而修改的好機會。專案所得到的回饋、額外的測試、客戶新功能的請求或是商業需求的改變，都會使新的工作項目加至待辦清單。

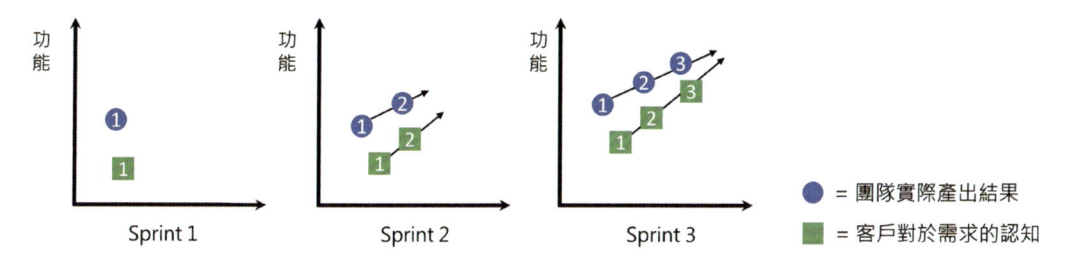

圖 8-2-1：藉由產品回饋使產出更接近需求

讓所有人明白產品的樣貌——關於線框圖（Wireframes）與原型（Prototype）

線框圖（Wireframes）

線框圖是快速描繪產品或解決方案的藍圖設計工具，在開發過程中，它可以描繪頁面中不同區塊及連接畫面的資訊流方向，進而確認利害關係人對於最終產品的功能是否有同樣的認知，若是認知上有差距，線框圖就成為視覺輔助工具，藉由不斷地討論與微調，直到利害關係人達到共識為止。

在專案初期或內部溝通時，若一開始直接描繪細節的高寫真設計藍圖，不僅浪費時間成本、對應價值低，且會有因認知方向誤導，導致滿意度下降的情況，而線框圖是低寫真的模型視覺展現，除了快速且低成本，可輕易獲得回饋的溝通方式，且機動性強，若有需要可以隨時調整與修正。

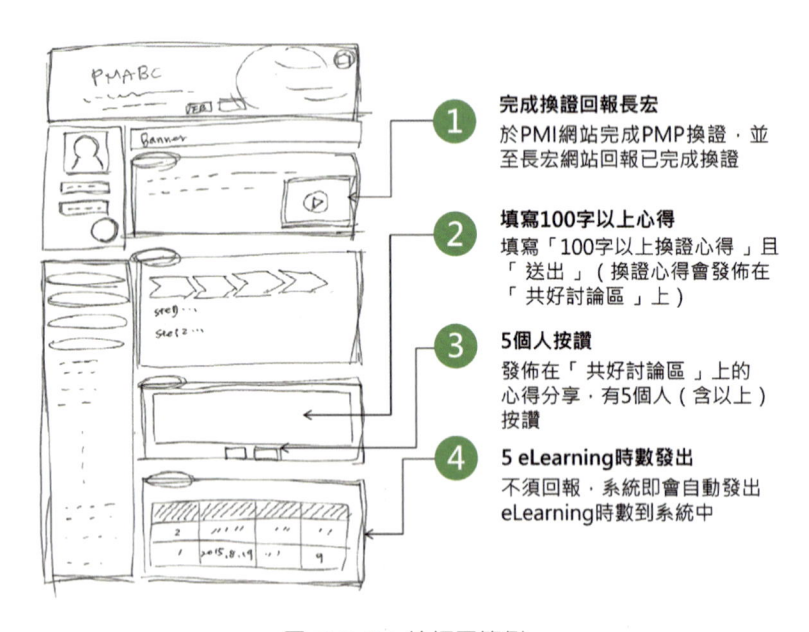

圖 8-2-2：線框圖範例

使用線框圖最終目的，就是協助釐清產品面貌，在投入大量精力前，先確認團隊與客戶雙方的認知是相同的。一個好的線框圖需具備以下特性：

- 議題可以圖示化並討論
- 可有效溝通雙方想法
- 可確認認知是否一致
- 能夠取得客戶回饋

原型（Prototype）

原型是產品的樣本、模型或版本，用於測試概念或過程的事物。藉由不斷地嘗試及展示，探索真正的需求並重新規劃，與客戶討論產品的願景，並且產出具體的 Prototype（原型），以逐步精進計畫及產品，如此遠比期望客戶完整地描述對於未來產品的詳細想法、需求、樣貌或功能來的實際，因為客戶對於產品的完整範圍或解決方案，可能還不確定，甚至客戶對於所要的最終產品樣貌，都還不太清楚，而原型即能幫助開發、與利害關係人交流驗證。

- **符合敏捷減少繁複文件的理念、減少浪費，讓溝通更有效率**：透過原型，在開發過程中節省時間、最大程度地減少浪費並避免挫敗感，團隊成員也能夠更清楚理解產品的核心與願景，使其變得更加投入，PO 也能帶領團隊從原型出發，進行開發對話與討論，如同敏捷提倡的面對面溝通與成員組織互動。

- **幫助與客戶交流，建構最終理想產品**：敏捷團隊在開發過程十分重視客戶回饋，使用原型向客戶展示體驗的具體細節，PO 和利害關係人、客戶還可以根據原型來識別新需求、改進現有需求，甚至消除過時的需求。湯瑪斯・愛迪生曾說：「我沒有失敗，我已經成功地發現了 10,000 種不製造燈泡的方法。」透過回饋，不斷進行優化改進，最後趨近於開發團隊與客戶的理想產品，便是原型的存在價值。

上述我們有提到線框圖（Wireframes）與原型（Prototype），除了這兩者之外，也有介於兩者間的試驗模型（Mockup），這三者有什麼差別呢？表 8-2-2 將簡單說明之。

表 8-2-2：線框圖、試驗模型、原型比較表

方法	線框圖（Wireframes）	試驗模型（Mockup）	原型（Prototype）
相同處	展現設計的想法與樣貌，利用其來與利害關係人溝通需求。		
差異處	• 低寫真 • 快速 • 成本最低	• 介於 Wireframe 與 Prototype 之間	• 高寫真 • 具備最終產品的基本特徵 • 可直接模擬產品應用 • 成本較高
使用時機	• 專案初期 • 與內部溝通	• 當需要與利害關係人進一步溝通，又暫時不需要建立 Prototype 之時	• 設計後期，進入開發之前 • 讓使用者模擬測試產品使用的感覺

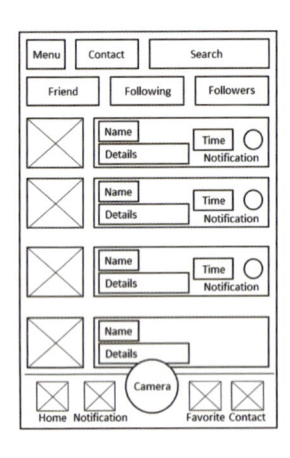

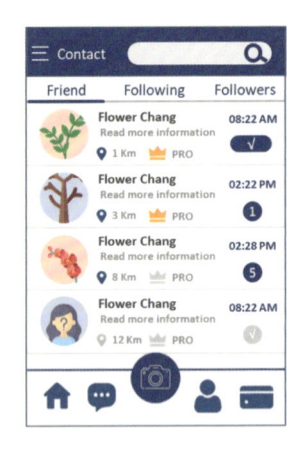

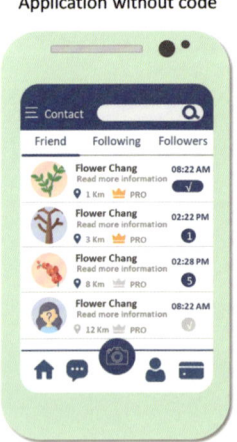

圖 8-2-3：從低寫真到高寫真的呈現狀態

塑造核心價值與章程共識 與團隊一起出發

　　說到釐清需求、塑造文化，並能夠與組織成員達成共識的企業，絕不能錯過 Apple。Apple 清楚地與組織成員建立核心價值，讓團隊對願景與開發目標更有向心力，好比其中的「創新價值」就是很好的例子，賈伯斯建構了清晰且富有願景的創新價值，使其成為 Apple 的核心。美國最具影響力的商業雜誌之一《Fast Company》曾稱讚 Apple 是世界上最具創新性的公司，也在該雜誌的年度創新 50 強榜單中名列前茅。

而 Apple 也靠著其獨有的創新法則才能使產品獨一無二：

- **以人為本**：現任 Apple CEO 提姆‧庫克（Tim Cook）曾說：「我們是一群試圖讓世界變得更美好的人。」對 Apple 而言，技術是背景，重點是將人性融入創新，並且確保所有產品都能保有這樣的價值觀。

- **企業文化與創新策略一致**：從賈伯斯時代以來，Apple 一直在努力建立創新的企業文化，並且投入資源來支持這樣的目標。利用章程與使命宣言與所有人有意識地發展組織系統，公司文化和創新思維的一致性是決定技術、服務和商業競爭力的主要因素，這就是 Apple 與競爭對手拉開差距的原因。正如提姆‧庫克所說：「創新深深植根於 Apple 的文化中，我們以大膽和雄心來解決問題，我們相信沒有限制，創新是公司的基因。」

- **應聘聰明且合適的人，然後賦予權力**：創新就是擁有合適的人。賈伯斯曾說：「雇用聰明人，又告訴他們該做什麼，毫無道理；雇用聰明人，是讓他們來告訴我們該做什麼。」因此專注於將技能、專業知識和人才與明確的任務或職責相結合，並且賦予這些人權力，除了提高組織向心力之外，更能讓他們發揮才華與潛力。提姆‧庫克：「不要只是聘用有才華的人，但只將他們放在盒子裡。相反的，應將他們牢牢地放在駕駛座上，並邀請他們提出更好的做事方式。」

- **平衡與靈活性**：一方面，必須在固定期限內完成工作，並且在開發新產品和服務時有其穩定性和可預測性；另一方面，創新需要靈活性，若成員無法自由考慮解決問題的新方法，就不太可能出現下一個改變世界的想法。因此，在固定的開發流程中保持靈活性很重要，就如同敏捷的工作流程，既存在規則又能彈性靈活、擁抱變更。

- **客戶是寶石、傾聽回饋**：庫克認為客戶就是寶石，Apple 非常關心客戶的想法，必須利用各式工具來檢閱客戶的評論，因為這些都是為未來產品開發提供資訊，並解決任何技術問題的好方法。能夠年復一年產出優質產品的關鍵，無非是傾聽客戶心聲。

- **明白需求與優先排序**：了解市場客戶需求，並且做出有效評估與優先排序，才能將團隊能量集中火力開發，而非四處分散，正因為創新價值十分重要，也更需要準確評估，正如 Scrum 中運用產品待辦清單，確認需求與排序一樣，Apple 明白要讓產品獨一無二、獲得眾人喜好，就必須有效評估需求與排序。賈伯斯曾說：「The way we're going to survive is to innovate our way out of this.」（企業的生存之道，在於如何讓創新在企業內存活）。創新是 Apple 的核心價值，以此做為宗旨釐清客戶需求、向外擴展市場，才能不斷產出激勵人心的產品！能夠使產品開發更具體的工具很多，前面我們介紹了團隊可依據的目標方法工具，現在再針對釐清需求的工具詳述，以期幫助 PO 與團隊事半功倍。

滿足客戶為開發產品的宗旨──蒐集需求的優勢

客戶需求是開發產品的宗旨，因此清楚了解客戶需求是 PO 與團隊的責任。在專案開始前除了進行需求蒐集之外，也會將需求進行階層拆解，以便更細部了解每個層次與團隊職責，但這樣的蒐集與拆解並非一次拍板定案，而是不斷地歸納與討論，進而精煉或是刪去不必要的項目，如此才是符合敏捷靈活而有彈性的理念。

需求蒐集是從專案啟動時開始，並在整個開發中不斷管理、調整需求的列表過程。它能夠有效的達成以下優勢。

- **提高利害關係人與客戶的滿意度**：透過有效的需求蒐集，能夠更快、更有效率地交付有價值的產品，並且即早讓客戶與利害關係人清楚理解開發的重點與全貌。

- **提高成功率**：有效的蒐集需求也會提高開發成功率，當團隊準備得越充分，遇到的風險可能性就越小。

- **降低成本**：風險會導致開發成本增加，若能瞄準需求開發，即能避免這些風險，藉此降低成本並保持在預算範圍內。

了解利害關係人與客戶的想法──如何蒐集需求？

分配角色、確認職責

蒐集需求的第一步是確認專案中的每個角色，不論是內部或外部成員，確定這些角色能幫助確定以後應該由誰來負責專案範圍與項目，以及如何進一步實現目標與所需求的資源。

與客戶、利害關係人面對面溝通

一旦確定了專案利害關係人,與其會面並了解他們希望從專案中得到什麼,了解客戶、利害關係人想要什麼很重要,因為他們最終是能幫助團隊創建有價值產品的人。可以提出的一些問題包括:你對這個專案的目標是什麼?有什麼顧慮?希望進行哪些修改……等。

列出假設及需求

根據蒐集的訊息與資訊,且這些需求應該是具有彈性的、可操作的、和可量化的,建構需求管理方法,並且了解需求目標,但仍要謹記在詳細說明的前提下,必須具備透明與靈活性,隨時討論調整,如:

- **專案進度的長度**:可以使用路線圖(Roadmap)繪製專案時間表,並使用它來可視化專案主要需求。因為某些需求可能適用於整個專案的開發過程,而某些可能僅適用於不同的階段。

- **專案風險**:了解專案風險是確定需求的重要部分,並且確定哪些風險具有最高優先級,例如客戶的回饋、時間延遲和預算不足……等,才能進一步與團隊進行討論,並找出如何預防這些風險。

- **取得共識並且持續掌控進度**:當確立需求後,便需取得組織團隊與利害關係人的共識,以期產出滿足客戶的產品,因此,敏捷重視扁平化組織與透明化溝通,清晰而直接的溝通能夠確保所有人都能清楚產品的願景與需求,且開發時,必須不斷透過 Sprint 審查會議與 Sprint 回顧會議來檢閱調整方向,一方面能夠頻繁且定期地讓相關利害關係人檢視增量性工作產出的成果,一方面也能透過回饋不斷地修正產品。

讓產品開發更具體 PO 與團隊的必備工具(下)

主動出擊! 蒐集需求技術

有時利害關係人並不清楚什麼對專案最有利,因此,在這些情況下,PO 與團隊有責任蒐集必要的訊息以了解需求項目。

問卷（Questionnaires）

若需要向利害關係人全面詢問相同的問題，問卷能提供極大的幫助，提前分享問卷，並給他們時間回答有關專案需求的問題，以確保沒有人遺漏任何內容，並且收有價值的內容。

原型（Prototype）

如果利害關係人不知道他們想要從專案中得到什麼，如此開發必然不會成功。（關於原型，我們前面已有詳細說明），嘗試創建原型以向客戶、利害關係人展示潛在可交付成果的樣貌，可以幫助確定啟動開發所需的確切要求。

心智圖（Mind Map）

心智圖為一種用圖像整理訊息的圖解。以中央關鍵詞輻射線形連接所有的代表字詞、想法、任務或其他關聯資訊，可以利用不同的方式去表現人們的想法，如形象化式、建構系統式和分類式。透過心智圖的可視化形式，對於評估需求特別有用，例如：在心智圖中心，放置主要專案目標，再從主要目標分支出來的氣泡中，列出你需要的類別，隨著地圖不斷地擴展，能在需求中包含更多詳細資訊，直到捕獲了所有的需求項目。

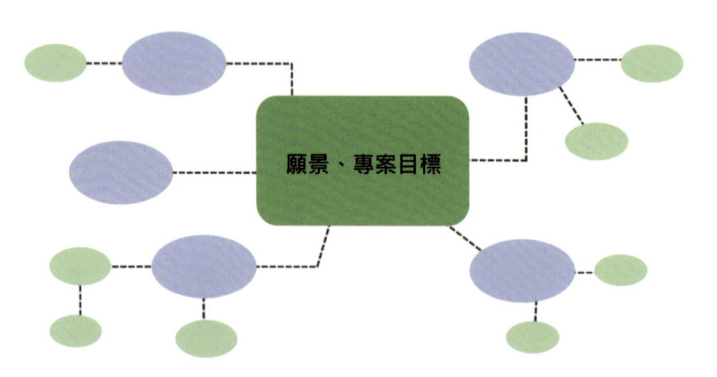

圖 8-2-4：心智圖範例

使用者故事（User Story）

使用者故事即是以客戶或使用者的觀點寫下有價值的功能，進而推動工作流程，代表客戶的需求與方向，是換位思考、釐清需求的好工具。前文已有解釋使用者故事，這裡只針對特性再細部說明。良好的使用者故事有六大特性，簡稱 INVEST：

- **Independent（獨立的）**：相互依存關係通常會造成估算與排序的問題，因此好的使用者故事應該是獨立的。

- **Negotiable（可協調的）**：提倡非制式文件，所以應該要保持適度的彈性，有更改的空間。

- **Valuable（有價值的）**：使用者故事對應的產出一定是有價值的。

- **Estimatable（可估算的）**：要能夠被估算出完成所需之心力。

- **Small（小型的）**：可以在一個迭代內完成為原則。

- **Testable（可測試的）**：能有方式供專案團隊測試，確認相對應的功能特性已經完成。

使用者故事範例

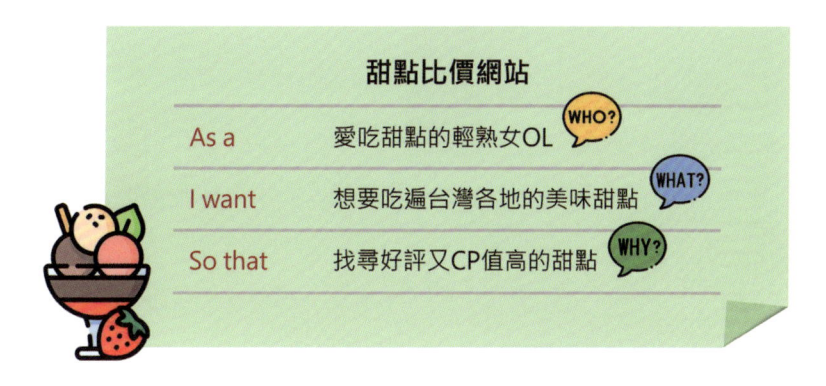

甜點比價網站

- As a　　愛吃甜點的輕熟女OL　（WHO?）
- I want　　想要吃遍台灣各地的美味甜點　（WHAT?）
- So that　找尋好評又CP值高的甜點　（WHY?）

圖 8-2-5：使用者故事範例

產品樹修剪（Prune the Product Tree）

產品樹修剪是一個蒐集需求及拼湊功能的促進方法，讓參與的利害關係人對產品的功能及特性進行腦力激盪，操作方法如下：

1. 一棵含樹幹與樹枝的大樹用以分類 Features（功能特性）。

- 樹代表產品。

- 樹幹代表已知的或已建立的功能特性。

- **樹枝代表即將設計的新功能特性。**

2. 邀請利害關係人提出功能特性，可貼在樹幹及樹枝上，進一步將功能特性分組並貼在產品樹上，並將相關的葉子聚在一起，以此與利害關係人建立需求共識。（詳情參閱圖 8-2-6：產品樹修剪——以 XX 企業線上影片租賃系統為例）

圖 8-2-6：產品樹修剪——以 XX 企業線上影片租賃系統為例

快艇或遊艇（Speedboat or Sailboat）

快艇或遊艇目的是辨識及蒐集專案風險（包含負向威脅及正向機會），以產出風險列表。

1. 首先表列風險、規劃如何減輕負向威脅及增加正向機會，並在產品樹的右邊畫一艘船和海平面，船代表專案，船頭朝向產品樹的方向。

2. 參與的利害關係人將上面所辨識出來的風險，寫在便利貼上。（詳情參閱圖 8-2-7：辨識及蒐集專案風險方法——快艇或遊艇）

- **錨（紅色便利貼）**：貼在海平面下，代表可能使專案減速或下沉的風險。

- **風（藍色便利貼）**：貼在海平面上，代表助於推動專案朝向目標的機會。

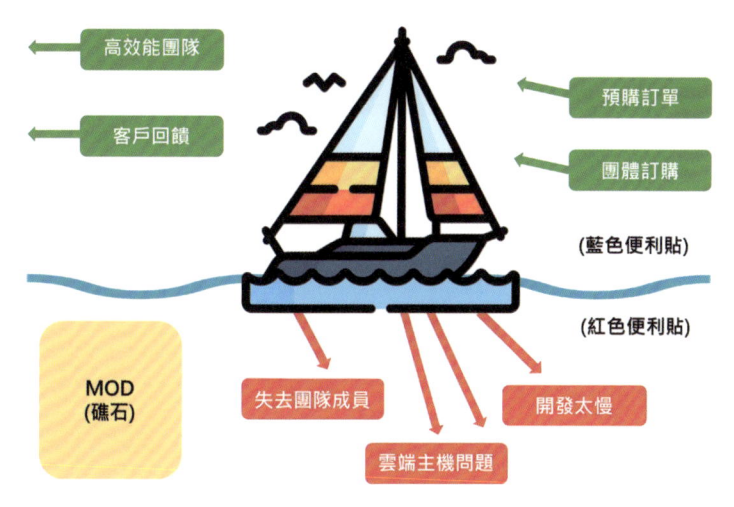

圖 8-2-7：辨識及蒐集專案風險方法——快艇或遊艇

拆解客戶需求 建立需求階層以便團隊執行

敏捷針對客戶需求，會在專案生命週期的不同時間段進行不同級別的需求整理，並且為了便於管理，執行與追蹤，也會做拆解的動作，最常見拆解的結構為：Feature（功能特性）→ User story（使用者故事）→ Task（任務）。

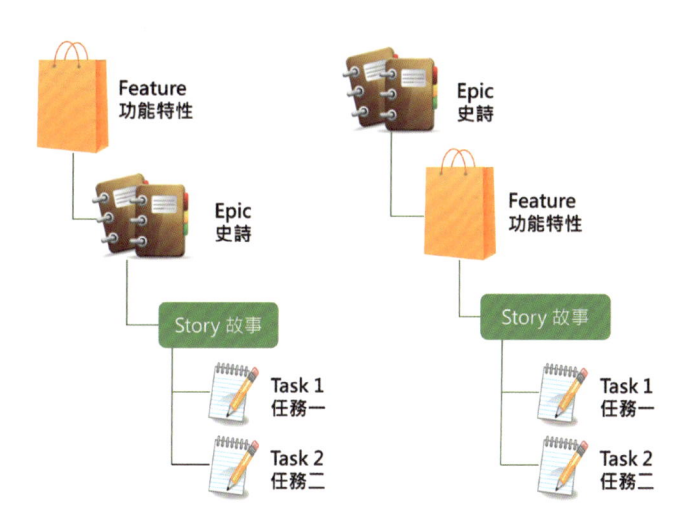

圖 8-2-8：常見任務拆解結構

- **Themes（主題）**：一系列有關的大型故事的集合，例：哈利波特電影 1~7 集。

- **Epic（史詩故事）**：史詩故事為任務或使用者故事的集合。將開發工作分解為可交付的組件，同時保持日常工作與更大的主題相關聯。史詩比主題更具體、可衡量，這樣 PO 團隊就可以觀察到他們對組織總體目標的貢獻。

- **Feature（功能特性）**：代表解決方案的組成元件，可以單獨賣給客戶的功能，通常因涵蓋範圍過於廣泛，所以無法精確估算，也無法在單一迭代期間完成。

- **User Story（使用者故事）**：指可在單一迭代間或數日完成的項目。

- **Task（任務）**：為完成使用者故事的必要任務。

「Just In Time」——需求適時地展開

豐田 JIT（Just In Time）生產方式與敏捷一樣強調「Just In Time」，認為有必要時再及時行動。延伸出精益原則：「Decide as late as possible」（盡可能晚決定），這並不意味著拖延或推遲，而是當團隊準備好時再做出決定，然而，當缺少一部分，但仍能前進時，可以並行並且稍後再做決定。這看似與敏捷原則「快速失敗」（Fast failure）相矛盾，但事實上卻是互補的能力，對組織開發成功有很大的幫助。如此一來，能夠盡量避免成本浪費與風險產生，進而更專注、更快交付有價值的產品。

同理可證，前期高價值的工作項目，可以先細化拆解成更小的單位；而價值排序較低，尚不需要立即付諸實行的，可以先不用做分解的動作，拆解工作時要確認最小的拆解單位對於客戶是有價值的，不能過度拆解，以免過度追蹤造成浪費資源。如：兩個小時工作量的使用者故事就是不佳的大小，使用者故事的大小要能夠提供相對應的價值，而不是一直專注細微切割及囊括不必要的文件，造成團隊的負荷及生產力降低，反而產生負面價值。

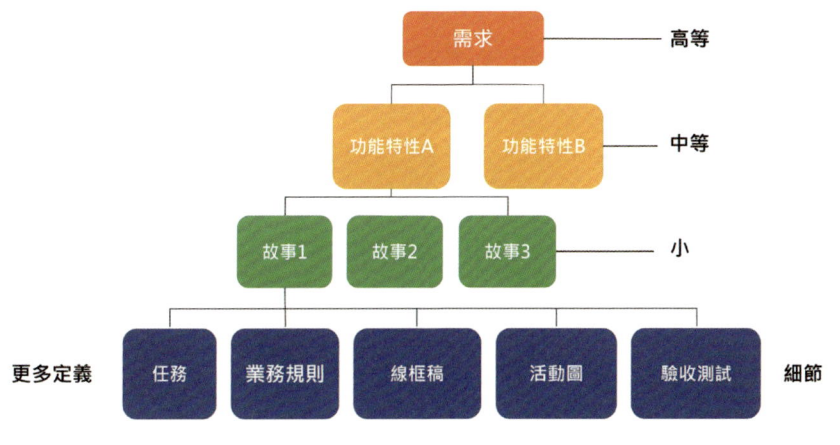

```
                    需求 ──────── 高等
                   ╱    ╲
              功能特性A  功能特性B ── 中等
              ╱  │  ╲
           故事1 故事2 故事3 ──────── 小
          ╱  │   │   │   ╲
更多定義 任務 業務規則 線框稿 活動圖 驗收測試 細節
```

圖 8-2-9：適時地展開需求（圖例）

「需求爆炸」是專案常見的問題，主要是因為需求充斥許多沒有確切商業利益的內容，且無明確對應的使用者群組，因此使用這些工具蒐集與釐清的好處是：強迫辨識相對應的使用者群組，以說明需求是有商業利益與價值。

集中火力「快速交付」

敏捷準則第一項即說：「我們的最高優先順序是，及早且持續地交付有價值的產品以滿足客戶需求。」當我們將需求完整蒐集並且同步進行開發時，便要快速且穩定的交付有價值產品給客戶，尤其在這個快速變遷的大環境中，市場的想法不斷在變化，唯有快速地交付具有品質產品，才能盡快獲得回饋，在快速交付價值同時，也要確保這些對應產品的功能特性，是容易維護、更新及修訂的，因為商業價值不應該只是一時的，能夠在未來迅速反應修正，才是真敏捷。

釐清並滿足需求 超越顧客期望！

在敏捷工作流程中，PO 和團隊會不斷地蒐集需求，並且在短時間內做出決策，由於迭代時間較短，團隊會定期獲得回饋，從而根據利害關係人與客戶的回饋改變方向。當組織建立在敏捷基礎上蒐集需求與開發時，成員在過程中能夠更加靈活有彈性，這樣一來，便獲得了極大的競爭優勢，全球最大的零售商沃爾瑪，其創始人山姆・沃爾頓（Samuel Moore

Walton）曾分享十大經營法則，其中一項即是：「超越顧客的期望，他們就會一再光臨。」由此可知，認真傾聽客戶需求，並且主動釐清需求，絕對是開發成功產品的不二法門！

排序順序

孰輕孰重？優先順序理清楚 產品一路領先至終點

「讓孩子贏在起跑點」是全天下父母耳熟能詳的一句話，若套用在產品開發的過程，「排序」就是使產品贏在起跑點的重要關鍵，正確排序產品待辦清單中的項目，可使開發團隊不浪費時間兜圈，一路朝對的方向衝刺，快速抵達成功的終點線。

排序呼應敏捷強調的「儘早交付價值」，將排序優先且明確的價值及早交付給客戶，即時收到回饋並修正，正確的排序有助團隊將心力專注於最關鍵的項目，但項目的價值該由誰來認定與排序呢？

產品價值的高低最終是交由客戶判斷，唯有使用產品的人，才能決定產品是否自身符合需求，但在交付客戶之前，價值判定的關鍵人物仍是客戶代表，也就是 PO。在敏捷產品開發中，我們向來鼓勵 PO 和 Scrum 團隊共同討論，善用團隊知識決定項目的優先等級，PO 做決策時若跳過諮詢團隊，日後可能承擔錯過專業觀點的風險，甚至導致專案失敗。

當專案狀況混沌不明時，PO 可以善用參與決策模式（Participatory decision models）協助團隊做出明確決策，邀請利害關係人積極參與 Sprint 規劃會議、Sprint 審查會議、Sprint 回顧會議等過程，讓每個人都有機會發表意見，保持與各方的緊密參與度，當參與程度（Involvement）提升，利害關係人的承諾程度（Commitment）也提升，排序獲得團隊一致認同，後續執行將更有效率。

值得注意的是，當 PO 與開發團隊意見相左時，要以前者的看法為優先，像賈伯斯類型的天才型 PO 經常會有獨到見解，最後取得意想不到的成功，倘若負最終產品成敗之責的 PO 願意勇敢嘗試，團隊應信任他的洞察力與遠見，為打造下一個經典商品全力以赴。

彈性調整排序清單 產品奔向成功的第一步

排序會如何影響產品成敗？Apple 於 2006 年推出的 iPod Hi-Fi 是一個反例，它是一款與 iPod 相容的立體揚聲器，一體化的流線外型承襲 Apple 極簡美學，還能搭配 Apple Remote 遙控器，看似美觀便利，卻有一個致命缺點，就是音質遠不及其他競品，也不能收聽 AM、FM，售價還比競品高出近百美元，最終被打入冷宮。

iPod Hi-Fi 的失敗，問題可能出在技術層面，也有可能「排序」時就出差錯，在產品待辦清單中，開發團隊重視產品與 iPod 的系統相容性、便利性及外型等項目，卻忽略了揚聲器最基本的音質效果、以及收聽內容等項目，開發團隊與消費者需求間的價值認知落差導致排序失誤，以致吞下失敗苦果。

另一種導致產品失敗的原因是「功能過多」，研究指出，一個軟體平均有高達六成的功能無人使用或鮮少使用，對客戶來說幾乎毫無商業價值，多餘的功能不僅提高開發難度與複雜度，增加維護成本與產品的不確定性，也使得開發時間變長，與敏捷單純不繁複的原則背道而馳，因此在排序時，清楚定義項目是否屬於本次開發的範疇，以及是否具有必要性，成為 PO 的關鍵課題。

想讓產品贏在起跑點，PO 與團隊必須深入解析各項影響排序的因素，多方權衡後提出最適宜的選擇，PO 要留意的是，隨著每個 Sprint 的進行，項目價值隨時會改變，必須依照客戶需求彈性調整。《Scrum 敏捷產品管理》書中指出，價值、知識、不確定性及風險、可發布性、相依關係，都會影響產品待辦清單的排序，分別說明如下：

價值

思考該項目是否為產品上市的必要功能，是就優先開發，否就將排序向後移，或直接排除不做，確保產品清單簡潔明確，排行越前面的項目，開發內容就要越詳盡明確地描述，有助開發團隊按圖索驥完成任務。

- **投資報酬率（Return on Investment, ROI）**：是判定項目商業價值的工具之一，將投資金額與獲利用百分比表示，百分比越高時，代表該項目價值越高，越值得投資，但 PO 也要考量開發成本、技術、人力來做綜合決策。

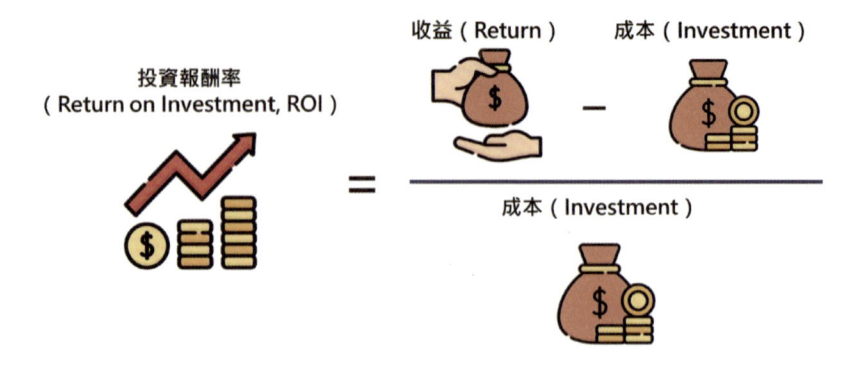

圖 8-3-1：投資報酬率

PO 判斷價值高低的敏捷方法還有這七種：

莫斯科定律（MoSCoW）

將項目依四種功能分門別類後，決定捨棄哪些項目並先後排序。

- **Must Have（必要的功能）**：最重要，缺乏此功能系統即無法運作。
- **Should Have（應有的功能）**：次重要，能幫助系統正常運作的功能。
- **Could Have（可有的功能）**：可增加系統的附加價值。
- **Won't Have（尚不需要的功能）**：未來可能需要，但不屬此次開發範疇的功能。

比如說要建立長宏專案管理顧問公司的官網，必要的功能包括穩定好用的程式系統、像是登入功能以及資安系統，應有的功能則是網速快、使用者友善的介面，可有的功能包括最新消息、留言板等，購物車就是尚不需要的功能。其中，「應有的功能」最難界定，沒有它時產品也能使用，但沒那麼好用，像汽車的手煞車及鍵盤的 Delete 鍵等。

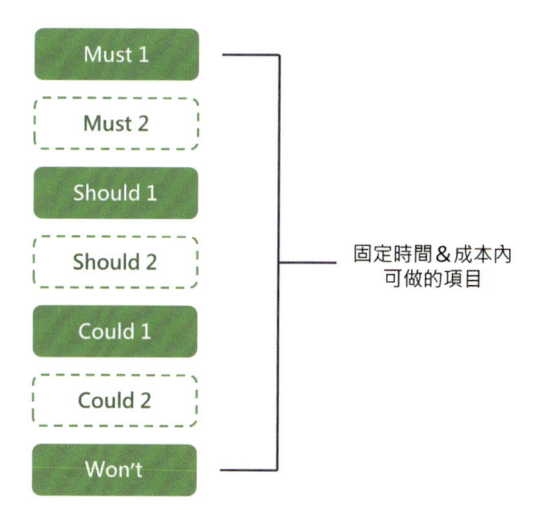

圖 8-3-2：莫斯科定律（MoSCoW）

柏拉圖分析（Pareto Analysis）

用於判斷產品待辦清單中使用者故事的價值優先順序，採用問卷、訪談、焦點團體、不記名投票等取得柏拉圖統計，過程中可利用 80 ／ 20 法則，幫助利害關係人判斷產品的關鍵功能與重要性。

記點投票（Dot Voting）

一種可公開也可不記名的多人投票技術，根據投票結果排出順序。點數分配是項目總數的 20%，例如有 20 個項目可選擇，每個人分配 4 點，如果覺得該項目很重要，可將全部點數投給它，所有點數都要投完，按點數多寡決定排序。

100 點方法（100-Point Method）

與記點投票類似，每位利害關係人分得 100 點，不限定每個項目的給點數，所有點數都要投完，按點數多寡決定排序。

狩野分析（Kano Analysis）

日本品管大師狩野紀昭提出的狩野模型（Kano Model），可幫助 PO 依照「魅力品質創造」排序項目重要性。模型的 X 軸為產品功能性，Y 軸為顧客滿意度，功能性從左而右遞增，滿意度則由下往上遞增。

以圖 8-3-3 來說明，左下往右上的綠線是「一維品質」，指的是愈具備，消費者愈滿意的項目，如果不具備，消費者則會不滿意；下方黃線是「必要條件品質」，是消費者認為本來就應具備，即使有滿意度也不會提升的項目；在淺藍色方框內的是「無差異品質」，是可有可無的項目；淺綠色的「反向品質」則是消費者不喜歡、不需要的項目；最後橘線的「魅力品質」指的是消費者沒有預期會具備，如果有滿意度會提升，沒有也無所謂的項目。

舉例來說，去咖啡店點冰拿鐵消暑，飲料夠冰是理所當然，如果咖啡溫溫的消費者會不高興，飲料溫度就是一種「必要條件品質」，本來就應具備的功能；冰拿鐵的奶泡滑順細緻屬於「一維品質」，具備此條件消費者會高興，反之，滿意度則下降；拿鐵裝在高級進口瓷杯中，但消費者完全不在意容器，就是「無差異品質」；拿鐵加了過多的牛奶導致咖啡味變淡，就是「反向品質」；拿鐵上有美麗的拉花，不影響飲料的口感，但會使消費者感到驚喜，就屬於「魅力品質」。

想知道項目會歸類在哪種品質，可以藉由問卷、訪談、焦點團體了解消費者的需求，再來決定如何排序，一般來說，「必要條件品質」、「一維品質」、「魅力品質」的項目都會列在產品待辦清單內，如何排序則要看 PO 與團隊的決策。

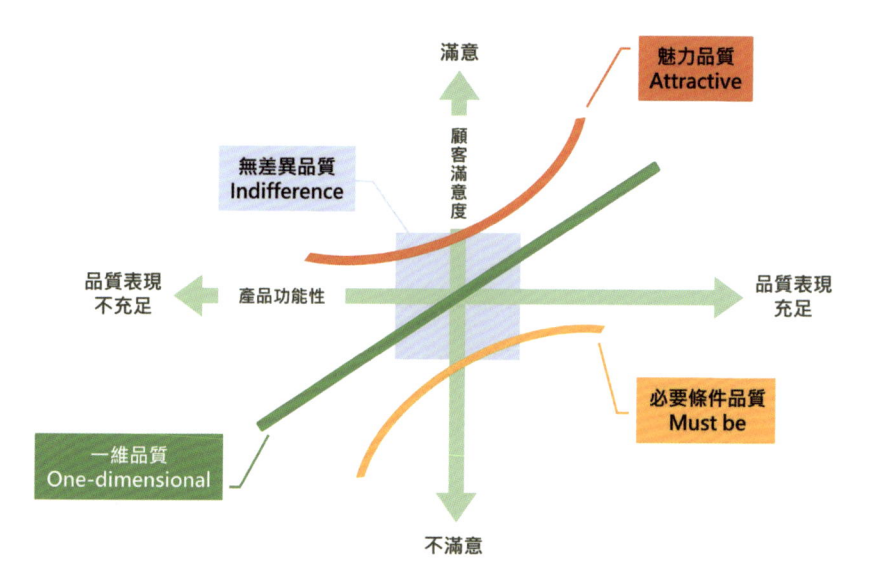

圖 8-3-3：狩野模型（Kano Model）

大富翁鈔票（Monopoly Money）

提供利害關係人與專案預算總額相同的大富翁遊戲鈔票，請他們將鈔票分配給重要功能，藉此了解其對優先順序的看法，幫助排序。

相對排名（Relative Ranking）

將清單所有功能以特定標準為基礎做對比，之後產生排序名單，特定標準可能是花費、時間、投報率等，因為立足點相同，在考量項目取捨時會是很好的依據。

知識、不確定性及風險

產品開發必定伴隨著風險，知識不足會帶來不確定性進而引發風險，三者間環環相扣，若不想因風險導致產品失敗，最好將不確定的高風險項目排在清單最前面，敏捷稱之為快速失敗（Fast failure），白話來說就是「早死早超生」，如果能克服最高風險，專案成功機率就會激增。

在早期迭代進行高風險項目，可以提早驗證技術與目標的可行性，使團隊有機會及時改變方向，減少晚期風險造成的成本浪費，考量風險後排出的項目順序，稱為依風險調整的待辦清單（Risk-adjusted backlog），在這份清單中，高風險與高價值的項目都應優先處理。

敏捷不像專案管理會分階段進行「風險管理」，主因是敏捷已將風險內建於 Sprint 之中，Sprint 週期通常不大於一個月，為的就是將風險控制於較短的時間盒內，另外也是對應同樣是以一個月為週期的財務報表。

產品開發過程中，藉由敏捷三大支柱，透明性（Transparency）、檢視性（Inspection）、調適性（Adaptation）不斷改善以免浪費成本，就算這個 Sprint 的產出是失敗的，頂多也只浪費一個月的成本。在時間較短的 Sprint 中，團隊會快速累積許多經驗學習，持續改善精進，比起傳統的瀑布型開發更有效率，也更容易取得成功。

可發布性

及早且頻繁發布產品可以快速獲得客戶回饋，還能降低風險，專案初期不見得要發布完整的項目，僅發布一部分即可，稱之為增量式交付（Incremental Delivery），客戶的回饋結果則會影響排序清單是否重新調整。

敏捷經過數次迭代後，我們會得到最小可銷售功能（Minimum Marketable Feature, MMF），MMF 指的是可以提供使用者價值，足以使客戶願意購買的功能特性，MMF 最重要的目的就是縮短上市時機，是以「銷售」（Selling）為目標。舉例而言，單純的產品如指甲刀，只有一種 MMF 就是剪指甲，手機則是複雜產品，擁有撥接電話、傳訊息、上網、拍照、行動支付等多種 MMF 功能特性。

最小可行性產品（Minimum Viable Product, MVP）則是在最精簡的努力下產出，且得到最佳化回饋價值的產品，也可以說是用最少努力所能產出的最基礎產品，並從客戶端獲得最大的回饋。

MVP 對客戶必須是有意義、有用且有價值的，透過頻繁地發布 MVP，可降低開發方向錯誤的機率，避免將資源投入在錯誤的項目，同時取得市場優勢，換句話說，MVP 是為了獲得產品相關知識與降低風險，是以「學習」（Learning）為目標。MVP 最常被舉的例子

是從滑板車、自行車、機車到汽車的過程，指的是透過迭代開發與持續創新以符合市場需求的產品。

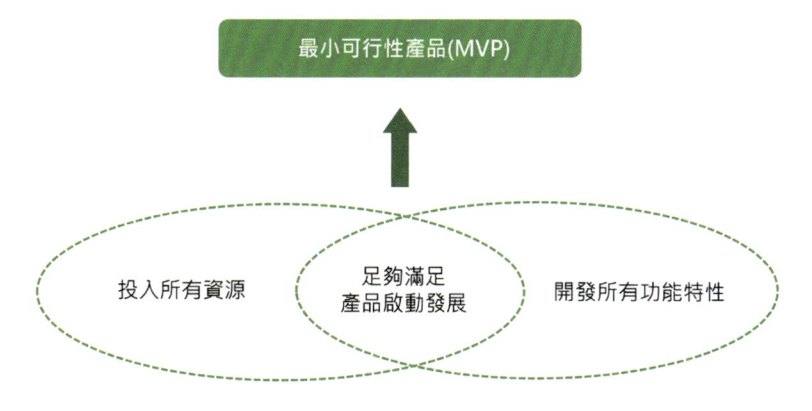

圖 8-3-4：最小可行性產品（MVP）

相依關係

相依關係指的是項目之間的關聯性，功能性需求間可能有相依關係，與非功能性需求間可能也有相依關係。除了項目之外，假設專案中有多個團隊合作，團隊間也可能有相依關係，例如說 A 團隊先完成前置工作，B 團隊才能進行後置工作，項目一定要遵循順序時，稱為「強制相依」，如果是依過往經驗覺得先做 A 比較好，則稱為「刻意相依」。

這些錯綜複雜的關係會深入影響清單排序，使排序受限，因此，相依度愈高的項目，也就是與其他項目關係愈多愈複雜的項目，應該優先被執行或解決。敏捷專案進行時，產品待辦清單內的項目可能隨時改變，相依關係也持續變動，每次的 Sprint 之後，PO 與團隊要重新檢視項目間的相依關係，必要時重新調整，力求達到最佳排序，朝產品暢銷之路持續衝刺。敏捷產品開發功能時，要努力使功能與功能之間切割依賴關係，雖然很難做到，但是只要常以此原則為優先考量，要做到的機會還是有的，團隊全員有此共識會更好。

跨職能

🎯 多元背景迸出新火花 跨職能團隊大放異彩

　　傳統企業多以功能區分部門，各個團隊各司其職，成員擁有的技能也相對單一，當同質性過高的人們聚在一起，容易侷限彼此的思考與視野，始終看不清問題的盲點。敏捷組織中的「跨職能團隊」能破解這個困境，利用協同合作尋找多元可能，獲得最佳解，成員還能彼此學習，走出更寬廣的職涯之路。

　　企業導入敏捷後，不再需要繁雜的部門組織，取而代之的是擁有跨領域人才，充分專注的小型團隊，他們的優勢是生產力強大，能更快速地完成產品，提升效率與成功可能性，無論國內外都有許多因跨職能團隊大展身手，獲得市場與口碑雙贏的絕佳案例。

小步試錯快速優化 國泰世華戰情室突破傳統

　　國泰世華銀行是台灣跨職能團隊成功的典範之一，2019 年成立「戰情室」積極敏捷轉型，成員橫跨不同單位、職能、層級，彼此橫向溝通合作，每日進行站立會議，針對問題快速達成共識，工作模式透明開放。過程中，團隊透過持續小步快跑來試錯（Trial and error），以一至三個月為 Sprint，快速獲得回饋以調整修正，將敏捷澈底融入工作日常。

　　戰情室成立至今，推出許多創新產品，包括能在短短五分鐘核貸的線上 App，便捷快速的服務深受好評，2021 年，國泰世華銀行甚至與同集團的國泰證券合作，推出一站式證券開戶服務，使用網銀 App 綁定銀行帳戶，同時完成台股與複委託開戶，成為台灣銀行界首創之舉。國泰世華亮眼的成績，使得英國銀行家雜誌《The Banker》及歐洲貨幣雜誌《Euromoney》等國際媒體，紛紛將國泰世華的整體績效評比為冠軍，更封它為「台灣最佳銀行」。

想要像國泰世華成功將敏捷融入企業文化，企業需要的其實不僅是跨職能團隊，更要打造全方位的高效能團隊（High-performance team），高效能團隊指的是跨職能領域、小而美、擁有專家與通識人才，能夠自行運作的自管理團隊，有時還會兼具全球化、多元化特質，高效能團隊具備以下四種特徵：

- **跨職能團隊（Cross-functional）**：集合多元類型的人才，提升開發效率，並減少跨部門溝通產生的資訊延遲與誤差，可以從頭到尾提供產品或服務，實現交付給客戶的價值。

- **通識專才（Generalizing Specialists）**：具備多重職務技能的專業人士，高效能團隊內的每位成員至少精通兩個以上的領域，必要時可以轉換角色，相互支援。

- **小型團隊（Small）**：人數控制在 10 人以內，利於面對面與高頻率的溝通，方便成員培養感情與默契。若團隊大於 10 人，則可分成多個團隊。

- **自管理（Self-management）**：團隊獲得充分授權，團隊自行決定如何協同合作，自行開發產品並完成專案目標，為敏捷最成熟的境界。想成功打造自管理團隊，PO 必須信任成員，在狀況不明的專案初期，即使成員犯錯也要以鼓勵取代責備，才能激勵團隊發展為成熟的自管理。

培養高效能團隊絕非易事，特別是在養成通識專才這一點，必須仰賴公司政策支持，例如：推動師徒制，要求成員學習彼此的專才，輪調交換工作內容，才能逐漸培養出具單一專業領域與廣泛知識的 T 型人才、具兩種專業領域與廣泛知識的 π 型人才，甚至培養出擁有更多專業的梳型人才，有了企業政策力挺，才能組成傑出的高效能團隊。

圖 8-4-1：T 型人才、π 型人才、梳型人才具備技能

高效能團隊工作時，不必事事得到 PO 首肯，但關鍵決策仍要由團隊共同發想決定，可以採取工作坊（Workshop）形式，工作坊與傳統會議不同，目的在於釐清特定事項。敏捷實務中，鼓勵團隊經常性地舉辦回顧會議、使用者故事主題等工作坊，也鼓勵參與者積極發言、交流想法，使結論取得團隊高度共識，後續執行更有效率。

腦力激盪 + 聚焦小組 助敏捷團隊建立共識

「腦力激盪技術」（Brainstorming Techniques）是工作坊常見的促進手法之一，主要用來決定方案選項、解決議題的方法、流程改善的方向、確認人物誌、選定最小可銷售功能（MMF）的項目及辨識反價值（Anti-value）風險等。全球第四大廣告公司 BBDO 共同創辦人亞歷山大‧奧斯本（Alexander Osborn）指出，腦力激盪法有四個基本原則：

- **自由發想**：成員應在輕鬆自由的氣氛下思考，毫無拘束地暢所欲言，天馬行空的想法都應來者不拒，必要時也可以用匿名撰寫的方式提供意見。

- **禁止批評**：不批判別人的想法，才能使成員願意分享。

- **量重於質**：在短時間內，圍繞主題產生大量的想法，如同撒網捕魚將點子全部蒐集。

- **逐步完善**：以彼此的發想為討論基礎，將原有的發想進化成更好的新點子。

實際應用層面上，腦力激盪主要有三種模式：

靜默寫作（Quiet Writing）

於固定的時間內，要求每位成員寫下所有的意見，要有充足的時間供成員思考再做分享，可確保被動的成員也擁有高參與度，同時減少被同儕影響的機率。線上或是跨國工作的分散式團隊最適合此種腦力激盪方法，集中式團隊也可使用。

循環制度（Round Robin）

成員輪流提出想法，並將他人意見作為後續討論的基礎。首先將團隊成員聚集，清楚闡明本次想討論的主題，要求成員將想法寫在一張卡片上，接著將卡片傳給隔壁的人，接著成員根據卡片上的想法為基礎發想，再寫下新的想法傳給隔壁的人，持續重複這個模式，

直到蒐集足夠的想法為止，此方法的前提是團隊成員已經彼此熟稔且樂於分享，才能發揮最佳成效。

大鳴大放（Free-for-all）

參與者同時間講出自己的想法，可以避免同儕影響，此方法的前提是成員處在高度支持且和諧的工作環境中，缺點是較安靜被動的成員想法可能被忽略。舉例來說，三國時期，諸葛亮和周瑜討論該如何對抗曹操，各在手心中寫下一個字，都是「火」字，馬上就得出最佳共識。

成員不熟悉的新成立團隊，我建議採用靜默寫作，已建立出高度默契的敏捷團隊不妨嘗試循環制度或大鳴大放。此外，腦力激盪的理想人數約為 5 至 8 人，成員包括了解主題的專家，比例佔人數一半即可，因為廣納不同領域的成員，才能發想出變化多端的內容，這點與跨職能團隊的優勢不謀而合。蒐集到的意見以便利貼貼在公告板，供團隊評估每張便利貼的獨立性與實現可能，篩選後將其組合或刪除，得出明確的目標與方向。

另一個幫助團隊決策的方法為焦點團體（Focus group），又稱聚焦小組，是由主持人帶領的團體訪談，參與者多半為該領域專家，人數介於 4 至 12 人間，組數通常為 3 至 5 組，主持人是受過訓練的專業人士，必須營造良好互動氛圍，使每位參與者暢所欲言自身看法與觀點，焦點團體通常被用於確定產品方向、滿意度、需求評估、品質提升、業務規劃、訂定政策等。

焦點團體參與人數少，好處是討論容易聚焦，能快速找出問題與答案，缺點是挑錯成員或主持人功力不佳時，結果不僅不具代表性，還可能誤導開發團隊。一般來說，探討困難問題時，通常會邀請少數專家參與即可，當問題仍很模糊，期待得到多元答案時，則採取人數多的大團體，如何規劃皆依開發團隊的需求彈性調整。

跨職能團隊在 PDCA 每個過程中，應善用腦力激盪與焦點團體，幫助團隊跳脫固有思維，將多元想法與意見完美精煉，打造大放異彩的人氣產品。

Scrum 執行工具與技能

看板、任務板差在哪？正確用法一次看懂

看板
- 讓工作視覺化
- 限制進行中的工作
- 促進工作順暢進行

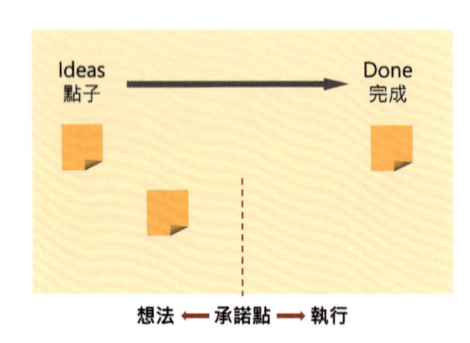

任務板
- 簡單明瞭
- 彈性
- 每次迭代開始前歸零

圖 8-5-1：看板與任務板的差異

在傳統職場中，不少人習慣以精美的表格與圖表呈現專案進度，但光是搞懂圖表就令人傷透腦筋，更別說製作圖表前還得花一番功夫學習，大幅降低溝通效率。有時候明明是同一件專案，A 和 B 對於專案的進度說法卻不同，也可能令團隊無所適從！

「溝通」是敏捷開發的重中之重，從專案開始到結束，PO 都得不間斷地和團隊、主管以及多重利害關係人溝通，為了讓所有人都能對於專案任務與進度一目了然，敏捷團隊偏好使用低技術（Low-tech）、高感觸（High-touch）的工具，將專案進度視覺化，這些工具的性質必須簡單、易學又好上手，所具備的功能只要剛好夠用來達成目標就足夠了。

相信曾經接觸過敏捷團隊，都不難觀察到他們的辦公室或工作空間，總是有一面貼滿便利貼（Sticky notes）、索引卡（Index cards）的牆面或白板，這些都是敏捷團隊相當愛用的「資訊散熱器」（Information radiators）素材，團隊成員隨時都能填入資訊或是更新進度，不用花費多餘的心力學習製作報表，讓團隊更能專注在真正有價值的產品開發任務。

相反地，傳統專案強調以精美的報表、展現鉅細靡遺的資訊，利害關係人要花更多時間來消化複雜的報表內容，反而不利於溝通，我們將這種特性稱為「資訊冷藏室」（Information refrigerators）。對於利害關係人而言，這些珍貴的專案資訊就像是鎖在冷藏室中物品，很難輕易取得或了解。

專案資訊變吸睛　任務進度一目了然

敏捷團隊能否持續將最新的專案資訊和現況與利害關係人分享，攸關著雙方之間的溝通效率，這時候「資訊散熱器」將扮演關鍵角色！資訊散熱器是一種高透明化的工具，可以有效將敏捷專案現況，以簡單易懂的方式，大篇幅地展現給所有對專案有興趣的人，同時還能不間斷地更新，將熱騰騰的專案資訊散發出去。

資訊散熱器依據專案特性不同，可能涵蓋的資訊也不同，常見的內容包括：已完成功能、待完成功能、當次迭代中預定開發的功能、團隊成員的任務分配、團隊速度與缺陷的趨勢指標、回顧後發現的議題以及風險列表……等。

我們通常會將資訊散熱器展示在人員流量大的地點，確保對專案有興趣的關係人都能盡可能掌握到專案進度，以便他們快速了解團隊現況及專案整體表現，為專案建立高度的互信，同時也能幫助利害關係人提出正確且相關的問題，讓團隊蒐集到更多意見與需求，採取有效的行動。

在敏捷交付價值的過程中，我們經常運用看板（Kanban）及任務板（Task board）幫助團隊控管進度，這 2 種工具只要運用便利貼與白板，就能清楚呈現任務或工作事項目前所處的狀態。實際上，看板與任務板在敏捷環境裡，可謂是同義詞，兩者可以交替應用；不過，一旦兩個名詞同時出現在同一個專案當中，所代表的意義可就大不相同，「看板」主要記錄整個產品從無到有的過程，而「任務板」則專注於呈現迭代內的任務的狀態與進度，是每位 PO 都要學會的實用工具！

看板（Kanban）

看板一詞源於日文「かんばん」，意指看板或是佈告欄，可以幫助團隊逐步完善目前工作排程，也能作為主要績效的量測指標。這項工具的概念起源於豐田（Toyota）汽車的生

產系統，當時豐田汽車主要利用看板控管生產線上的零件取用、移動與生產的種類及數量等資訊。每張卡片代表一項工作，唯有工作完成後，卡片才會被釋出，這時才可以被用於另一次的領料或生產活動，也就是建立「拉式導向」（Pull-driven flow）機制。

簡單來說，豐田汽車為了避免零件生產過量，被迫增加不必要的囤積風險，只有在零件即將用完時，才以 Just In Time（即時生產，簡稱 JIT）的方式開始下一波生產補貨，這麼做不但能避免大量生產後發現缺陷而耗費資源，也能藉此將零件的庫存控制在最低點。

敏捷團隊在使用「看板」工作時，有 3 個簡單原則：

- 讓工作視覺化（Make Work Visible）
- 限制進行中的工作（Limit Work in Process）
- 促進工作順暢進行（Help the Work to Flow）

每一張便利貼都代表一項任務，而不同欄位則代表不同的價值的工作內容，由左而右建構出一個「工作流程」，每張便利貼都必須從最左邊「點子庫」（Pool of ideas）的開始，逐一完成每個欄位的工作，朝向最右邊的目的地「完成」（Done）邁進。

實際運用時，每當團隊成員想到一個新點子，就將點子書寫在便利貼後，貼在「點子庫」欄位供團隊討論，如果評估要進行「風險分析」（Risk analysis）就往右一個欄位，分析完畢後再移動到下一個「需求分析」（Requirements analysis）欄位。每一項任務從發想到實際執行，都必須經歷一個關鍵的分水嶺──「承諾點」（Commitment point），在此之前，所有任務都只是一個想法，直到團隊與客戶共同決定好要展開計畫後，才會跨越承諾點，正式開始執行這項工作，進行後續開發、測試等流程。

看板除了可以幫助團隊掌握每一項任務的進度，更重要的是調控「進行中工作數」（Work in Process, WIP）的任務數量，避免團隊手邊的工作過量，衍生出工作塞車的問題。我們可以把「工作流」想像成高速公路的「車流」，只有當車流量適中的時候，才能讓每一台車在最短時間內從起點出發，順利抵達終點，否則一旦高速公路車流量太大，就會導致行駛速度過慢或塞車變成大型停車場等問題。

實際使用看板時，任何人都可以透過便利貼的數量，一眼看出 WIP 的任務數量，我們可以限制 WIP 的數量來避免工作塞車，例如：在人工測試階段，最多只能有 2 個 WIP 任務

同時進行，或是當團隊中已經有 2 個進行中的待辦清單任務時，就不會展開新的任務，藉此維持最佳的工作流量並作為敏捷專案的管制界線。

團隊會在工作開始時，優先聚焦在 WIP 欄位裡的任務，透過協同合作清空 WIP 任務，接著再加入新 WIP 任務，一步步建立起團隊的工作步調，並運用 7 項指標來檢視看板運作的效率：

- 週期（Cycle Time）：特定步驟花費時間。
- 交付時間（Lead Time）：完整流程花費時間。
- 產能（Throughput）：工作項目的完成量。
- 時間效率（Due Date Performance）：如期完成的績效。
- 品質（Quality）：可以看出品質是否有維持。
- 價值需求和失敗需求（Value ／ Failure Demand）：可知到底是否成功交付價值。
- 捨棄的想法（Discarded Ideas）：了解到底創新是有效的還是無效的居多。

任務板（Taskboard）

任務板的主要功能是顯示迭代全貌及反應目前該任務的狀態，確保整個團隊都能接收到最新的資訊與專案進度，只需要一塊白板或一面牆就能建立起來，假使團隊成員分散在不同地理位置，也可利用 Trello 等軟體作為電子化任務板或是電子化看板。

看板和任務板最大的差異在於，看板上的工作事項並不會在每次迭代重新「歸零」（Reset），也就是不會移除已經完成的項目；任務板則會在每次迭代開始前歸零，以對應新的計畫，在進行每日會議時，團隊會聚焦在上次更新後的最新進度，更能掌握專案進度與遇到的障礙。

在欄位的設計上，看板的欄位結合了「WIP 限制」各自代表不同價值單位的處理狀態，而任務板的欄位標題及數量則是會根據專案不同，以不同的安排方式，促進團隊的自管理，常見有 2 種欄位標示法：

- **五欄位標示法**：Story、Todo、In progress、To verify、Done。
- **三欄位標示法**：Todo、Doing、Done。

便利貼除了可以代表各種不同的任務外，我們也可以利用不同顏色、形狀的便利貼，訂定自己的任務板使用規則，例如：使用紅色便利貼代表有障礙的任務，或是以圓形貼紙來紀錄這項任務的已工作天數。

隨著工作進展，當團隊成員看著任務板上的便利貼，從左邊漸漸向右邊移動，會帶來很大的成就感；反之，要是看到便利貼遲滯不動，也會感到焦慮！

Sprint 執行的核心技能 決策、傾聽與衝突管理

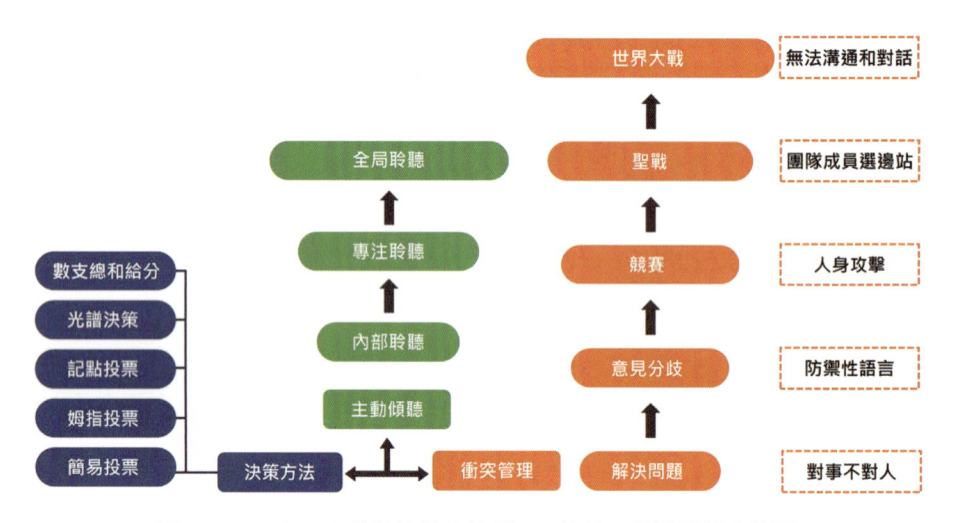

圖 8-5-2：Sprint 執行的核心技能──決策、傾聽與衝突管理
圖片參考來源：Lyssa Adkins，2010

Sprint 的執行期間，每個環節都少不了「溝通、溝通、再溝通」，身為 PO 的我們必須專注於他人的需求、認可他人觀點，運用參與式決策在團隊中建立社群意識，當決策獲得團隊成員的真心認同，才能真正落實決策的意圖，這也將帶來更高的參與度、更多的信任以及與團隊成員和其他利益相關者更緊密的關係。

只不過，在共事的過程中，團隊成員難免會因意見分歧衍生衝突，PO 究竟該不該介入調解？又該如何將衝突化為團隊成長的動力？

在各個環節的溝通過程中，又該如何觀察語言及非語言內容，聽出真正含義或弦外之音，考驗 PO 主動聆聽與衝突管理的能力，值得每位 PO 細細思量。

帶領團隊撥雲見日 5 種超實用決策法

當專案局勢混沌不明時，參與決策模式可以協助團隊做出明確決策，一方面能夠增進團隊的融洽及專案效能，另一方面也能讓利害關係人適度發表意見並參與決策，當利害關係人參與度提升，承諾程度也會跟著提升。在開始決策前，PO 們可以先透過幾個問題，確保每位參與決策的人都對於即將決策的問題、影響範圍、流程……等層面，有著共同的認知與理解，避免人人都用相同詞語，內心卻有不同解讀，當決定越重要，想要考慮和明確溝通的問題會越多。

可能問題像是

- **原因**——要做的決定是什麼？為何要做這個決定？
- **影響**——這個決定帶來的影響是什麼？決定的範圍是什麼？
- **時間**——決策的時間表是什麼？交付或實施決策的時間表是什麼？
- **方法**——將如何作出決定？我們是否會重新審視這個決定？
- **角色**——誰將參與其中？他們將如何參與？
- **原則**——在做出此決定時，我們希望遵守哪些原則或價值觀？這個決定背後的更高目的是什麼？

確認所有人都認知一致後，我們可運用 5 種方法進行決策

- **簡易投票（Simple Voting）**：這是最簡單的投票模式，只有 0 或 1、正或負、好或壞、黑或白，沒有灰色地帶的空間，由於成員只有兩極化的答案可以選擇，適合一翻兩瞪眼的簡單問題，並不適合高度複雜的議題，否則可能錯過其他更重要的選項。

- **拇指向上／向下／左右（Thumbs up／Down／Sideways）**：姆指向上代同意、向下代表不同意、向左或右則代表尚未決定，這種投票方式類似進階版的簡易投票，

但多了第三種選項，在投票過後我們可以詢問投給「尚未決定」的成員，有可能是這些人心中有其他更好的選項，也可能認為議題需要進一步釐清，這麼做可以先排除對於這項議題早有定見的人，又能省下對所有人個別詢問的時間。

圖 8-5-3：姆指投票

- **記點投票（Dot Voting）**：主持人可以先將可能的解決方案列在海報或記事卡上，讓每一位參與決策的人都能清楚了解，並給每人 3 個圓形貼紙（票數應少於方案的 1/2，例如：5 個方案給每人 2 票），獲得最多票數的解決方案將勝出。

- **光譜決策（Highsmith's Decisions Spectrum）**：光譜決策將回應的選項分為 5 個等級，分別是：非常贊成、持保留態度但支持、模棱兩可、不太喜歡但支持、非常不贊成，主持人可以在白板上畫出橫跨光譜的表格，讓每個人在 5 個選項中投下自己的一票，可以同時展現出團隊成員對於選項的支持、反對及保留態度的程度。

圖 8-5-4：光譜決策

- **數支總和給分（Fist of Five Voting）**：這種決策方式和光譜決策類似，但執行上更為簡單，只要每個人伸出一隻手就能快速表達觀點，讓決策結果更快出爐。主流用

法是手指數目越多、支持的程度越高，例如：5 指代表完全支持、4 指代表支持、3 指代表可忍受或還有其他想法、2 指代表不贊同但可再討論、1 指代表強烈反對。

圖 8-5-5：數支總和給分

魔鬼藏在細節裡 掌握主動聆聽 3 層次

清楚的溝通是有效協同合作的重要基石，在敏捷開發中更是如此，「主動聆聽」（Active Listening）也成為每一位 PO 的必備技能，可以幫助 PO 真正了解發言者想要傳達的意境及本意，辨別隱藏在談話背後的真實意，而不是只有聽到表面的字句而已，也就是所謂的「Do what I mean, not what I say」（按照我的意思去做，而不是照我說的話做），這項能力也可以藉由持續練習來精進，其中又分為 3 個層次。

Level 1──內部聆聽（Internal Listening）

處於「內部聆聽」階段的聆聽者，雖然能聽清楚聽到對方所說的字句，但在聆聽的過程中將大部分精神著重於自我判斷與對話，例如思考著：對方這麼說，對我有什麼影響？繼續講下去的目的是什麼？我應該反問哪些問題呢？正因如此，這類的聆聽者很可能無法真實捕捉或理解發言者真正想要傳達的意思。

Level 2──專注聆聽（Focused Listening）

「專注聆聽」的聆聽者所處的狀態，恰巧和「內部聆聽」完全相反，他們不僅會將自我想法摒除在外，更將所有精神投注於發言者身上，一方面模擬發言者的心態、想法、經驗與情緒，同時也發揮同理心，細細思考並推敲對方用字遣詞的方式、說話語調、聲音、抑揚頓挫、表情……等，更能對於談話的內容感同身受、加深對內容的了解，有助於和對方建立互信關係。

Level 3——全局聆聽（Global Listening）

達到「全局聆聽」境界的聆聽者，除了專注在發言者的談話內容、用語外，也會觀察對方的肢體動作、語調等非語言溝通傳達出的訊息，了解發言者的目的、想法、思維與感覺，也會善用直覺來感受環境裡的氛圍，比方說：發言者是公開不避諱，還是保守或小聲地談論避免旁人聽到，或是談話過程中身體經常背對著某些人、拉開與某些人的距離，這些都是相當細緻的訊息傳遞。

根據我的經驗，一位不擅於傾聽的 PO，溝通能力自然跟著打折，也會在人際溝通時產生負面效應，讓專案走向失敗的陷阱。畢竟在溝通的過程中，對方有沒有用心傾聽、是否真的將自己的想法放在心上，相信每個人都能清楚感受到。PO 若能學會主動聆聽，在與團隊、利害關係人溝通的過程中，更能促進人與人之間的了解與互信，建立起真誠緊密的人際關係，正因了解分享資訊的真意，有助於共同找出雙贏的解決方案，讓合作更加無往不利！

衝突也有分好壞？學會衝突管理提升團隊成熟度

團隊是由「人」所組成，建立關係都要花這麼多功夫細心培養，在合作過程中出現意見分歧等衝突等自然更無法避免，但實際上，衝突不見得全是壞事，而是有好壞之分，良性的衝突可以確保最佳的解決方案在實際被採用前，再次經過測試、討論與驗證，或是取得多數成員的認同。

坦白說，調解團隊間的衝突確實是件吃力不討好的差事，也凸顯「衝突管理」（Conflict Management）是每位 PO 都必須學會的工具與技能，只要經過練習就能學會如何分辨衝突是正面還是負面，進而引導團隊成員正向且有建設性的處理衝突，轉化為團隊成長的動力！

PO 在面對團隊成員衝突時先別急著介入，我們應該先聽聽雙方的抱怨，運用同理心分別站在雙方的角度看待衝突，儘可能客觀地判斷事情的嚴重程度，再決定是要「什麼都不做」或「分析後回應」，如有必要介入，再進一步思考要採取哪種方式或工具介入。最重要的是，千萬別讓團隊成員逃避問題，否則恐讓團隊之間埋下心結與決裂隱憂。

主動地什麼都不做（Actively Do Nothing）

多數的敏捷團隊都有能力自己解決衝突，並非事事都要他人介入。因此，身為一位成熟的 PO 應該先靜觀其變，這並不是迴避衝突，而是觀察團隊成員如何面對衝突，自行探索平衡點與解決的方式，最終衝突若是可以自行解決，團隊成員就能藉由解決衝突的過程，學習到更多未來能夠使用的經驗。

不過，要是團隊成員明顯無法自行解決衝突，或是這項衝突已經對團隊的關係造成嚴重的負面影響，這時 PO 就必須採取更為主動、積極的行動來解決問題，也就是「分析後回應」。

分析後回應（Analyze and Respond）

儘管 PO 決定要介入衝突，也絕對不是直接跳進暴風圈、介入調停，首先我們應該先觀察目前所處的衝突層次，依據的 Lyssa Adkins（2010）的經驗，團隊衝突分層，按照嚴重性可分為 5 個等級，各自有不同的衝突模式與解決方法。

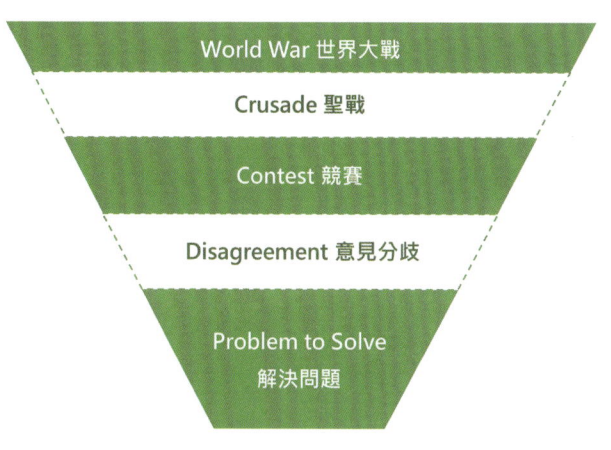

圖 8-5-6：衝突 5 層次

圖片參考來源：Lyssa Adkins，2010

第一層衝突是「解決問題」（Problem to solve），團隊成員可能只是因意見分歧導致衝突，這時候大多還是友善性的建議，而且對事不對人，大多數都能由成員自行解決，PO 或 SM 也可以營造出協同合作的討論環境，並由團隊成員共同討論出最大公約數的共識，以此獲得所有成員的支持。

若是衝突持續升溫，團隊成員開始出現自我防衛性的語言，或是替自己的說法找藉口，衝突也將進入第二層次的「意見分歧」（Disagreement），這時 PO 或 SM 可以適度授權給第三方成員來協助解決問題，讓發生衝突的雙方都能信服或支持，慢慢找回團隊內部的穩定感。

不過，當發生衝突的雙方開始出現人身攻擊或是攻擊性的語言，就屬於第三層次的「競賽」（Contest）階段，這時 PO 或 SM 介入協調時，應著重於「緩和」和「妥協」的原則來溝通，力求讓團隊成員接納不同觀點，以維護團隊價值為最終目標，就算會影響既定工作也在所不惜。

萬一衝突情形持續高漲，甚至加入了意識形態、迫使團隊成員開始選邊站，雙方都不相信對方會做出改變，就代表衝突已經進入更為嚴峻的第四層「聖戰」（Crusade）階段，這時只好使用外交的手段來解決，可以由雙方陣營各自指派一位協調者來傳達訊息，溝通的重點也將聚焦在如何將衝突降低 1 到 2 個等級，避免惡化為第五階段的「世界大戰」（World war）。

當衝突演變至世界大戰的地步，代表雙方已經完全無法溝通和對話，只希望消滅對方，這也意味著雙方的衝突幾乎不可能解決，不如先將雙方隔離開來、冷靜冷靜，避免進一步互相傷害，並思考該怎麼做才能讓雙方都能夠忍受，PO 或 SM 也該設法將好戰分子從團隊中移除。

無論面對哪一種層次的衝突，PO 或 SM 別忘了重新檢驗所有可以回應的選項，才能找出更有建設性的應對方式，這一點對於團隊轉型成熟度有很大的幫助，也是建立成員互信的必經之路。經常性面對內部衝突，是高效能的團隊的工作日常，但唯有能夠自行解決、不需領導者介入的團隊，才能算得上是健康的高效能團隊！

Chapter 9
企業導入敏捷成功三部曲

先行者多半做的是開創新局、勇於創新之舉，需要承擔未知的變數與挑戰，在「無前例可循」的情況下披荊斬棘，憑藉的是熱情、信心、勇氣，以及勇於承擔、負責任的態度。台灣的敏捷先行者也是如此，致力於培養敏捷高階管理人才，推動企業導入敏捷，以便在快速變遷的 VUCA 時代改變工作方法，提高永續競爭力。

在本章中，將分享五家來自不同產業的企業成功導入敏捷的實際案例，包括：宏昇營造、宏華國際、輝瑞大藥廠、叡揚資訊及政府公部門。這些企業在導入 Scrum 的過程中，如何克服挑戰、實現快速應變並促進創新。透過這些成功的個案，我希望能夠啟發更多企業認識到敏捷轉型的價值，並且帶領他們走上這條能帶來深遠影響的道路。

如何將 Scrum 理論與實務操作結合，從而真正落地並改變企業運營？這是我在這些案例中深入探討的問題，也是每一位企業領袖在導入敏捷過程中必須面對的挑戰。我將帶領讀者一同探索，如何透過這三部曲的成功實踐，達到企業敏捷轉型的目標。

企業導入敏捷成功三部曲｜敏捷造夢計畫

🎯 台灣在敏捷的道路上前行，從高階人才培育起步！

敏捷先行者的使命

我的敏捷之路始於 2014 年，當時我依然是瀑布式管理的堅定支持者。然而，隨著對專案經理角色理解的深入，我逐漸意識到敏捷思維將成為未來的趨勢。於是，我開始接

觸 Scrum，並迅速獲得了 CSM（Certified Scrum Master）認證。隨後，我不斷精進，並於 2023 年 5 月成為台灣首位國際 Scrum 大使暨官方培訓師 CST（Certified Scrum Trainer），這不僅是我職業生涯的里程碑，也讓我深感責任重大。我的目標是透過培養更多敏捷人才，幫助台灣企業在快速變化的市場中勇於創新，擁抱敏捷。

台灣敏捷種子：從 CEO 培訓到擴展敏捷影響力

這些年，在專案和產品開發中，我發現台灣企業對 Scrum 的認識仍有限，許多企業誤以為 Scrum 僅適用於 IT 領域，或依賴傳統的瀑布式管理。這促使我更渴望將 Scrum 的應用範疇拓展到更多行業，而在實踐過程中，無論是公私營部門還是 IT 與非 IT 產業，Scrum 都能顯著提升企業效率和競爭力。

為突破這些局限，我設定了明確目標，期望在十年內幫助 100 家非 IT 企業成功導入敏捷，其中首要任務是培訓 200 位 CEO 成為 CSM，他們不僅是企業內部最具影響力的管理者，更將成為推動 Scrum 文化的核心力量。這些 CEO 回到公司後，帶領團隊以短週期增量方式達成目標，提升了企業對新趨勢的反應速度，也促進了團隊創新與協作能力。

同時，在 2023 至 2024 年間，我創辦了「全球十大頂尖敏捷 CEO 大獎」，並帶領 CEO 參與區域性敏捷聚會（RSG TAIPEI）。這些平台讓 CEO 們分享成功經驗，也為更多企業領袖樹立了榜樣，推動了敏捷在各行各業的普及和影響力，成為全台灣所有企業提升競爭力的核心方法。

圖 9-1-1：CEO 學習 CSM/CSPO 的十大益處

正確的 Scrum 文化，才能避免陷入 Scrum 危機

在台灣，許多企業因自學而錯誤運用 Scrum，導致績效不佳，員工與企業對此感到失望。例如，某知名台灣電信公司，一位高階主管參加 CSM 課程後發現，過去他們僅定期執行部分 Scrum 事件，如每日站立會議，且時間過長，其他核心會議如回顧與展示會議則未執行。這樣的做法讓團隊疲於應付，反而增加開發成本並浪費資源。

該主管開始改變，並將正確的 Scrum 知識分享給部門同仁，最終七位處長也報名參加 CSM 課程。這一轉變顯示高階主管在推動正確 Scrum 文化中的關鍵作用。企業若缺乏正確 Scrum 理念，容易陷入實施上的困境。因此，企業領導者參與正規培訓至關重要，只有掌握正確理念，才能成功推動轉型。

Scrum 切蛋糕：三個建議平衡理論與實務

事實上，企業在實踐 Scrum 時，由於思維差異，可能會面臨不少文化衝擊。此時可從小範圍開始，將大任務分解為小任務，如：採用「切蛋糕」方法，不僅能縮短專案週期，還能提高跨職能團隊的協作效率。過去，特斯拉就運用此方法，透過每兩週的即可更新自動駕駛功能以提升駕駛體驗及安全性，這比傳統公司需要半年以上才能達成的成果更高效。

此外，許多傳統功能式組織結構無法充分發揮團隊協作，容易導致「穀倉效應（The Silo Effect，部門間封閉缺乏協作）」。為解決這一問題，我建議企業將各部門的團隊合併為一支整合「跨職能小組」，這樣一來便得以同步訊息，有助於提升內部溝通與協作效率。

對於已跨出 Scrum 步伐的企業如何在理論與實務中取得平衡，則可參考以下建議：

- **企業 CEO/ 高階主管參與官方培訓**：透過 CSM 及 CSPO 認證課程，幫助 CEO 掌握正確觀念及實戰能力，並在回到公司後推動敏捷轉型。

- **挑選成功案例學習**：選定示範專案，組建跨職能團隊並獲得企業高層支持，透過實踐和展示讓員工看到高層的改變決心。

- **建立企業共同語言**：標準化成功案例，擴展至不同部門並培育更多具備敏捷認證資格的人才，並逐步導入考評制度和管理系統，以促進企業運作的有效性。

圖 9-1-2：企業成功導入及實踐 Scrum 三部曲

造局者：踏敏捷的浪，造敏捷的勢！

　　回顧台灣敏捷的發展，近幾年，敏捷已經從 80% 以上集中於 IT 產業，轉變為金融、醫療、貿易、製造、公部門等多元領域的成功應用。展望未來十年，我充滿信心。敏捷的浪潮已席捲全球，而我的目標是讓更多的 CEO 成為敏捷的推動者，讓正確的 Scrum 方法在台灣的各行各業生根發芽。只要我們保持信念，堅持不懈，敏捷將成為推動台灣企業永續發展的核心力量。

企業導入敏捷成功三部曲｜營造業

宏昇營造的轉型里程碑：在營建業打造 Scrum 文化的先行者

　　說起營造業的「南霸天」，宏昇營造肯定當之無愧！回顧過去 30 多年，宏昇營造在郭倍宏博士的領導下，秉持「專業團隊、立足台灣、放眼天下」的理念，承接國內外多項指標性建設工程、屢次榮獲國家建築金質獎，更自詡成為「全台最與眾不同的清流營造廠」。如今，他們不僅是國內最早導入敏捷開發的營造集團，也是台灣非 IT 產業導入 Scrum 的典型案例，寫下歷史性的扉頁。

這項創舉要從 2024 年 5 月說起，那時宏昇營造成軍即將屆滿 30 周年，在一次契機下，營運總監郭崇哲和副總李純櫻聊到，隨業務快速增長，公司員工數也從 20 年前的 80 人增至 2024 年的 800 人（推廣敏捷一年後已急速上升為 1000 人），跨部門和跨工地的專案需求日益增多，許多專案細節的變更無法在第一時間傳遞給施工部門，導致現場無法即時調整。

揪出組織痛點 CSM 成最佳觸媒

宏昇營造副總經理李純櫻過去曾參與 CEO CSM 官方認證課程，她深知敏捷能夠為組織注入活力與靈活度，更能因應快速變化的市場。我們一同討論後，決定替宏昇打造營建業專屬「CEO CSM 企業專班」，不僅將敏捷的概念和實踐引入公司的核心運作，更由來自不同部門的同仁提出了 10 個具挑戰性的問題，透過將實務運作的「痛點」帶入課程，期待讓前來受訓的員工能夠實際以敏捷方法解決具體問題。

表 9-2-1：常見的運營痛點，以軟體業及營建業為例

痛點分類	軟體科技業	營建業
進度延誤	開發過程中需求變更，導致產品上市時間推遲。	施工現場人員不足，導致工作進度緩慢。
成本超支	測試階段問題多，導致預算超支。	勞工短缺和原材料價格上漲，造成預算超支。
資源配置不當	依賴少數核心開發者，導致部分成員負擔過重。	材料管理混亂，導致工地無法按計畫進行。
客戶溝通問題	客戶需求未明確，產品功能與需求不符。	業主要求設計變更，需重新申請許可證，延誤工期。
缺乏安全管理	個資洩漏事故發生，影響客戶信任。	工地事故發生，造成工人受傷並延遲工期。
團隊溝通不良	開發團隊各做各的，缺乏整合及進度透明。	承包商與供應商未協商好交貨時間，延遲施工。

在這次企業專班中，宏昇營造派出大量高階主管參加 CSM 培訓，上至兩位董事長、總監、總經理、副總經理、協理、處長到所有最關鍵的專案經理，顯示其轉型決心和企圖心，主管們更透過集體智慧共同為痛點找出解決方案，他們不僅深刻體認到敏捷帶來的實質價值，更在課程互動中強化了跨部門的合作與創新能力。課程結束後，這樣的做法也能運用在日常工作場域，成為真正對組織具有實質價值與貢獻的專案，甚至有機會成為學習的標竿。

圖 9-2-1：企業成功導入 Scrum 的關鍵就在於高階主管的支持
（宏昇營造營管部副總經理李純櫻（圖左）與營運總監郭崇哲（圖右）一同參與課程，感受 Scrum 為組織及部門帶來的益處。）

同時，這次課程也讓公司高層看到組織、團隊的潛能，正如郭崇哲總監所說：「這次發現許多年資超過 20 年同仁的不同面貌，令人驚喜萬分，每個人都創意十足，展現非凡的爆發力，這應該就是敏捷專案的獨特魅力所在。」此次培訓中，宏昇營造團隊成功取得 62 張 CSM 證照，成為全國擁有最多敏捷證照及最多高階主管持有敏捷證照的公司。

思維應變到組織深化　小規模試行立大功

然而，敏捷的推動並非一朝一夕就能完成，尤其是在相對傳統的建築產業裡，各部門早已習慣瀑布式專案管理方法，如何在導入敏捷框架的同時，克服許多文化差異與流程調整，成了最大難題。為了降低員工的抗拒，宏昇內部選擇從小範圍且靈活的專案開始，讓團隊在每次迭代中看到具體成果，一點一滴讓團隊漸漸理解並接受敏捷方法，逐步適應 Scrum 框架。

舉例來說，過去設計部門在專案變更後，無法及時通知施工部門，造成現場無法即時調整，影響專案進度，於是宏昇試著引入每日站立會議（Daily Stand-up Meeting），讓各部門員工分享最新的設計更新與施工進展，如此一來，不僅顯著減少延誤，專案進度也逐步回到預期水準，待辦清單、逐步交付、持續改進、友善回饋等敏捷方式的落實，都對專案效率和品質的提升起了莫大作用。

歷經數個月的實踐與試行，郭崇哲總監驚訝地發現，團隊無論在專案管理還是內部協作上都發生了深刻的變化，其中最為重要的是：「Scrum 的成功不僅僅是關注流程本身，而是透過建立信任和賦能的團隊文化，讓每一位員工都能夠發揮所長，共同達成目標。」此外，敏捷的核心價值觀——透明檢視和持續改進，也幫助團隊迅速適應變化，在彼此進度透明下，能夠快速反應問題、得到回饋並且不斷優化，這不僅提升了專案的效率，也促使團隊保有持續進步的動力。

在我多年擔任企業講師的過程中，有幸見證宏昇營造如何利用敏捷方法成功實現組織與專案管理的雙重轉型，並在台灣營建業中創造了無可比擬的成就。

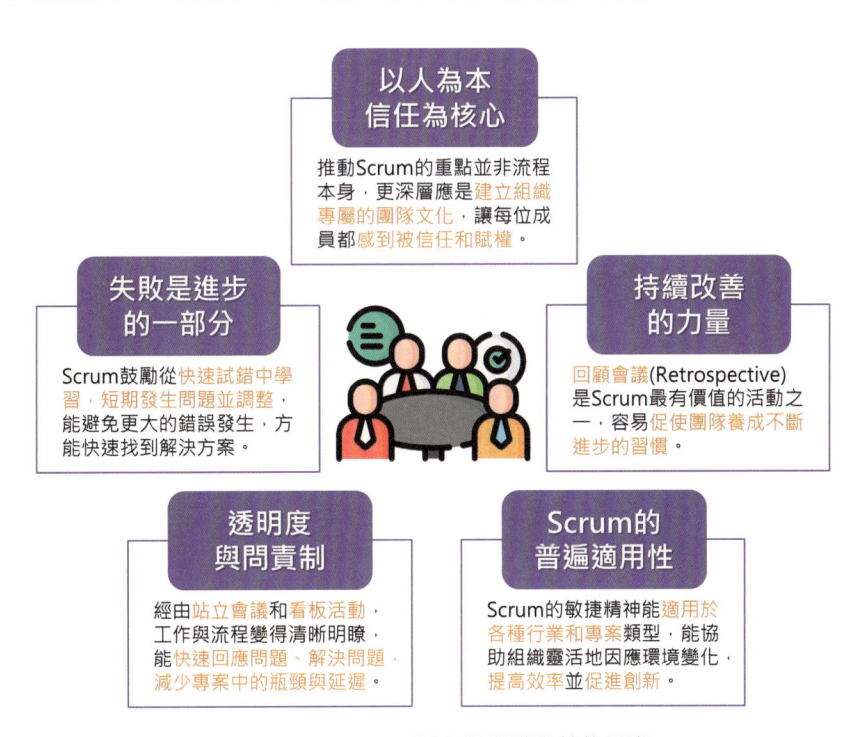

以人為本 信任為核心
推動Scrum的重點並非流程本身，更深層應是建立組織專屬的團隊文化，讓每位成員都感到被信任和賦權。

失敗是進步的一部分
Scrum鼓勵從快速試錯中學習，短期發生問題並調整，能避免更大的錯誤發生，方能快速找到解決方案。

持續改善的力量
回顧會議(Retrospective)是Scrum最有價值的活動之一，容易促使團隊養成不斷進步的習慣。

透明度與問責制
經由站立會議和看板活動，工作與流程變得清晰明瞭，能快速回應問題、解決問題，減少專案中的瓶頸與延遲。

Scrum的普遍適用性
Scrum的敏捷精神能適用於各種行業和專案類型，能協助組織靈活地因應環境變化，提高效率並促進創新。

圖 9-2-2：Scrum 對企業組織變革的影響

敏捷加值 台灣營建業的領跑者

這場敏捷轉型不僅讓宏昇營造在專案管理上取得突破，也讓公司在業界樹立了標竿，並為未來的發展奠定了堅實的基礎。郭崇哲總監強調，敏捷方法不僅應用於專案管理，更融入到整個企業文化中，這讓公司變得更加靈活、高效，也因此榮獲 2024 全球頂尖敏捷

CEO 大獎，成功將敏捷管理的精髓應用於專案中，展現出企業在創新與轉型上的卓越成果。如今，宏昇營造已經成為台灣營建業的領頭羊，並將敏捷的成功模式推廣至更多的行業和領域。

企業導入敏捷成功三部曲｜電信通訊業

宏華國際的轉型關鍵時刻：大型組織走出舒適圈，促敏捷落地

在我推動敏捷轉型的歷程中，與大型企業合作總是帶來不小挑戰，而宏華國際的案例，無疑是令我印象深刻的一段經驗。

這家中華電信旗下的關係企業，在台灣電信通訊服務領域已打下深厚的根基，服務範圍遍及全台 430 多家門市據點，同時涵蓋客服與查修體系，撐起了中華電信與終端消費者間的第一線互動，而擁有 6,300 名員工的宏華國際，是名副其實的大型電信通訊服務機構。

大型企業身子骨硬梆梆　擁抱敏捷迎向靈活挑戰

有一次在與宏華國際張義豐董事長與專案經理雜誌專訪的過程中，他語氣沉穩卻不掩迫切地說，隨著組織規模越來越大，各部門在工作性質、場域和管理制度上的差異，使內部運作面臨不小挑戰。他這番話點出關鍵大型組織常見的痛點——部門之間因層級複雜、訊息傳達不一致，導致許多決策與執行的落差愈來愈大，這成了宏華在快速發展下最棘手的問題之一。

宏華內部主要分為三大體系，包括負責展示與銷售的通路「門市」、負責客戶服務體驗的「客服中心」以及負責技術支援與現場施工的「網路事業」，不僅各體系間工作型態差異極大，運作場域也截然不同，隨著業務擴展到網路、行動網路及 AI 加值服務，後勤面對前線回傳的各種突發狀況與變更，往往無法即時調整、或快速回應或前線同仁不知如何反饋建議或反映其所面臨之困難。

張董事長很清楚，全球企業面對轉型求生存的同時，傳統的決策和運作流程已不足以支撐日趨多變的服務模式，他坦言，需要更快、更彈性的運作方式。正是這句話，為我們開啟了敏捷轉型的合作契機。

1. 靈活應對市場變化
敏捷幫助企業快速調整策略，應對市場動態。

2. 提升跨部門協作
促進資訊流通與部門間的有效合作，加速決策。

3. 縮短產品開發週期
透過短期迭代快速推出可交付產品並收集回饋。

4. 提升員工滿意度
讓員工參與決策，提升責任感與創造力。

5. 改善風險管理
小步快跑，及時發現問題並減少風險。

6. 更強的客戶導向
快速響應市場需求，提供符合客戶期望的產品。

7. 加速創新與改進
每次迭代中推動創新，持續學習與改進。

圖 9-3-1：常見大型企業轉變為敏捷組織的理由

從方法到思維的轉變　替敏捷轉型打地基

張董事長展現出難能可貴的行動力與開放心態，令人由衷敬佩。在了解敏捷的概念後，他隨即提議為宏華高階主管規劃一套專屬的敏捷轉型課程。我則是依照宏華的實際需求，以 Scrum 框架為主軸，量身打造 CSM 課程，希望從觀念、方法到實務，逐步帶動組織文化的轉變。

參與課程的高階主管遍及多個部門與單位，包括董事長、總經理以及行政、網路、客服、通路事業等組織部門副總經理，同時也涵蓋法務、人資、資訊、會計、網路行銷單位的處長、經理與協理，凸顯宏華在轉型這件事上的高度共識與決心。2 天的密集課程中，張義豐與高階主管們深入學習 Scrum 框架的基本理論、角色職責和實際應用，並透過一次次迭代和使用者回饋，快速滿足外部客戶及內部服務多變的需求。張義豐意識到，導入敏捷不僅是方法的改變，更是思維的轉變。

在張董事長的經營理念中，相當重視「小碎步快速前進法」的價值觀，與敏捷的迭代理念不謀而合。他認為：「面對新科技的變化，『唯快不破』是重中之重」，而 Scrum 則為團隊提供了明確的框架，幫助團隊在日常運營中擁有共同的語言和目標，有利團隊成員討

論專案時更能快速聚焦,迅速推動可交付產品的標準或改善內部作業流程,使其能夠快速將成品交付給客戶,搶占市場先機,同時讓公司之營運效率更高、經營效益更大。

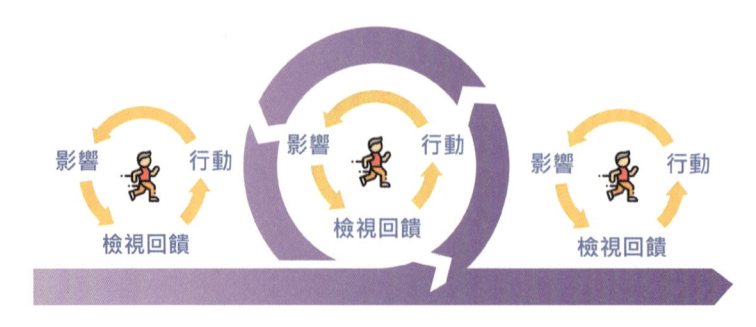

圖 9-3-2：小步快速前進法與敏捷迭代概念

從實驗走向藍圖 團隊自然擁抱敏捷力

課程結束後,宏華一口氣有 28 位高階主管順利取得 CSM 證照,這對一間非 IT 領域的公司來說,確實是難得的成就。但對我來說,更驚喜的是他們立刻啟動了後續的實踐計畫,自 2024 年底起,宏華各部門自願組成試行團隊,正式導入 Scrum,開始從小規模實驗累積經驗,再逐步擴展。

他們在每一次的回顧中,重新建立了跨部門的溝通機制,也逐漸打開了彼此的信任與理解。這就是我心中「敏捷落地」的真正樣貌,不是喊喊口號,而是從每個人的行動中真正開始改變,從而更自然地接受並推動敏捷文化的深化。

圖 9-3-3：我前往宏華授課畫面,課程中也深刻感受參訓高階主管的企圖心!

勇於跨出舒適圈 敏捷馬拉松激發無限可能

敏捷轉型不是一場短跑，而是一場文化馬拉松。宏華正是以這種穩紮穩打、由內而外的推動方式，他們沒有急著全面導入，而是先用成功案例建立內部信心，並逐步展開敏捷在不同部門推動實踐。到了 2025 年，宏華也將進一步盤點各單位的痛點與需求，透過 Scrum 框架逐步優化日常營運流程，進一步強化整體反應速度與組織彈性。

這些轉變，不只是流程或制度的優化，更是整間公司在治理能力、文化成熟度上的躍升。我相信這樣的基礎，才是真正讓一間大型企業保有競爭力的關鍵。而宏華的轉型經驗，也讓我再次深刻體認到，只要組織願意踏出舒適圈，就有可能在文化與思維上看見新的可能。

未來，我深信宏華將持續以 Scrum 為骨幹，深化敏捷文化，從電信通訊服務的領域開始，逐步拓展到更多服務型產業，為台灣企業界示範一條大型企業也能成功實踐敏捷轉型的典範之路。

企業導入敏捷成功三部曲｜製藥業

從種子到光速計畫：輝瑞用敏捷開出醫療創新的花朵

說起在疫情後仍能穩健領先、靈活轉型的跨國企業，輝瑞大藥廠的表現令人刮目相看。這家擁有 175 年歷史的國際藥廠，在台灣深耕超過一甲子，不僅穩坐產業龍頭，面對變局的反應力與行動力，也遠超我的預期。

老實說，最初聽到輝瑞要導入敏捷時，我心裡也曾想過，傳統製藥業這麼講究制度與流程，真的能落實這套講求快速回應、靈活調整的管理方式嗎？結果，台灣輝瑞的總裁葉素秋用她的行動與信念，給出最有說服力的答案。她不僅是敏捷精神的實踐者，更成為那顆在輝瑞文化土壤中，悄悄發芽、茁壯、最終開出成果的敏捷種子。

IT 思維落地醫療產業　敏捷如何改寫團隊節奏？

人稱「娜姐」的葉素秋，是我見過最有行動力及遠見的企業領導人之一。她在 COVID-19 爆發那年接任輝瑞大藥廠台灣區總裁，並在同年首次接觸敏捷，2022 年參加長宏舉辦的 CEO CSM 培訓，成為 Scrum Master 大家族的一員。

作為一位曾在國際 IT 龍頭擔任財務長的總裁，她很清楚敏捷在科技業的「速配」程度，但她更清楚的是，傳統製藥與 IT 產業有著截然不同的組織文化與工作節奏。如何把敏捷精神融入輝瑞既有的企業文化，成為企業、團隊、客戶及所有利害關係人認同的「共好」價值，正是她身為 CEO 所必須審慎面對與克服的挑戰。

在多次使用及驗證下，娜姐對於敏捷手法抱持高度信任，不僅將敏捷帶入組織與團隊，也引領管理階層同仁完成各種組織任務。其中，葉素秋總裁帶領公司團隊歷經 37 天拼搏，動員 11 個部門、7 個組織層級完成的「光速計畫」，就是最具代表性的案例，堪稱世界級的醫療奇蹟。

37 天完成不可能的任務　敏捷打通生死關卡

那時正值新冠疫情高峰，每天死亡人數可能多達 400-500 人。就在此時，輝瑞總部成功研發出口服抗病毒藥物，各國政府爭相搶藥，而葉素秋總裁的任務就是在 15 天內，與全世界同步搶原物料、搶工廠，將藥品引進台灣。她告訴我，那段時間自己簡直像《穿著 Prada 的惡魔》裡的主管，不僅日夜緊盯進度，也透過 Scrum 的節奏讓團隊快速調整，建立出穩定的節奏感與互信，僅用了 37 天便成功將藥物引進台灣。

我聽她分享這段經歷時，其實內心非常感動。她說，那場專案最後驗收時，全體團隊幾乎全員感動落淚。不只是因為交出了漂亮的成績單，更是因為團隊看見自己的潛能，從過去只是扮演小螺絲釘的角色，變成推動任務成功的核心力量。

在制度文化中翻鬆土壤　讓敏捷自然「生長」

輝瑞的例子讓我確信，推動敏捷的成功關鍵不在產業，而是人與文化。國際藥廠大多採用瀑布式專案管理，而輝瑞當初導入敏捷時，也不是一帆風順，葉素秋總裁選擇從自己做

起，不硬推、不施壓，而是用示範、陪伴與調整的方式，讓敏捷像一種新的習慣，慢慢在團隊裡發酵。像是每日站立會議，她並不堅持天天開，而是視情況靈活調整，有時一天數次，也有時幾天才開一次，反而讓團隊更願意參與。她曾以橄欖球來比喻敏捷：「要能推進得快，靠的不是指令，而是默契與共同目標。」

這樣的思維，也感染了更多同仁。在她的號召下，越來越多「想讓自己和團隊變得更好」的夥伴主動加入敏捷學習。截至目前，台灣輝瑞雖然員工數僅 300 人，卻已經有 58 位同仁取得 CSM 認證，其中包含 92% 的高階主管，不僅達成擴大敏捷影響力，更是全台藥廠最高的紀錄。

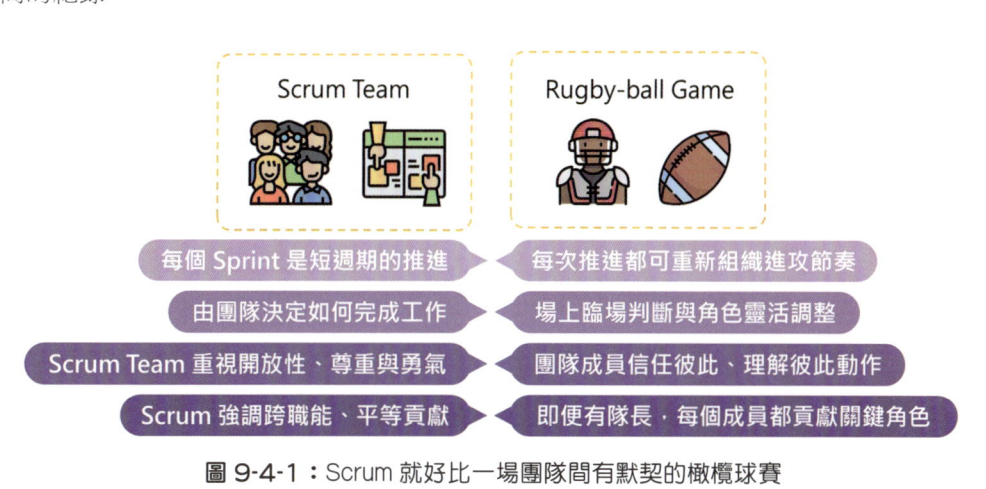

Scrum Team	Rugby-ball Game
每個 Sprint 是短週期的推進	每次推進都可重新組織進攻節奏
由團隊決定如何完成工作	場上臨場判斷與角色靈活調整
Scrum Team 重視開放性、尊重與勇氣	團隊成員信任彼此、理解彼此動作
Scrum 強調跨職能、平等貢獻	即便有隊長，每個成員都貢獻關鍵角色

圖 9-4-1：Scrum 就好比一場團隊間有默契的橄欖球賽

在導入的方式上，輝瑞採取的是非常聰明的「雙軌」模式，一方面保留傳統金字塔型組織架構，一方面在外圍建立敏捷專案團隊，讓兩者並行、互動、彼此觀察。起初，傳統團隊也有擔心與質疑，但隨著一個個成功案例浮現，那些原本抗拒的人，開始理解敏捷背後的邏輯，甚至願意學習敏捷新做法。葉素秋總裁深知，不能強行將傳統專案執行者推向敏捷的道路，而是應該讓他們慢慢懂得欣賞並了解敏捷，之後願意「主動」加入。

引領藥界敏捷風潮！台灣輝瑞成全球典範

2024 年，葉素秋榮獲「全球頂尖敏捷 CEO 大獎」第一名，當我向她道賀時，她說這項獎項的真正意義，不在於得獎本身，而是記錄了一段「從 0 到 1」的敏捷歷程。她常笑稱自己是「敏捷園丁」，從拿到 CSM 證照的那一刻開始，便持續在內部灑種、施肥、澆水，

對外也積極分享經驗，希望播下更多「敏捷種子」，讓美好的果實滿園盛開，共創最大價值。

她也常提醒團隊：「醫療產業正站在一個轉捩點上，AI 的出現讓醫療產業出現更多新的可能性。」在未來情境中，敏捷不再只是方法，而是企業持續進化的生存之道；而她帶領的團隊，也不只是藥廠的一線員工，更是未來醫療體系中推動創新、善用敏捷、持續進化的實踐者，這不僅是台灣的驕傲，更為全球醫療產業樹立典範。

圖 9-4-2：輝瑞台灣區總裁 葉素秋為 2024 年全球頂尖敏捷 CEO 大獎的第一名得獎影片
（其投獎作品充份呈現公司文化與融入敏捷精神，充分發揮「敏捷園丁」的角色，為自己與企業帶來最大價值！）

企業導入敏捷成功三部曲｜公家機關

從白紙到高塔：敏捷在公部門的深度試煉

長期以來，敏捷一直被視為民間企業的專利，特別是在新創與科技產業中發展迅速，卻少有人認為它能在公部門發揮作用。2024 年，我收到來自行政院人事處人力發展學院的邀請函，希望為薦任與簡任官階主管開設一門敏捷課程。來自政府體系的主動邀約，顯示出他們開始意識到，敏捷不只是提升企業效率的方法，也可能適用於公部門。對我而言，這不僅是一份肯定，更是一場極具挑戰性的實驗。

這次的合作契機，源自一位曾參與 CEO CSM 課程的學員，她原是在成功大學任職的陳孟莉組長，後來因她對敏捷理念產生高度認同，在前往公務人力發展學院授課時，大力推薦主辦單位推動這類課程，她認為若政府能與民間在管理思維上保持同步，將更能有效回應民眾需求。

面對「關鍵少數」，量身打造敏捷體驗

　　這次專班共有 46 位參與者，其中包括 8 位簡任官，其餘則為薦任官級的科長等主管，幾乎都是真正能夠影響政策、調整制度的「關鍵少數」，多數人在體制內帶領著上百人團隊，決策影響力不容小覷。他們長期負責協調政策落地與回應民意，尤其在如今公共服務期待日益提高的情況下，這群學員所承擔的壓力與挑戰，絕對不亞於任何企業高階主管。

　　因此，我決定將這場一天的課程設計為一場高度濃縮的「敏捷試煉場」。儘管過去已設計過無數場敏捷專班，但要在短短一天內，讓來自不同單位、背景各異的官員們理解 Scrum 的精神並有所體會，絕非易事。為了讓這些官員看見敏捷真能落實於公務機關，我想起一位 10 年前的學生李友平，現在他已是水利署第四河川分署長。

　　多年前，他在上完 PMP 及 CSPO 課程後，著手將敏捷導入自己的單位，不但運作順利，還榮獲「最佳公務人員獎」。我隨即聯繫他進行專訪，並將訪談片段製作成教學影片，展示如何將科層式組織轉變為融合 Scrum 機制的科層式組織，讓學員們有機會親眼見證敏捷在政府單位落地的真實樣貌。不僅提升了效率，也讓團隊更貼近民意。

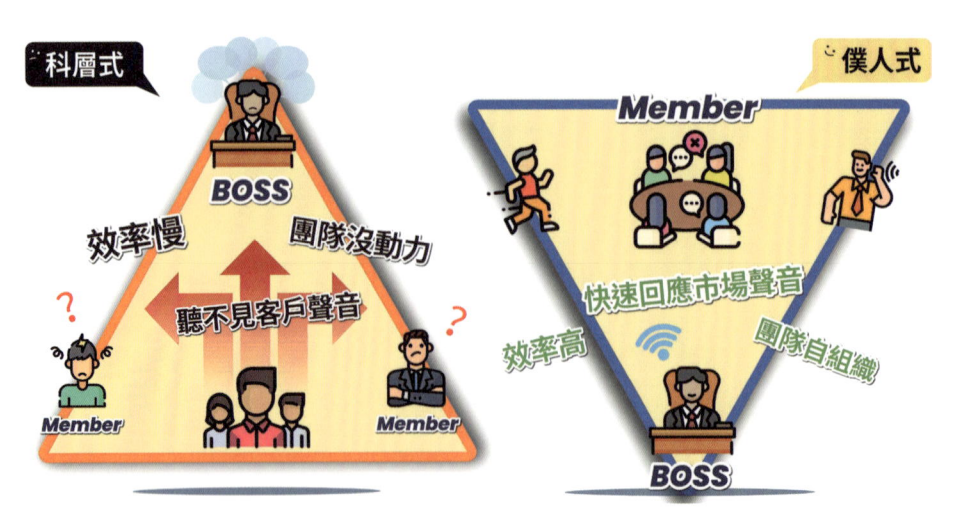

圖 9-5-1：傳統科層式組織三大問題用 Scrum 僕人式領導來破解

（李友平以「三角形」形容傳統企業的管理方法，老闆在最上面，員工在最底下，而僕人式領導則是顛倒過來，老闆在最下面，員工在最上面，變成一個倒三角形。這種結構讓領導者服務於基層員工，提升了整體的反應速度和問題解決能力。不僅提高了專案的成功率，還大幅提升了員工的滿意度和工作效率。）

從懷疑到認同 蓋高塔遊戲翻轉思維

課程一開始，學員們對敏捷這個概念既陌生又抱持懷疑，部分人甚至懷疑：「這種源自西方企業的管理方法，真的能在我國行政體系中落地實行嗎？」為了拉近觀念上的落差，我請他們於課前閱讀 Scrum Guide，課堂上則帶領他們參與一場簡單卻極具啟發性的「蓋高塔」遊戲。

每個小組在「實驗—失敗—調整—再試」的迭代過程中，感受到敏捷的靈活性，可以快速調整計畫，並且逐漸建立起協作默契，讓整體氛圍出現了微妙變化。他們漸漸發現，這種方法不只邏輯合理，還具高度彈性與實用性，是有效提升民意的利器。

課堂中，各組列出自己在實務上最常遇到的挑戰，結果出現 3 個高度重疊的痛點，分別是計畫趕不上民意變化、計畫趕不上政策、政策需仰賴跨部門協作才能落實。看到這些問題時，我才驚覺原來公部門比任何企業更需要敏捷。這些主管們每天要在政治決策、市民需求、行政制度之間來回穿梭，卻少有方法能有效應對這樣的動態環境。

當火車頭會轉彎　政府才有機會真正轉型為靈活運作的組織

到了課程最後，學員們紛紛留下簡短心得。有人提到，他們在高塔遊戲中深刻體會到，計畫再周延，也不如保有調整與彈性的空間來得實用；也有學員反思，過往在政策規劃中，缺乏從民眾角度重新觀察問題的習慣，敏捷反而提醒他們，換位思考往往能找出更貼近民意的解方。我原以為敏捷不適用於公務體系，但經過這次的課程，也讓各界看到敏捷確實能大幅降低政府負擔，快速滿足民意，並且在失敗中快速找到成功的方法！

這場培訓不僅翻轉了思維，也開啟了行動的序章。2025 年 2 月，第一梯公務人員薦任科長 CSM 專班正式誕生，標誌著政府組織勇敢邁向敏捷轉型的新時代。真正的變革，從一群願意改變的人開始；當公部門領頭者學會擁抱變化、善用失敗，政府也將不再只是穩健緩行的列車，而是能靈活轉向、加速前進的未來引擎。

企業導入敏捷成功三部曲｜資訊軟體業

🎯 15 年老手再出發：叡揚資訊讓敏捷從工具走向文化

叡揚資訊是我接觸到的企業中，最早實踐敏捷方法的先行者之一。從他們啟動敏捷轉型至今，已經走過超過 15 個年頭。即便如此，他們仍保有一種令人敬佩的謙遜與務實精神，不斷追求進步、反思過往，高度體現了敏捷的核心價值。

叡揚起初是從引進國外資訊管理工具起家，後來逐步發展出公文系統、人資管理、智能客服與線上審查等解決方案，並從 2011 年開始積極投入雲端、AI 與大數據醫療領域，在資安與智慧維運服務領域累積超過 30 年經驗。

因應不同專案型態　叡揚打造自己的敏捷模式

回顧叡揚最初接觸 Scrum 的起點，要追溯到 15 年前，時任資訊學院的院長楊東城為尋找一種更輕量、高效的開發方式時，發現 Scrum 不只是能提升交付能力的工具，更適合叡揚當時的開發節奏與組織需求，於是決定完整導入 Scrum，並且從開發團隊開始，由下而上實踐敏捷，透過短時間的迭代持續交付高價值功能，甚至讓外部合作夥伴驚訝於這樣的小團隊，竟能產出如此穩定又高品質的成果。

不過，我的好友，叡揚雲端與巨資事業群總經理胡瑞柔（Flora）2 年前參加 CEO CSM 第三梯課程後，驚訝地發現公司雖已實踐 Scrum 十多年，但仍與理論間存在明顯落差。原來，叡揚就如同許多轉型中的企業，早已發展出一套屬於自己的「混合式管理模式」，其內部產品開發多採 Scrum 流程，而專案管理則多數維持瀑布式管理。Scrum 的導入深度與方式也因部門主管的理解而異，使得 Scrum 實踐仍偏向工具與流程應用，尚未建立以敏捷價值為核心的文化。

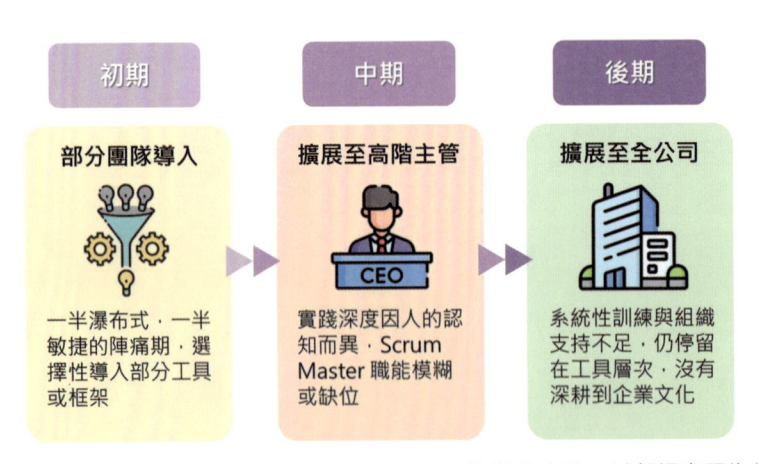

圖 9-6-1：從工具到文化──企業導入 Scrum 的常見痛點：以叡揚資訊為例

從實踐者到反思者　她看見敏捷的落差與契機

那一次的 CSM 課程讓胡瑞柔開始反思該如何推動敏捷真正落地，並在課後主動找我談及此事，這段對話也促成了叡揚企業專班的誕生。這場專班是我教學以來準備時間最長的

一次，為了貼近叡揚的實際情況，我特地訪談多位關鍵主管，前後花了 10 天以上的時間理解他們的實際困境與期望。

與胡瑞柔及人資長黃真玲的深談中，我漸漸理解到，叡揚的敏捷文化呈現出「M 型分布」，一端是極具自我驅動的團隊，操作方式近似 Spotify 的高度成熟模式；另一端則仍停留在對敏捷不熟悉、甚至略帶疑慮的階段。理解這樣的差異後，我也調整了自己的教學策略，不再只是傳授 Scrum 框架本身，而是從「如何讓文化落地」的角度，陪伴他們重新走過一次敏捷的核心旅程。

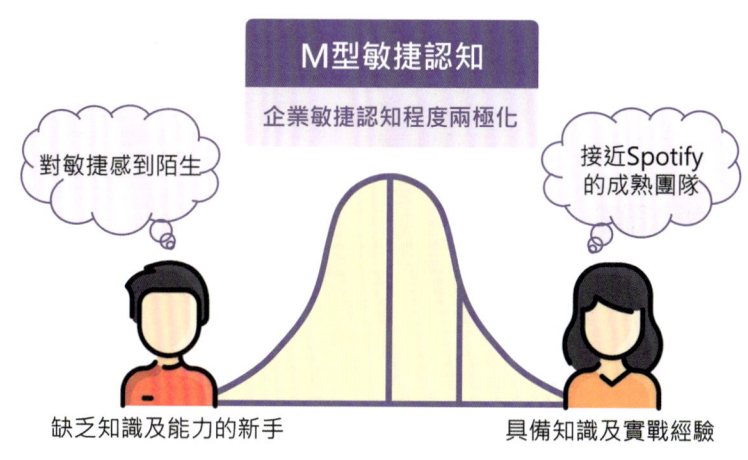

圖 9-6-2：叡揚資訊成員對敏捷的理解程度

最具挑戰的企業專班 帶來最深的感動

課程開始前，我曾問胡瑞柔：「你們對使用者故事的掌握度如何？」她笑說：「大概都接近滿分吧！」這樣的回答既是肯定，也是一種挑戰，連這麼進階的敏捷工具都如此熟練，要怎麼教呢？於是我從實務痛點、實作解決痛點與管理階共同語言切入，學員們透過實作驚訝地發現，原來熟悉的敏捷實務背後，還有如此多細節及邏輯值得深究。

圖 9-6-3：針對叡揚的實際需要調整課程著重心
（課程改從產品願景到關係人分析到產品路線圖切入，並讓學員實作，結果讓同仁感到意外，原來大家很熟悉的敏捷，還有很多細節可以學習！）

在第一梯高階主管 CSM 專班，有超過 25 位副處長、處長與總經理參加，他們不斷拋出問題、討論相當激烈。很多人提問關於 Scrum 理論與日常工作的矛盾與落差，我們一題題拆解，幫他們找到真正適合叡揚文化的實作方式。課後，我收到不少學員回饋，有人已經在團隊內嘗試新作法，這些轉變正是敏捷文化扎根的起點。

叡揚的敏捷之路 正要走上巔峰！

對我來說，叡揚最讓人感動的是，儘管已推動敏捷多年，高階主管仍願意親自學習 CSM，以開放心態回頭檢視與進修。從企業文化來看，他們展現出極高的學習精神與敏捷轉型的決心，這也正是持續改進（Continuous Improvement）的最佳體現。他們不把敏捷當成流程管理工具，而是視為組織文化養成的契機。

更令人期待的是，他們規劃於 2025 年 6 月開設下一場針對技術主管的 CSM 課程，這批學員將是最貼近戰場的實作者，也是推動敏捷走向組織深處的關鍵。我相信叡揚的敏捷之路將走上巔峰！

補充章節 ▶

策略管理如何與 OKR 及敏捷結合

🎯 專注即是力量 解析《部落衝突》的成功心法

科技飛速進步加上全球化發展，不少跨世代的新技術在一夕之間橫空出世，短短幾年就可能取代既有產品，市場霸主隨時都有可能換人坐，這正是「VUCA 年代」到來的警訊，意味著市場改變速度更快、不確定性更多、複雜性更高、因果關係也更加難以斷定，這也反映企業越來越難以預測市場需求，必須擁有更迅速且靈活的應變能力，力求團隊不斷進步，才能適應這變幻莫測的大環境，而 VUCA 趨勢恰巧與敏捷概念不謀而合。

唐太宗曾言：「以史為鏡，可以知興替。」看著一代產業巨擘的 Nokia 錯過轉型智慧型手機的時機、柯達底片拒絕擁抱數位化，紛紛走向衰敗命運。相較之下，臉書則更樂於擁抱變更，2012 年花 10 億美元高調買下剛剛創立僅 2 年的社群媒體 Instagram，2014 年更以 190 億美元收購 Whatsapp，讓臉書在社群及通訊媒體龍頭地位更加堅不可摧，不僅消滅潛在競爭者，也搶先一步吃下獵物，避免對手藉此成長茁壯。

亂槍打鳥還是集中火力？靠敏捷攀上產業龍頭

如何幫企業在 VUCA 洪流中尋找正確方向，考驗 PO 的技術與眼光。PO 就如同企業的觸角，時時刻刻都得評估新技術可能帶來的威脅。假設我是黑莓機公司的 PO，勢必要在智慧型手機問世時立刻通報，告知這項新技術可能帶來的威脅，促進老闆做出轉型或因應

的決策，倘若老闆根本不把警訊當一回事，也沒有心思投資新技術，那麼這位 PO 最好儘快另尋出路。

在很多台灣老闆的思維裡，既然要適應多變的市場需求，那就盡可能推出越多產品、囊括越多功能，亂槍打鳥總會中個幾發吧？這種經營策略之下，確實可以擴增產品種類與屬性，但什麼都想要的後果就是什麼都不專精，一位老闆朋友曾和我分享，他的公司裡有大約 100 種產品，但實際賺錢的只有 2、3 種，如此一來，其餘 90 多種產品的研發、人力成本不但白白浪費，每位 PO 也必須兼顧數十種產品，根本無法專注思考產品策略。

換個角度想，如果能將這 90 幾種產品所耗費的成本，全部投入在最賺錢的那 2 到 3 種產品身上，豈不是更有機會成為該產業的龍頭？這就是敏捷理念所強調「專注的力量」，也正是 PO 存在的價值，透過「產品待辦清單（Product Backlog, PB）」，將不需要的工作項目數量最大化，確保團隊全心全意投入在最重要的工作上。

野豬騎士魅力難擋　騰訊斥資 86 億美元也要買

「野豬騎士來囉！」相信多數人對於這句廣告詞都不陌生，這是幾年前在捷運站、公車上、電視廣告中都能聽到的手機遊戲《部落衝突》（Clash of Clans）的廣告詞，這款遊戲是由芬蘭一家 2010 年才成立的新創公司 Supercell 所研發，中國網路龍頭「騰訊」2016 年 6 月宣布以 86 億美元的天價收購 Supercell 的 84.3% 股份，幾乎可買下 5 家宏達電。收購消息一出，也令各界更加好奇這家當時僅 4 款遊戲、員工只有 200 人的小公司，如何在短短 6 年一躍成為全球手遊霸主。

Supercell 的創業歷程並非一帆風順，白手起家的創辦人 Ilkka Paananen 靠著自己的存款以及芬蘭政府的創業貸款作為創業資金，辦公室裡僅有的 6 張桌子還是從回收場搬來的，公司的願景就是開發出讓玩家想要一直玩下去的「長青型遊戲」，2011 年他們推出第一款桌機版多人線上對戰遊戲《Gunshine》，主打跨平台策略，半年後這款遊戲累計將近 100 萬名活躍玩家，正當一切看似順利，開發團隊卻在移植到行動裝置的過程中遭遇瓶頸，而且許多玩家普遍在 1 到 2 個月後玩膩，不久後 Supercell 正式宣告這款遊戲失敗。

不只如此，開發團隊也從這次失敗中體認到手機、平板和桌機的玩家，對於遊戲的要求大不相同，手機或平板的玩家大多只是想藉遊戲打發零碎的時間，顯示跨平台策略不可行，

他們測試各種遊戲平台後，一致認為平板能夠帶來最好的遊戲體驗，於是決定改採「平板優先」策略，並毅然決然終止其他投入已久的遊戲專案。

多年來 Supercell 始終執行著一套相當敏捷的測試機制，每當完成一款遊戲雛形，就會由員工進行第一波測試，隨後才在部分國家進行第二波測試，透過不斷傾聽玩家的回饋、推出新版本，提供更優質的遊戲體驗，Supercell 開發團隊將「玩家需要什麼」以及「遊戲需要什麼」視為最高宗旨，唯有不斷提升遊戲品質、滿足玩家需求，才能帶領公司邁向最終願景。在這過程當中，只要有任何理由可能阻礙遊戲成功，團隊就會選擇「砍掉重練」同時探討失敗的原因；截至目前，Supercell 推出的遊戲僅 8 款，砍掉的則超過 14 款。

勇敢放手才能獲得更多 Supercell 的 3 大成功心法

有別傳統遊戲公司從一開始就砸大錢，全心投入研發一款遊戲，卻不知道最後能否成功，Supercell 則是由多個小型團隊以自管理的方式，分頭展開不同遊戲研發，擁抱失敗對團隊而言不僅稀鬆平常，甚至值得開香檳慶祝，因為他們相信，只有積極擁抱失敗，才能獲得未來更大的回報，「專注目標」、「擁抱失敗」、「傾聽客戶需求」成為 Supercell 成功的 3 大關鍵心法。

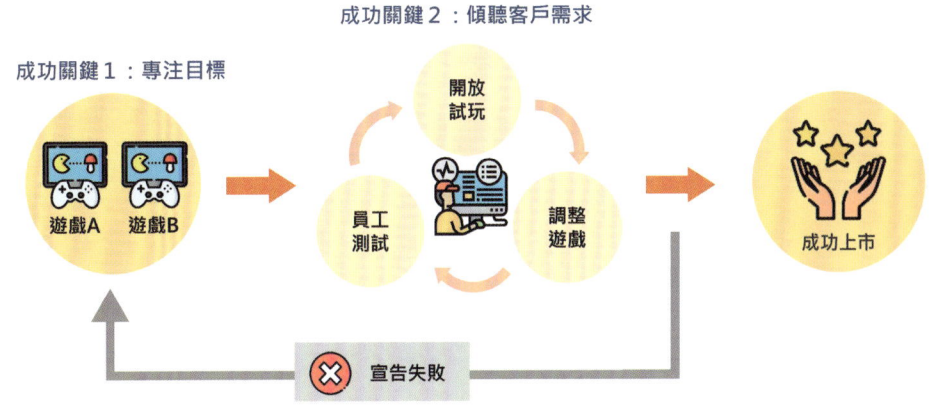

圖 A-1-1：Supercell 的 3 大成功心法

Supercell 團隊深信每一次失敗都會成為成功的墊腳石，快速失敗能夠減少不準確預測所帶來的損失與損害，只要挑選較小的客戶、快速發布產品增量，就能在最短時間內測試市場水溫，即時檢驗與調整。想要一開始就試圖打造完美的解決方案，不但無法根據客戶與使用者回饋加以改進，最後也很可能落得過度設計的下場，實際成果自然也不盡人意；反之，若能先滿足一小組客戶的基本需求，一次次根據使用者需求與回饋加入新功能，更能研發出最符合市場需求的優質產品。

別把鮮美雞湯煮成大鍋菜　「少即是多」立不敗之地

Supercell 的成功經驗在在凸顯「少即是多」的敏捷原則，企業訂定的產品願景應盡可能簡單明瞭，並聚焦在能夠讓產品成功的關鍵因素上。可惜的是，多數企業卻經常反其道而行，往往在沒有願景的情況下就著手打造產品，甚至不斷把各種功能往產品裡塞，卻沒思考這項功能特性能否替產品加分，將一鍋鮮美的雞湯硬生生煮成大鍋菜，令產品特色失焦。身為稱職的 PO，必須訂定明確、可行的願景，才能夠進一步找出潛在顧客並了解他們的需求為何，一步步打造出實用且有價值的產品。

你是否也好奇，怎樣的產品願景才算是簡明扼要？

電梯聲明（Elevator Statement）就是值得一試的方法，你如何善用在電梯裡短短幾秒鐘，把醞釀已久的願景濃縮成簡短幾句精華，讓對方一聽就懂進而產生興趣，前面的章節中我們已詳細介紹使用方法與時機。

真正成功的產品大多都具有清晰的價值主張，消費者在挑選同性質產品時，通常只會針對 3 到 4 個關鍵因素進行比較。敏捷管理專家 Jim Highsmith 曾經說過：「要提出 15 到 20 個產品功能或特性很容易，但要從中挑出 3 到 4 個能夠激發人們購買欲望的功能特性卻很難。」如何在多種產品特性當中抽絲剝繭、找出使用者必要的功能特定，正是 PO 存在的最大價值。

有趣的是，你相信力求簡潔的 Apple，也曾經陷入「大即是美」的惡性循環，使得公司一度瀕臨倒閉嗎？

賈伯斯創立 Apple 後，以一句「你是想賣一輩子糖水，還是想要改變世界。」說服百事可樂副總裁約翰・史考利（John Sculley）加入 Apple 行列，後來兩人因意見分歧，賈伯斯被踢出了 Apple，直到 Apple 瀕臨倒閉才又被請了回來，重回公司的賈伯斯驚訝地發現，研發部門竟然一口氣研發數十款產品，「為什麼要研發這麼多產品，自己打自己？」賈伯斯不解，他隨即鐵腕裁掉了商業分析部門並留下幾款產品，分別是 iPod 及 Macbook。

在賈伯斯這名天才型 PO 的眼中，每個象限只允許保有一種產品，他才能夠專注思考產品策略並將產品推向極致，時至今日，Apple 產品的品項雖然不多，但樣樣都是經典。身為 PO 的你，別忘時刻反省自家產品是否遵循著相同目標，在這樣的願景之下，又該如何改善你的創新流程，才能在 VUCA 洪流中站穩腳步，逆流而上。

🎯 不進步就淘汰 「VUCA 時代」市場說了算！

放眼這些年全球商業界最熱門的關鍵字，「敏捷」、「OKR」絕對榜上有名，這看似簡單的幾個字，卻反映出當代企業在 VUCA 時代下面臨的重大挑戰，也是身為企業高層 PO 必須學會的關鍵工具。

「VUCA」一詞其實是由 4 個名詞縮寫所組成，分別為易變性（Volatility）、不確定性（Uncertainty）、複雜性（Complexity）、模糊性（Ambiguity）。面對全球化與科技爆炸性發展，產品生命週期越來越短，產品與產品之間也可能出現技術斷層，企業必須逼得自己不斷進步，把市場當成最好的老師，否則只要跟不上潮流、無法滿足市場，隨時可能面臨淘汰命運。

從 Nokia 到百視達　誰是下一個「時代的眼淚」？

前文提及傳統手機龍頭品牌 Nokia 嗎？早年全球暢銷手機前 10 名中，光是 Nokia 就占據 7 個名次，甚至連續 15 年奪下全球最暢銷手機的冠軍寶座，2006 年它的全球市占率更接近 50%，幾乎是無人能撼動地位，直到賈伯斯在 2007 年推出第一款 iPhone 智慧型手機。面對新科技浪潮，智慧型手機銷售量快速超越傳統手機，Nokia 因陶醉於過去的成功而拒絕轉型，未能意識到保持公司競爭力所需要的變革，短短 5 年市占率一落千丈，儘管後來試圖力挽狂瀾，也因技術門檻過大，早已被遠遠拋在後頭，黯然跌落神壇。

類似的案例族繁不及備載，例如：曾經的影視巨擘「百視達」（Blockbuster）拒絕與 Netflix 合作，又像是底片大廠「柯達」（Kodak）拒絕了數位相機，這些「時代的眼淚」時刻提醒著企業必須擁有更迅速且靈活的應變能力，「敏捷」正是偵測企業問題的一味良方，能夠幫助企業塑造更敏捷、更有活力、更有創造力的團隊。

溝通不良衍生 3 大偏差　企業改用 OKR「對齊」

　　老闆替公司訂定正確的願景固然重要，到了實際執行時能否真正落實、帶領公司朝著目標前進，又是另一門課題。很多老闆習慣告訴員工「做什麼」，卻很少告訴他們「為什麼這樣做」，這也是傳統「關鍵績效指標（KPI）」的做法，經常出現老闆想做到 100%，最後卻只得到 50% 的結果，這當中的問題就出在「缺乏有效溝通」衍生出的策略面、計畫面、執行面等 3 大偏差。

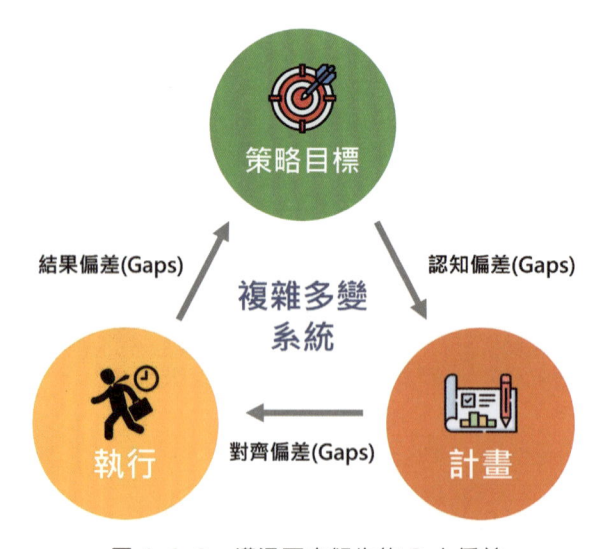

圖 A-1-2：溝通不良衍生的 3 大偏差

　　首先，我們來談談什麼是策略面的偏差。CEO 訂定企業策略目標後開始向高階主管們解釋，在解釋的過程中，可能因描述或理解等種種因素，使得高階主管只理解目標的 70%，高階主管向中階主管轉述時，中階主管對於目標的理解只剩 60%，這就是所謂「認知偏差」。

主管掌握目標後開始著手訂定計畫，但由於對目標的認知已經打了折扣，溝通時也不盡充分，如此一來，主管想拼市占率，部屬訂出來的計畫卻成了提高銷售率，在計畫面出現所謂「對齊偏差」；一旦專案管理不善，也可能出現技術等先天性瓶頸，以至於執行面出現「結果偏差」。儘管員工再努力賣命，最終的成果仍然大大偏離了目標，這也促使「目標和關鍵成果（OKR）」廣受全球各大企業所採用。

換位子就換腦袋！OKR 扮演組織內溝通橋梁

從前面的案例中，不難看出經營層與管理層之間存在巨大鴻溝，正如大家常聽到的「換了位子就換了腦袋」。位處經營層的 CEO 每天忙著思考公司的生存策略，想著如何把產品推到台灣第一、如何搶下競爭對手的市占率；反觀管理層則著重完成任務，煩惱今天能否準時出貨、員工有沒有準時上班、如何確保員工更有紀律。

為什麼經營策略與管理任務不一致呢？

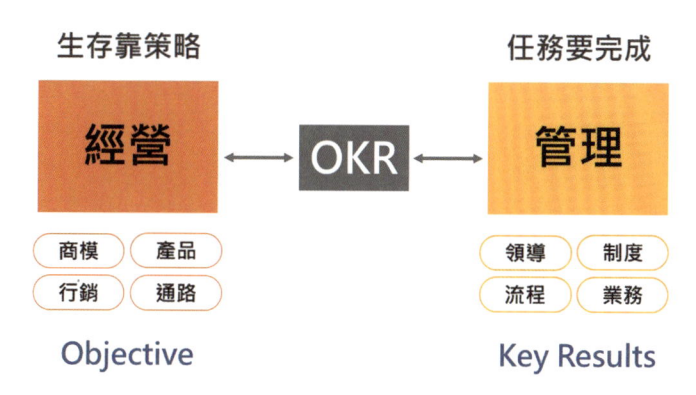

圖 A-1-3：為什麼經營策略與管理任務不一致？

如果將經營層比喻為人類的大腦，那麼管理層就像是雙手和雙腳，若兩者之間缺少了 OKR 這條神經，無論大腦怎麼下指令，手腳仍然各做各的，再怎麼努力也只是原地踏步，但只要能透過神經將兩者串起，確保組織內從上到下的目標能對齊，這樣大腦一動、手腳就會跟著動作，成為經營層與管理層之間的溝通橋梁，促進雙方找出共通語言。

OKR 是由「目標（Objectives）」、「關鍵結果（Key Results）」所組成。1954 年管理大師彼得·杜拉克提出「目標管理」，認為產品、銷售、人資、研發、財務應各有其部門目標，成為「目標導向」的雛形，直到 1968 年 Intel 的 CEO 安迪·葛洛夫（Andy Grove）開發出 OKR 架構，被市場尊稱為「OKR 的創始人」，1999 年 Intel 主管約翰·杜爾（John Doerr）在 Google 草創時期投資 1,200 萬美金，唯一條件是必須以 OKR 制度營運，短短 5 年 Google 快速竄起成為全球最大公司之一，更讓 OKR 就此聲名大噪。

數位轉型時代敏捷當道　LINE 靠這招打造 App 帝國

近年各大商業、管理雜誌紛紛大談「敏捷（Agile）」，尤其目前處於數位轉型的年代，很多東西力求 IT 化、敏捷化，不懂敏捷彷彿就跟不上時代。實際上，敏捷的流派五花八門，包括 Scrum、XP、DSDM、LEAN、Crystal……等，其中以 Scrum 最為主流，有興趣深入了解的讀者可參閱經典紅皮書《SCRUM：用一半的時間做兩倍的事》[※1]。

Scrum 信奉「經驗主義」，主張在 VUCA 時代萬物皆變，沒有人能預知產品是否會成功，與其花 3 到 5 年時間開發一個可能失敗的產品，不如把研發週期切割為 1 個月或更短，每次 Sprint 都如同一次小專案，必須產出客戶可用的產品並推到市場上測水溫，接到回饋後再展開下一次的研發 Sprint，自然而然就能開發出市場上最有競爭力的產品，知名通訊軟體「LINE」就是這麼研發出來的。

還記得 LINE 的第一個版本嗎？

最早的 LINE 是個非常陽春的通訊軟體，唯一功能就是發送文字，或許只要一個月就能開發出來，開發團隊將這個版本釋出後，許多使用者反應希望新增傳送圖片的功能，於是第 2 個月就開發出傳送圖片的版本，此後逐月新增記事本、相簿、語音功能等各種功能，使用者的需求被滿足了，自然也會感到這個軟體越來越好用。換個角度想，要是 LINE 一開始就追求把所有功能做好做滿，或許光是開發就得花上數年，但等到產品真正上線時，市場上恐怕早有許多類似的產品，也不見得能夠達到如今的市占率了。

※1　Jeff Sutherland , J. J. Sutherland (2018)。《SCRUM：用一半的時間做兩倍的事》。台北：天下文化。

原來，敏捷不只適用軟體開發，同樣的概念也可套用於服務業、製造業。例如：百年餅店舊振南在第五代接班人李立元率領下，每隔數月就推行一項行銷方案，測試市場水溫，2013 年以來不僅投入電商營運、讓銷售人員轉型婚禮顧問，甚至與杜老爺推出綠豆椪聯名冰品，藉此接觸更多年輕人。紳寶汽車也運用樂高的概念，打造一台可以模組化、可輕鬆拆卸組合的戰鬥機，各部件如電腦、引擎都能隨科技進步隨時更新，這家公司從軟體部門率先使用 Scrum 開發，後來連設計、工程到品管皆採用這個做法，構造複雜的戰鬥機都能用 Scrum，還有什麼是辦不到的呢？

OKR + 敏捷行不行？回答 3 問題少走冤枉路

近年，台灣不少企業跟風推行 OKR 和敏捷，但多數只是為推而推，並不理解其中緣由，多數都以失敗告終，相當可惜，若能洞悉兩者關鍵思維，同時了解自家企業屬性，想讓 OKR 與敏捷相輔相成並非難事。接著我們將透過 3 個問題帶你了解自家公司屬性，並剖析企業導入 OKR、敏捷失敗的常見原因，讓你在轉型過程中少走冤枉路。

問題 1：我們公司屬於「競爭價值框架」的哪個象限？

一家公司的結構取決於老闆訂定的目標與策略，擁有的競爭力和價值也各不相同，可運用競爭價值框架（Competing Value Framework, CVF）評估。

「競爭價值框架」概念出自《Competing Values Leadership》一書[2]，將高階主管領導力區分為 4 個象限，Y 軸上方著重於「團隊與競爭力」、下方著重於「好產品與良率」，X 軸左方關注在「內部及員工」、右方則強調「外部及長遠競爭力」。

---

[2] Kim S. Cameron, Robert E. Quinn, Jeff DeGraff and Anjan V. Thakor (2006), Competing Values Leadership: Creating Value in Organizations, USA: Edward Elgar Pub.

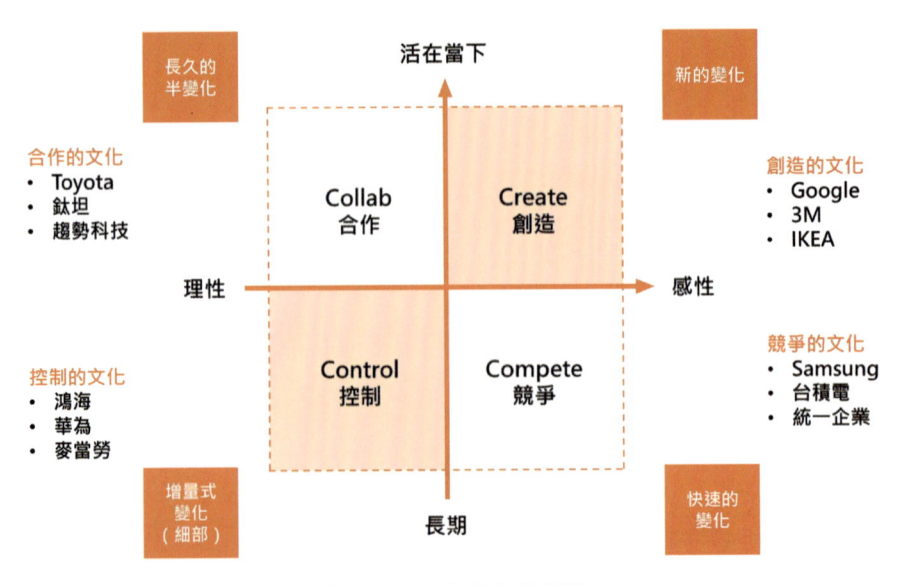

```
                    活在當下
                       ↑
長久的                                    新的變化
半變化

合作的文化      ┌─────────┼─────────┐    創造的文化
• Toyota       │         │         │    • Google
• 鈦坦         │  Collab │  Create │    • 3M
• 趨勢科技      │   合作   │   創造   │    • IKEA
               │         │         │
  理性  ───────┼─────────┼─────────┼───── 感性
               │         │         │
控制的文化      │         │         │    競爭的文化
• 鴻海         │ Control │ Compete │    • Samsung
• 華為         │   控制   │   競爭   │    • 台積電
• 麥當勞        │         │         │    • 統一企業
               └─────────┼─────────┘

增量式                                     快速的
變化                                        變化
(細部)                  長期
                       ↓
```

圖 A-1-4：競爭價值框架

從上圖得知，落在第一象限的公司屬於「創造」文化，創造力強是最大特色，例如：Google、3M、IKEA 等企業，這類公司推行敏捷後，經常產生別人料想不到的改變與新變化。

第二象限的公司屬於「合作」文化，著重人與人之間的團隊合作，是真正符合敏捷趨勢的公司，例如：TOYOTA、鈦坦科技、趨勢科技等，導入敏捷後會為公司帶來長久的變化，團隊的向心力將變得更加強壯。

第三象限的公司屬於「控制」文化，能夠製造別人做不出的品質與精度，包括鴻海、華為、麥當勞，結合敏捷後將呈現微小的增量式變化，可能從原本 60 分進步到 65 分，緩慢進步，但無法一口氣從 60 分躍升至 90 分。

第四象限的公司屬於「競爭」文化，具有極高競爭力，人人都聽過第一名，卻不知道第二名是誰，像是台積電、三星、統一企業，採用敏捷後，研發速度突飛猛進，快速出現變化。

儘管公司的屬性與調性是由老闆決定，但無論哪一種公司都能擁抱變更，透過了解自己的競爭力所在，也能協助尋找適合的高階團隊。舉例來說：賈伯斯時期的 Apple 屬於第一象限的「創造」文化，他總是天馬行空地推出各種人們意想不到的新產品，因此第三象限的「控制」就會是他相對缺乏的要素，因此他找來提姆・庫克擔任副手，替他尋找穩定、

大量的供應鏈作為後盾，要是沒有庫克，Apple 不會是今天的 Apple，這便是相輔相成的實踐；而如今 Apple 沒有了賈伯斯，便漸漸走向第三象限，再也沒有過去令人驚豔的新產品問世。

問題 2：我們公司的工作模式適合「Y 理論」嗎？

　　Scrum 是以「人」為主的敏捷式開發，近幾年已經成為台灣企業學習的顯學，然而不少企業導入 Scrum 後卻面臨「水土不服」的窘境，這和台灣職場文化以「X 理論」為主流有著極大的關係。

　　「X 理論」和「Y 理論」是知名管理學者道格拉斯·麥葛瑞格（Douglas McGregor）1960 年在《企業的人性面》[3] 一書中提出，「X 理論」假設員工生性懶惰，只要管理者沒有緊緊監督，員工就不會認真工作，而且必須透過具體獎勵和懲罰驅動員工做事；「Y 理論」則主張員工會自動自發，只要管理者給予適當環境，員工們也會全力投入工作，運用想像力與創造力解決問題。

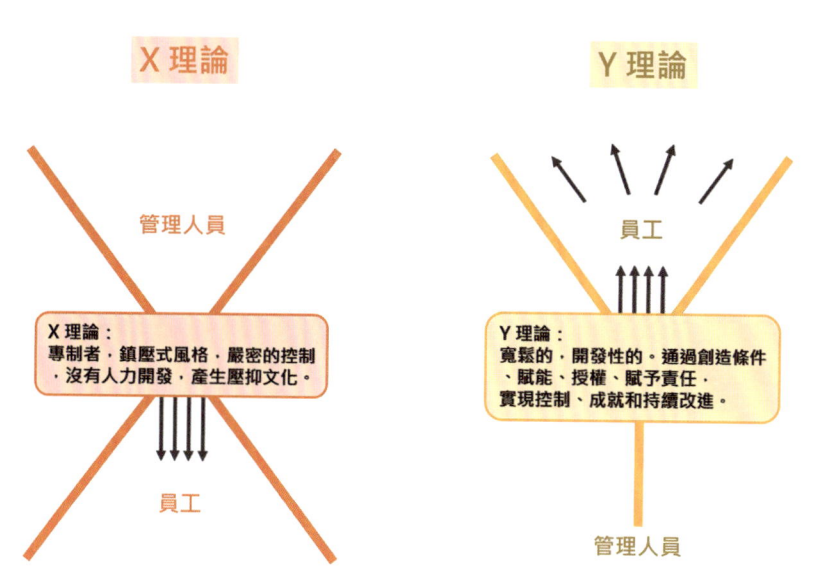

X 理論

管理人員

X 理論：
專制者，鎮壓式風格，嚴密的控制、沒有人力開發、產生壓抑文化。

員工

Y 理論

員工

Y 理論：
寬鬆的、開發性的。通過創造條件、賦能、授權、賦予責任，實現控制、成就和持續改進。

管理人員

圖 A-1-5：「X 理論」與「Y 理論」

---

[3] Douglas McGregor (1960), The Human Side of Enterprise, New York : McGraw-Hill.

Scrum 奉行「Y 理論」，注重「勇氣（Courage）、承諾（Commitment）、專注（Focus）、開放（Openess）、尊重（Respect）」5 大價值觀（簡稱 CCFOR），深信員工具有勇氣挑戰現況、承諾可做到短期目標、專注在手上的工作、討論空間是開放的而非一言堂，並且在工作過程中彼此尊重。

Scrum 團隊是擁有老闆充分授權的自管理，由 Product Owner（PO）、Scrum Master（SM）、開發人員這 3 個當責所組成，團隊當中沒有人是主管，這個組織如同生物界的螞蟻，沒有人在後面鞭策卻會自動自發工作，也就是所謂的 Y 理論；反觀台灣職場文化多數以「X 理論」為主流，主管不下令、員工就不做事，要立刻扭轉為「Y 理論」談何容易，也是轉型常見的失敗原因。

在 Scrum 的 3 個當責當中，PO 是客戶代表、對產品有決策權，專注於產品開發與發想，但這些發想的過程看在台灣老闆眼中，常認為 PO 閒著沒事做，為了節省成本便要求 PO 身兼一堆工作與雜務；Scrum Master 則類似團隊的教練，就如籃球教練不負責打球，卻能訓練球員、強化團隊默契，帶領球隊邁向第一。

正因 Scrum 注重人的關懷、開放的環境，在「知識型公司」採用更為合適，例如：資訊產業、顧問公司、廣告行銷公司等，透過員工價值觀的塑造來改變工作行為，就像父母從小教育孩子不可以在公共場所內喧嘩，孩子有了這樣的觀念，就會反映在他的行為上；而公司老闆、決策者們就如同大 PO，觀念改變後更能鼓勵團隊創造、自管理，形成開放、深入、聚焦的團隊，更加樂於溝通與共創。

問題 3：我們公司做得到「一年只做 20 件事」嗎？

說起績效考核，相信許多讀者腦中都會浮現「KPI」三個字，KPI 的全名是「關鍵績效指標」，也是台灣企業常用於評估員工績效的工具，由老闆訂定任務指標、員工負責執行，是一種成果量化的工具，卻有點過於個人績效導向的味道。在台灣，KPI 通常和表現獎金綁在一起，各部門會為了達標而努力往前衝，眼看一年過去，各部門都端出漂亮的成績單，但公司內部不僅競爭氣氛濃厚，也看不出團隊績效，「每個部門都成功、公司卻失敗」是推行 KPI 常見問題。

反觀 OKR 強調全公司目標一致，所有人都必須清楚知道「目標背後的為什麼」。當老闆訂定目標後，公司各部門集思廣益、提出 100 個 KR，再由老闆挑出 20 的公司要專注執行的 KR，如此一來，各部門之間必須互相幫助，否則只要有任何一方失敗了，各部門都得共同承擔責任。

OKR 之所以難以執行，主要原因在於和敏捷一樣要求「專注」，無論公司規模多大，一年只能訂定 3 到 5 個目標（O），常見目標像是市占率、產品競爭力、市值、客戶抱怨、不良率等，Google 也可能訂定關鍵字搜尋帶來的市值、Gmail 用量等作為目標，而每個目標最多只能衍生出 4 個 KR，言下之意，推行 OKR 的公司每一年最多只專注在 20 件事，難度相當高。

或許你會想，我身邊的 CEO 每一年至少做超過 200 件事，只做 20 件事真的可行嗎？

讓我們換個角度思考，Google 一年只專注做 20 件事，卻能賺到比同行更多的錢，甚至成為產業龍頭，代表這「金科玉律」要遵守雖難，但也是成功關鍵。就我看來，OKR 比較適合自有品牌企業，例如：捷安特、華碩、宏碁等，代工廠則更適合採用 KPI。

目標背後的「為什麼」 別留在老闆的腦袋裡

OKR 既是過程管理工具，也是替企業老闆策略定位的工具，掌握哪些 KR 是達到願景的重要證明。想像公司的策略是一條路徑，想從「高雄」前往「台南」有開車、搭火車、搭高鐵等不同交通工具，無論選擇哪一條路徑，只要行經「楠梓」、「岡山」、「路竹」這幾個地方，就代表我正在朝正確的方向前進。在路徑選擇策略上，也可以參考管理大師麥可．波特（Michael Porter）提出的策略管理 3 策略，首先是「低成本」把成本降最低，其次是做出「差異化」確保自己跟別人的定位完全不同，第三則是專注做某群組利基市場（Niche Market）。

正因企業各層級間長久以來缺乏有效溝通，才需要 OKR 作為溝通的橋梁，作為企業老闆，務必讓團隊知道「為何而戰」，但要怎麼解釋才能避免偏差又不淪於空泛？Intel 前總裁、OKR 創辦人安迪．葛洛夫的建議是「質化描述優先，量化評估配合」。

「這一杯，誰不愛？」這是有「小藍杯」稱號的中國咖啡連鎖品牌瑞幸咖啡喊出的口號，這家咖啡一度擠下星巴克，問鼎中國咖啡市場龍頭，你是否也好奇，他如何以質化搭配量化的方式訂定 OKR ？

表 A-1-1：OKR 設計範例

O1：成為都會區咖啡外帶市場的主要供應商

	質化描述	量化描述
KR1	開發企業客戶	關鍵城市約 200 家
KR2	提高 App 會員人數	會員數提高至 120 萬人
KR3	提高外帶消費市場占有率	30% 提高到 40%

O2：同樣品質的咖啡成本（不含物流費）低於競品 40%

	質化描述	量化描述
KR1	優化高品質咖啡豆採購	與主要競爭對手取得相近採購價
KR2	降低固定成本	為主要對手 1/3

O3：外送咖啡與現場飲用咖啡滿意度接近

	質化描述	量化描述
KR1	建置大量幽靈廚房	每個城市 100 個
KR2	整合高效率外送平台	降低平均每單遞送時間 10 分鐘

資料來源：王星威

OKR ＋ Scrum 沒那麼難！從 30 ／ 90 踏出第一步

OKR 和 Scrum 在企業文化上有非常多相似之處，例如：強調價值驅動、透明公開、由下向上等等，行為模式上也都著重於高頻率溝通與專注，這也是 OKR 和 Scrum 可以融合的重要基礎。在 Scrum 導入 OKR 的過程當中，PO 可以將產品待辦清單（PB）轉變為 OKR backlog，這是神奇的東西，優點在於排列優先順序而且每次只專注一個週期的小目標，把最高價值的事項列為最優先級，同時確保清單是動態的，以符合 VUCA 年代「計畫趕不上變化」特性。

假設 PO 位於複雜的系統之中，面對龐大的 OKR backlog，到底該誰先誰後？就我的經驗提供 3 大原則：首先「效果好、容易執行」的先做；第二「高價值、高風險」的先做，一個專案若註定要失敗，使用 Scrum 可以在第 6 天就知道失敗，不像傳統瀑布式浪費半年才發現，確保速戰速決、快速失敗，將寶貴的時間成本挪到別的專案；第三「短期救火及長期計畫」同時兼具。

「PO、SM、開發人員」將以每 30 天為一個週期，每個月專注做一件產品，30 天期間每天團隊自動自發召開 15 分鐘每日 Scrum 了解彼此工作執行狀況，結束後交付客戶可用的產品，召開 Sprint 審查會議展示給真正的客戶及高階主管、聽取回饋，客戶離開後舉辦 Sprint 回顧會議反省、改善流程並且刪除不必要的流程，討論如何把專案做得更好更棒，接著再召開 Sprint 規劃會議以規劃下個 30 天的工作，讓團隊運作進入穩定步調。

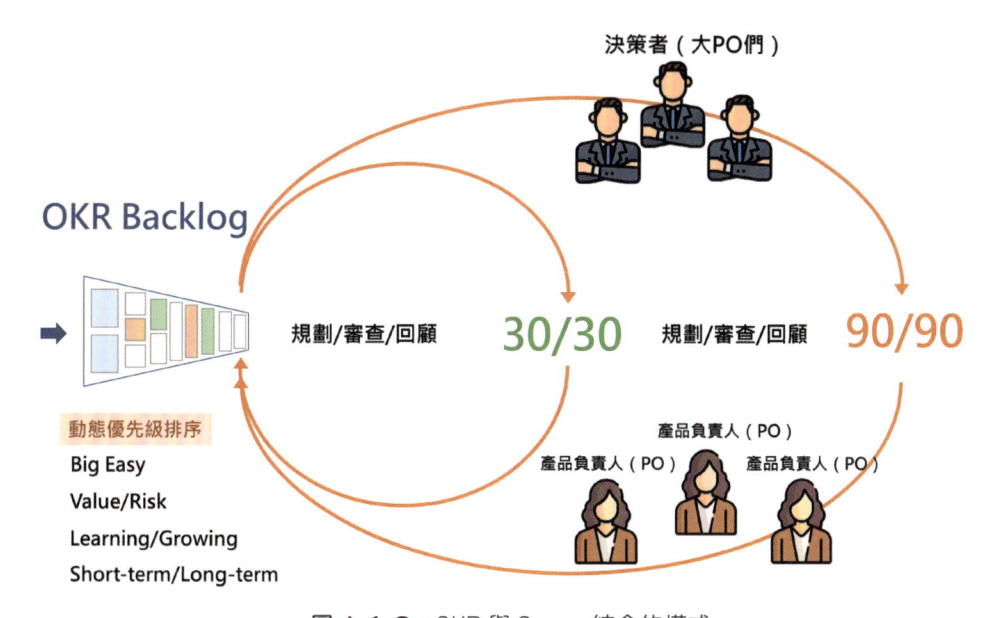

圖 A-1-6：OKR 與 Scrum 結合的模式

「CEO、委員會、副總經理」等高階主管則是以每 90 天為一個週期，先是召開審查會議，讓 PO 把產品拿出來展示、試用，讓主管實際裝在手機裡用用看、切身體會，而不是只看甘特圖或簡報，結束後高階主管們再召開回顧會議，確認產品和公司訂定的目標（O）是否符合，以及 KR 和 O 的契合性有多少，透過實際成品更能讓目標量化、具體化。

會議結束後，或許有些產品將進行調整，甚至可能因和目標不符、產品做不出來面臨結案，但每一季檢討一次、隨時調整與對齊目標，總好過投入一整年的人力與時間成本才發現更為有效率。簡單來說，OKR 呈現了企業策略的藍圖，而 Scrum 則是給出實踐的路徑，兩者結合更能促進目標和交付的雙重成果，更有助於凸顯成效並放大業務成果！

產品負責人

- Scrum 架構
- 三當責 五事件
- 團隊溝通
- 合作技術

Scrum 協同合作

- PO 教戰手冊

PO

- 產品願景
- 產品目標
- 商業價值

規劃產品

- 產品**大賣**的成功祕訣

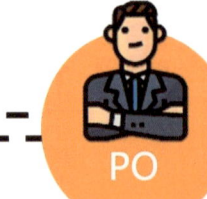

產品驗證

- 如何快速導入**敏捷開發**？
- 角色介紹
- 領導風格
- PO 層次
- PO 心法
- 組織挑戰
- 產品企劃及開發的第一步
- 產品探索
- 產品定位
- MVP

CSPO 學習地圖

產品路線圖

發布規劃

創新策略

有效**掌握**及**管理**產品**功能**

認證的**產品負責人**

產品發布 → 產品待辦清單 → 50題考試 → CSPO PRODUCT OWNER (Scrum Alliance)

產品**上市時機**致勝關鍵

Scrum 開發

待辦精煉

價值排序

74分
(37/50)
合格

產品負責人
Certified Scrum Product Owner®

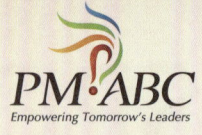

官方認證培訓課程

Scrum Alliance® | PM·ABC Empowering Tomorrow's Leaders

CSPO PRODUCT OWNER

Product Owner（PO，產品負責人）

是Scrum架構中的核心角色之一，負責確保產品的價值最大化，並保持開發團隊的工作與商業目標對齊。PO就像產品的掌舵手，負責確保產品朝著正確的方向前進，讓團隊的努力創造最大價值！

用一分鐘帶你秒懂什麼是PO ▶▶▶

協作工具-Miro

小組實作演練

課程特色

●上課模式
互動上課，現場分組實際討論與演練，強化實務應用能力。

●共好讀書會
除正課外，課前安排讀書會加強敏捷基礎概念

●進階考照
全台唯一提供完整 A-CSM、A-CSPO、CSP-SM、CSP-PO進階考照資源

●輔考系統
線上學習輔考系統，包含模擬考題、史蒂芮教學

●敏捷社群
加入全台最大線上敏捷社群特色主題小社群免費加入

●換證服務
提供多元免費換證資源

●獨家贈書
贈送敏捷經典著作一本

課程報名

※培訓費用包含：紙本/電子講義、課程教學、文具用品、PMSuccess輔考系統（模擬測驗及學習影片）、課後資源使用、CSPO會員費及證照費

◀◀◀ 立即報名

授課講師
台灣首位國際Scrum大使
Roger 博士

更多開課日期 請參閱長宏網站

關鍵字 | 長宏CSPO培訓 | 搜尋

PM·ABC
Empowering Tomorrow's Leaders

給予方向 • 願景領導 • 需求管理

Scrum Alliance®

學員心得

更多學員心得請上長宏官網、FB專頁或長宏YouTube頻道觀看

搜尋：長宏專案

● 周O伶 | 電腦及其週邊設備製造業 | 產品副理

作為Product Owner，不僅要掌握市場與客戶需求，更需統籌全局並確定優先順序。兩天課程讓我學會運用Scrum會議提升透明度，透過商業分析工具精準定位產品方向。未來與利害關係人溝通時，將以對方的語言表達，並在團隊矛盾時回歸目標導向，促進共識。這些技能將強化管理能力與視野，提升產品開發的效率與品質。

適合學習者

● **1. CEO**：承擔公司全局成敗，推動產品戰略的關鍵領導者。
● **2. 主管**：支撐部門運作，推進部門目標實現的核心角色。
● **3. 產品經理**：負責產品成敗，駕馭市場需求與產品開發的專業人才。
● **4. 個人**：想打造令人印象深刻的個人品牌。

學習重點

● 1. 提升產品管理能力
● 2. 快速掌握市場需要
● 3. 釐清及優先排序客戶需求
● 4. 熟悉Scrum架構與敏捷實踐
● 5. 增強跨團隊溝通與協作能力

學習地圖

成為有牌的產品負責人！

Scrum Alliance CSPO PRODUCT OWNER

- Scrum 協同合作
- PO 教戰手冊
- 產品企劃及開發
- 產品定位/驗證
- 產品發布排程
- 產品待辦清單
- 50題考試 (37/50)合格

宏專案管理顧問有限公司　　www.PM-ABC.com.tw　　電話：07-588-8800　　信箱：PMABC@mail.PM-ABC.com.tw

CSM實體班
官方認證 敏捷 培訓課程
Certified Scrum Master

三年內培養 1000位CSM

破框思維 領先群雄

- 專案/產品 價值最大化
- 搞懂團隊 角色和責任
- 僕人式 領導精髓
- Scrum實作 產出產品

實體班講師

Roger, CST, PCC

CEO CSM 系列影片 | Scrum 官網

長宏專案管理顧問有限公司　www.PM-ABC.com.tw　電話:07-588-8800　信箱:PMABC@mail.PM-ABC.com.tw

CSM實體班認證x實戰

—— 管理階必備 僕人式領導技能 ——

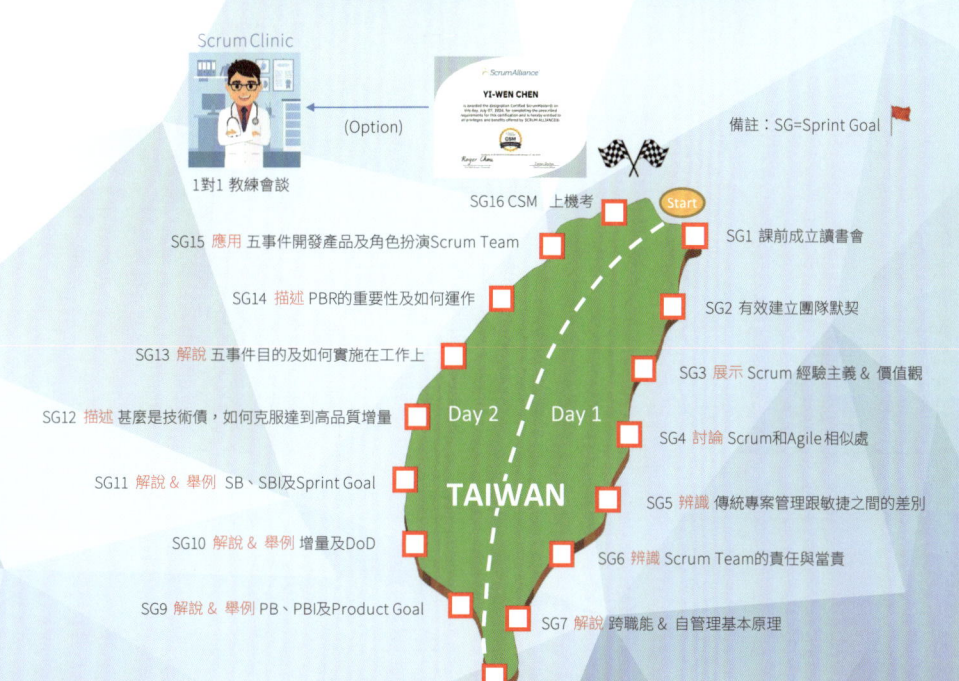

備註：SG=Sprint Goal

(Option)
1對1 教練會談

Scrum Clinic

Day 1 / Day 2 — TAIWAN 學習地圖

- SG1 課前成立讀書會
- SG2 有效建立團隊默契
- SG3 展示 Scrum 經驗主義 & 價值觀
- SG4 討論 Scrum和Agile 相似處
- SG5 辨識 傳統專案管理跟敏捷之間的差別
- SG6 辨識 Scrum Team的責任與當責
- SG7 解說 跨職能 & 自管理基本原理
- SG8 應用 Scrum Master 核心技能
- SG9 解說 & 舉例 PB、PBI及Product Goal
- SG10 解說 & 舉例 增量及DoD
- SG11 解說 & 舉例 SB、SBI及Sprint Goal
- SG12 描述 甚麼是技術債，如何克服達到高品質增量
- SG13 解說 五事件目的及如何實施在工作上
- SG14 描述 PBR的重要性及如何運作
- SG15 應用 五事件開發產品及角色扮演Scrum Team
- SG16 CSM 上機考

▲ 學習地圖

- 工作方式體驗
- Scrum三當責
- 實作成果發表
- 全員考上慶功儀式

CEO 課後心得 >>>
立即報名 >>>

2天的CSM課程,管理者可以...

✓ 提升適應力:Scrum增強企業的靈活性,快速回應市場變化。

✓ 專注價值創造:Scrum讓整體導向更聚焦於創造客戶價值。

✓ 增強領導力:Scrum的價值觀能激發管理者的領導潛能。

長宏專案管理顧問有限公司　www.PM-ABC.com.tw　電話:07-588-8800　信箱:PMABC@mail.PM-ABC.com.tw